山东省实用水文预报方案丛书

大汶河流域实用洪水预报方法研究与应用

王海军　　陈邦慧　　程家兴　　赵文聚

田鑫丽　　苏　翠　　胡友兵◎著

河海大学出版社

HOHAI UNIVERSITY PRESS

·南京·

图书在版编目(CIP)数据

大汶河流域实用洪水预报方法研究与应用 / 王海军
等著. -- 南京：河海大学出版社，2024. 9. --（山东
省实用水文预报方案丛书）. -- ISBN 978-7-5630-9264
-2

Ⅰ. P338

中国国家版本馆 CIP 数据核字第 20247HK018 号

书　　名	大汶河流域实用洪水预报方法研究与应用	
	DAWENHE LIUYU SHIYONG HONGSHUI YUBAO FANGFA YANJIU YU YINGYONG	
书　　号	ISBN 978-7-5630-9264-2	
责任编辑	章玉霞	
特约校对	袁　蓉	
装帧设计	徐娟娟	
出版发行	河海大学出版社	
地　　址	南京市西康路 1 号（邮编：210098）	
电　　话	(025)83737852(总编室)	
	(025)83722833(营销部)	
	(025)83787107(编辑室)	
经　　销	江苏省新华发行集团有限公司	
排　　版	南京布克文化发展有限公司	
印　　刷	广东虎彩云印刷有限公司	
开　　本	787 毫米×1092 毫米　1/16	
印　　张	20.5	
字　　数	403 千字	
版　　次	2024 年 9 月第 1 版	
印　　次	2024 年 9 月第 1 次印刷	
定　　价	198.00 元	

目 录

Contents

第四章　河道水文站实用洪水预报方案

第五章　水库水文站实用洪水预报方案

第六章　预报方案评定与应用

第七章　典型案例分析

附表及附图

第一章

大汶河流域概况

1.1 流域范围

大汶河是黄河下游最大的一条支流,位于山东省中部的泰山南麓,发源于泰山山脉东部钢城、沂源、新泰一带的山区,流经济南市莱芜区,横穿泰安市中部,经过岱岳区、泰山区、肥城市、宁阳县、汶上县、东平县等县(市、区),于东平县马口村注入东平湖,再经陈山口和清河门闸流出东平湖,通过小清河进入黄河。全长 231 km,自然落差 362 m,平均比降 6.45‰,流域面积 8 944 km²,约占山东省面积的 6%。

大汶口站以上为上游;大汶口站至戴村坝站为中游,戴村坝站以下为下游,称作大清河。

1.2 地形地貌

大汶河流域地形呈扇状,东宽西窄,地势东高西低,东部为鲁中山区,西部为沿黄湖洼,汶水西流是其特有的地形特点。京沪铁路以东为山丘区兼山下平原和河谷盆地,地面高程均在百米以上,北、东、南三面环山,呈环抱之势,中部以徂徕山、莲花山为界分为南北两大地区,北面为泰莱平原,兼有起伏丘陵,南面为柴汶盆地,群山环绕,沟壑纵横。京沪铁路以西,泰山余脉蜿蜒于北,经肥城北延伸至东平湖,山势自东向西渐为低山,山峰高程多在 400 m 以下,大汶河两岸及大清河北岸有断续的孤山丘陵,南部是跨越大汶河的肥宁平原,西部是湖区洼地,是黄汶冲淤交汇区,地面高程多在 38.0~40.0 m。主要山峰有泰山、摩云山、徂徕山、莲花山、鲁山等。

山地和丘陵:大汶河流域北部的泰山,为海拔 1 545 m 的高中山,属中长期上升地块,

注:①本书计算数据或因四舍五入原则,存在微小数值偏差。

　　②本书所使用的市制面积单位"亩",1 亩≈666.7 m²。

呈现出以玉皇顶为中心向四周辐射状分布的中山、低山、丘陵、平原依次降低的地貌景观。汶河的两大支流发源地也发育低山、丘陵地貌。由于岩性差异,由太古界变质岩组成的山地、丘陵的切割密度较大(泰山为 2 km/km²),风化强烈,发育"V"形谷,在山前形成冲洪积倾斜平原。由古生界沉积岩组成的山地、丘陵的切割密度相对较小,发育"U"形谷,表层多为残坡积物覆盖。

平原和洼地:平原主要分布在沿河两岸,地势低平,海拔 60～120 m,比降在千分之一左右,多由大汶河流水作用冲积而成,部分由山前剥蚀堆积而成。洼地主要为汶河侧向侵蚀堆积而成的古河床和河漫滩,面积 30 余万亩,高程小于 60 m。

河谷地貌:大汶河干流河谷宽浅,纵向比降 0.3‰～2‰,受区域构造和两岸地形所控制,河流侧蚀作用较为显著,两岸谷坡不对称,阶地发育也不够完整,且经不同强度的人工再造,现为主要的耕作区。河滩发育良好,微向河床倾斜,呈明显的二元相结构。河床多由分选良好的砂所覆盖,砂的主要成分为石英和长石,其厚度不均,一般为 6～9 m,在河道变窄处,水流垂向侵蚀作用加剧,出露基岩。

东平湖位于黄河下游南岸,鲁西南东平、梁山、汶上、平阴 4 县交界处,处在黄河下游河道由宽变窄、鲁中山区西部向平原过渡的边缘地带。它的东北部为低山丘陵,一般高程为 250～350 m,北部和西部分布着一系列孤山残丘,高度多在 200 m 以下,湖区西南为黄河冲积平原,东部是汶河冲积平原,形成了本区域山地、丘陵、平原、湖洼交错的地貌,构成微弱切割沉积盖层丘陵型地貌形态。

1.3 河流水系

大汶河主要特点是干流弯曲、支流众多、水系复杂,有 5 km 以上的各级支流 266 条,其中一级支流 56 条,主要有瀛汶河、柴汶河、汇河、漕浊河、苗河、海子河、五河(亦名小汇河)等,流域面积在 1 000 km² 以上的支流有瀛汶河、柴汶河、汇河(如图 1.3-1 所示)。现分上、中、下游做如下说明。

大汶河汶口坝上游源流众多,一向有"五汶"之称,流域面积 5 655 km²,占全流域的 63.2%,是大汶河的主要集水区,大、中型水库多建于此。主流从分水岭沂源县的沙崖子村至丈八丘村为山谷河道,长 11 km,落差 155 m,比降 14.1‰,河宽达百米以上,西流至龙巩峪进入济南市钢城区,经海眼泉至回家庄,汇莲花山东麓诸水,再北穿葫芦山水库,至颜庄纳里辛河,又北流与东来的辛庄河在赵家泉西南合流,故称牟汶河(大汶河干流),河宽展至 300 m 以上。河道至此进入开阔的泰莱平原,流经莱芜城南,沿莲花山北麓迂回西流。北岸先后有嘶马河及方下河注入。西流至郑寨子村进入泰安市境内,至渐汶河村南,与北来的瀛汶河合流,成为宽 500 m 以上的河流。再向西南流,南纳陶河,北汇芝田河,至泰安东南店子村,与泮汶河汇合南流,绕徂徕山西麓,过颜谢拦河坝,转向西南,至汶口坝与柴汶河汇合,始称大汶河。自丈八丘村至汶口坝,长 108 km,落差 152 m,河底比降 1.4‰,河槽多为缓坡地下河,局部低洼河岸有断续堤防,至申村南右岸开始有大堤。

大汶河中游基本是平原河道,河长 60 km,落差 44 m,比降 0.73‰,河宽多在千米以上,除局部因靠近山脚和沙丘无堤外,两岸均筑有大堤,形成复式河槽。据临汶水文站观

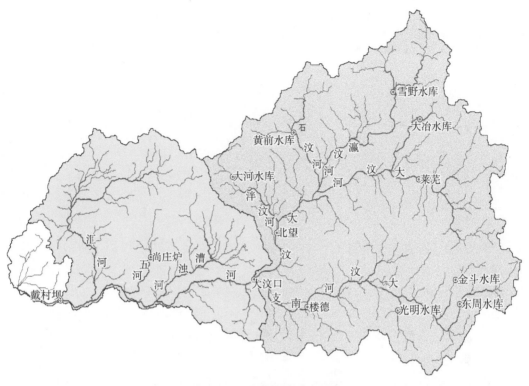

图 1.3-1 大汶河流域水系图

测,年均流量 39.2 m³/s,年均输沙量 196 万 t。汶口坝下游,有 2 km 多石灰岩河底,汶口坝、京沪铁路桥、泰汶公路桥和 104 国道大桥均建于此段。桥西王家院村至孝门村段河长 14 km,河道顺直宽阔,河宽达 1 500 m 以上,河心形成沙洲林场。孝门村以下因河道弯曲,座弯迎遛段形成多处险工。北岸的三娘庙、明新村,南岸的堽城里、后石梁、桑安口等,是历史上有名的险工段。宁阳段堽城坝村北,是号称大汶河第二道"钢箍"的石底河段,长 300 余米,历史上著名的引汶济运水利设施堽城坝即建于此。旧坝早已冲毁,1958 年又在原坝址上重建了新拦河坝引水灌溉,1993 年进行了改建。汶水西流至夏辉村分为南、北两支,至琵琶山北,又汇合西流。该段汇入的支流南岸有海子河、苗河,北岸有漕河、五河。由于南岸自宁阳县高桥村以西,地势南倾,汶河以南地表径流均入南四湖,故大汶河南堤即成为汶、泗分界线,也是宁阳、兖州、汶上等县(区)的防洪屏障。

大汶河下游为湖东区平原河道,因受历代黄、汶泛决影响,河道多变,郦道元的《水经注》有"汶水自桃乡四分","其左,二水双流⋯⋯西南入茂都淀⋯⋯右二汶西流至安民山入济水"的记载。1855 年(清文宗咸丰五年)黄河夺清河入海后,这段河道屡经演变(详见《大汶河流经考》)治理,方形成独流入东平湖的大清河,大清河长 29 km,河底比降 0.34‰,河槽宽 400~500 m。除北岸北城子至寒山头因靠近龙山脚无堤外,沿岸均筑有堤防,堤距多在 700~1 000 m。其中郑庄北,因河中有夹河村,两堤相距 1 260 m,是最宽的河段。注入的支流均在北岸,东有汇河在黄徐庄南泄入戴村坝下游,西有跃进河由王台闸汇入。主要支流特征见表 1.3-1。

表 1.3-1　大汶河主要支流特征

河名		支流级别	河道长度(km)	流域面积(km²)	占全流域面积比例(%)
	大汶河	干流	231.0	8 944	100
支流	瀛汶河	1级	87.0	1 331	14.9
	泮汶河	1级	44.0	379	4.2
	石汶河	2级	49.0	354	4.0
	柴汶河	1级	117.0	1 948	21.8
	漕浊河	1级	39	608	6.8
	小汇河	1级	32	178	2.0
	汇河	1级	95	1 248	14.0

东平湖是山东省大型湖泊之一,1958 年改建为东平湖水库,是黄河下游最大的滞洪区,总面积约为 626 km²,分为老湖区(面积 208 km²)、新湖区(面积 418 km²),总库容 39.8 亿 m³,老湖区常年有水,新湖区平时无水。东平湖承担着分滞黄河洪水,确保艾山水文站下泄洪峰流量不超过 10 000 m³/s 的重任,但平时黄河水并不流入湖内,河湖是分离的。它也是大清河的蓄纳水库,河水流入湖内,再通过出湖闸流入黄河,确保防洪安全。因此,东平湖既是黄河的滞洪水库,也是黄河的补给水源,在黄河防洪体系中有非常重要的作用。

1.4　土壤植被及土地利用

1.4.1　土壤

流域土壤主要有棕壤、褐土、砂姜黑土、潮土、山地草甸型土和风沙土 6 大类。其中,棕壤、褐土为地带性土壤,是流域土壤组成的主要类型,占土壤面积的 90% 左右。

上游为河谷平原,大汶口以下除北部泰肥山丘区以外,绝大部分为平原,堽城坝以下南岸地势向南低下,与洸河、泉河平原接壤。流域内土壤分布:山丘区为红土和风化土,平原区为沙土和沙壤土。汶河两岸土壤主要有沙土、沙壤土、轻壤土、中壤土和重壤土等,其中沙土主要分布在汇河及苗河下游,面积较小,土质松散,黏粒含量少,孔隙度大,透水性好;沙壤土主要分布于沿河两岸的河漫滩上,黏粒含量高于沙土,水的供应充足;轻壤土主要分布于沿河阶地,土层较厚;中壤土主要分布于沿河阶地以外的平原缓岗地,黏粒含量较高,土层厚度不均,透水性较差,但易保水肥;重壤土主要分布于河洼地,由于多年淤积,土质黏重,孔隙度小。

1.4.2　植被

流域属暖温带落叶阔叶林区域。由于历史上开发较早,长期以来的人类活动,致使原始森林已荡然无存。山丘区自然植被较差,基岩裸露,沟壑纵横,水土流失比较严重,自然灾害频繁。1949年之后,在党和各级政府领导下,封山育林,整地改土,大搞农田基本建设,自然植被有了较大改善。山区丘陵植被主要林木有松、柏、栎类、刺槐、果桑等,主要分布于泰山、徂徕山、莲花山、汶河沿岸一带。灌草丛植被多为自然植被,混生于山地、丘陵中下部的林间地带及湖洼沿岸。灌木有酸枣、荆、胡枝子、白蜡条、紫穗槐、连翘、山葡萄等;草丛植被有白茅、橘草、白羊草、黄背草、野古草、狼尾草、艾蒿、野菊、黄花菜等。山地草甸植被多分布于泰山、徂徕山、莲花山等山脉的山顶、山坡、山沟等偏僻地带,呈小片分布,常见的草木类植物有白茅、地榆、蓬子菜、节节草、拳参、野菊、车前子等。平原河谷、道路、村庄四旁多为杨柳、梧桐等阔叶树。水生植被主要分布于东平湖、稻屯洼等低矮洼地、湿地、水面等,常见水生植物有芦苇、蒲草、莲藕、菱角、芡实、水浮莲等。主要作物有小麦、玉米、地瓜、花生、棉花等。

1.4.3　土地利用

流域地层发育完全,泰山、徂徕山、莲花山及其余脉广泛分布着太古界泰山群变质岩系,岱岳区盆地、新汶盆地、肥城盆地及东平湖周围分布着古生界寒武系、奥陶系,莱芜、新泰、肥城、宁阳局部地区有石炭系、二叠系。在岱岳区盆地、汶口盆地、宁阳等地分布有老、新第三系地层。第四系广泛分布在山前、河流两侧和盆地之中。山丘区一般为花岗片麻岩、砂岩,土层较薄,植被较差。

大汶河土地利用主要集中在河滩地和护堤护岸地,利用形式大体分为两类:一是河道林地,大汶河及其主要支流河道林地面积较大,栽植历史较长,主要栽植速生杨等经济树种,部分槐树等树种,少量栽植柳树等护堤护岸林木,多数树种老化,生长缓慢,缺乏管护,效益较差;二是可耕地,主要种植小麦、玉米等作物,少量用于桑蚕树、蔬菜等经济作物的种植。河道管理范围内的其余土地皆为河漫滩、水域、沙洲,受洪水影响较大,用途单一,1990年前多数河段存在河漫滩开荒种植情况,随着河砂开采规模的加大、范围的扩大,河漫滩开荒情况逐渐消失。汶口拦河坝上游存在大面积河滩地种植情况,合计3 000余亩,涉及泰安市岱岳区大汶口镇东大吴村、柏子村、申村河段,房村镇北腾村、南腾村等河段,以及宁阳县磁窑镇高家村等河段。

1.5　水文气象特征

大汶河流域属华北暖温带半温润大陆性季风气候区,年平均气温12～14℃,无霜期在200天以上,多年平均年降水量714.7 mm,降水随时空变化较大,主要表现为四个方面:一是降水年际变化较大,如1964年流域平均降水1 362 mm,而1989年流域平均降水仅382.8 mm,丰枯比达3.56;二是降水年内分配不均,年内降水主要集中于汛期的7—8月,约占全年降水量的53%,而汛期降水又多集中于几场暴雨,如1957年全年降水947.3 mm,仅7月降水就达535.7 mm,占全年降水的56.6%;三是降水在地域上分布不均,总的趋势是山区多于平原,东部多于西部,如新泰市多年平均年降水量达746.5 mm,而东平县仅为624.1 mm;四是具有丰枯交替出现、周期变化和持续时间较长的规律,如

1961—1964 年的丰水期,年均降水 948.8 mm,比多年平均多出 32.6%,1986—1989 年的枯水期,年均降水 519.9 mm,比多年平均少 27.3%。由于降水的时空变化较大,因此流域内水旱灾害时常发生。

流域多年平均年径流量临汶站为 18.52 亿 m^3,多集中在汛期,根据临汶站资料,汛期 6—9 月份平均径流量为 13.27 亿 m^3,占多年平均的 71.7%,其中 7、8 月份径流量 10.95 亿 m^3,占多年平均的 59.1%。1964 年一次洪水径流量竟高达 6.0 亿 m^3。汛期洪水集中、流量大、流速快,是危及河道工程安全的主要因素。

流域平均气温 12~14℃。根据常年观测资料,东部略低,西部略高。月平均气温 7 月份为 26~27℃,1 月份−18~3.4℃,最高气温自东向西为 39.1~42.2℃。

风向和风力随季节变化很大,冬季多偏北风,夏季多偏南风,泰安、肥城、宁阳风力最大,风速达 20 m/s。

据泰安市气象局资料统计,流域多年平均年蒸发量为 564.8 mm,月蒸发量 9 月份最高,自东向西为 350.5~452.5 mm。

1.6 洪水洪灾

水灾包括大雨积水、淫雨渍涝、山洪暴发及河道决口等。大汶河流域洪水灾害主要发生在大汶河(含大清河)及黄河。自公元前 37 年(西汉元帝建昭二年)至 1643 年,有记载的水灾 67 年次,其中因黄河及大清河决口成灾达 24 年次。在清代,发生水灾 88 年次,其中 6 县受灾的 3 年次,平均百年一次。大汶河决口成灾 23 年次,占 26.1%;积水和渍涝成灾的占 73.9%。

历史上大汶河的洪涝灾害非常严重。从次数上讲,虽比旱灾少,但在一定范围内危害程度较旱灾严重,甚至是毁灭性的。据《泰安市水利志》记载,清代及"中华民国"年间(至 1948 年),大汶河发生水灾 27 次。1918 年,大汶河大汶口站洪峰达到 10 300 m^3/s,沿河漫溢决口 70 多处,受灾范围:东起楼德,西至运河,北起泰安市岱岳区满庄,南至蜀山湖,受灾面积达 2 000 km^2,财产损失及人口伤亡是历史上最惨重的一次。1921 年,大汶河大汶口站洪峰达 9 600 m^3/s,肥城市三娘庙、明新村,倒房万余间,沿河 66.7 km^2 耕地受灾,对人民群众的生命财产造成了严重的损失。

新中国成立以来,大汶河出现流量在 4 000 m^3/s 以上洪水 12 次。其中,1957 年和 1964 年均发生流量近 7 000 m^3/s 的洪水,流域成灾面积分别为 94 万亩和 62 万亩("三查三定"统计)。1990 年 7 月大汶河发生流量 3 780 m^3/s 的洪水,柴汶河北岸决口,房村镇西杨庄受灾,损失达 120 多万元。2001 年 8 月 4 日大汶河发生暴雨洪水,汶口坝过坝流量 3 240 m^3/s,柴汶河北岸东杨庄、南腾村发生洪水顶托倒灌,倒房 200 余间。2003 年 9 月 3 日 6 时至 4 日 6 时,大汶河流域普降大到暴雨,泰安市平均降雨 91.3 mm,其中泰山区 123.0 mm,岱岳区 115.3 mm,肥城市 105.2 mm,宁阳县 100.4 mm,东平县 65 mm,新泰市 39 mm;济南市莱芜区平均降雨 85.0 mm。最大点雨量是宁阳镇的 160.0 mm,局部发生内涝。4 日 14 时北望水文站出现 1 960 m^3/s 的洪峰流量,此后开始回落;大汶口水文站在 4 日 19 时出现 1 940 m^3/s 的洪峰流量,并持续一个多小时后回落;5 日 7 时戴村坝水文站出现 2 060 m³/s 的洪峰流量,此后开始回落。9 月 5 日 6 时,大汶河琵琶山拦河坝右岸旧坝冲溃 87 m,滩地退刷约 265 亩,与旧坝相连新坝塌陷 60 m,该坝的其他部位也出现了不少问题,导致发生滚河,洪水直冲右岸滩地,严重危及堤防安全,随时有决口的危险,下游 10 万群众的生命财产安全面临洪水的严重威胁,洪水共冲毁滩地 265 多亩,损坏庄稼近 480 亩。

1.7　暴雨洪水

1. 暴雨特性:大汶河流域降雨一般为气旋雨、锋面雨和局部雷阵雨,常出现历时短、强度大、空间分布不均匀的暴雨。降雨量主要集中在汛期 6—9 月份,约占年降水量的 75%,其中 7—8 月占汛期降雨量的 70%,以 7 月份出现的机会较多,8 月份次之。

2. 洪水特性:大汶河流域石山区占 66.2%,平原区占 33.8%,产汇流条件较好,洪峰形状尖瘦,含沙量很小。一次洪水历时 2～4 d。历史实测最大洪峰流量为戴村坝站的 6 930 m³/s(1964 年),调查最大洪峰流量为临汶站的 7 400 m³/s(1918 年)。实测最大含沙量为戴村坝站的 12.1 kg/m³(1966 年)。

大汶河洪水威胁下游防汛的安全,当与黄河中游洪水遭遇时,影响东平湖对黄河洪水的滞洪,从而影响防洪安全。

第二章

洪水预报发展概述

　　水文预报是根据前期或现时水文、气象等资料信息,运用水文学、气象学和水力学的原理和方法,对河流等水体在未来一定时段内的水文情势做出定性或定量的预测技术。它是应用水文学的一个分支,是一项重要的水利基本工作和防洪非工程措施,直接为水资源合理利用与保护、水利工程建设与管理以及工农业生产服务。水文预报主要包括洪水预报、潮位预报、水利水电工程施工期预报、融雪径流预报、冰情预报、旱情预报、水质预报等。

　　洪水预报是预测江湖未来洪水要素及其特征值的一门应用技术科学,根据洪水形成和运动的规律,利用过去和实时水文气象资料,对未来一定时段的洪水发展情况进行分析预测。

2.1　国际国内洪水预报发展

　　1910年奥地利林茨和维也纳的省水文局,首次安装水位自动遥测和洪水警报电话装置,发展了洪水预报;1932年 L. R. K. 谢尔曼提出单位过程线;1933年,R. E. 霍顿建立下渗公式;1935年 G. T. 麦卡锡等人提出马斯京根法原理,为根据降雨过程计算流量过程和河道洪水演进提供了方法,这些成果至今仍在洪水预报中被广泛应用,且在不断地深化研究和改进。

　　20世纪50、60年代以来洪水预报技术提高很快。随着电子计算技术的发展,多学科的互相渗透和综合研究,对水文现象物理机制的揭示、经验性预报方法的理论基础都有了较大发展,加速了信息的传递与处理,同时还提出了一些新方法,各种流域水文模型得到日益广泛应用,包括中国的新安江模型、日本的水箱模型等。此外,欧美不少国家正在发展多种实时联机洪水预报系统,其特点是功能齐全、适应性强、自动化程度高、通用性好、运算速度快。

　　中国早在1027年就将水情分为12类。16世纪70年代在黄河流域已有比较正常的报汛方式。当时在黄河设有驿站,由驿吏乘马飞速向下游逐站接力传报水情。同时,还发现"利用水泡判断水势"的规律:"凡黄水消长,必有先兆。如水先泡,则方盛;泡先水,则将衰"。当黄河大量出现水泡时,表示水势正在盛涨;若水泡消失,表示水势趋于衰落。据此来预估黄河洪水的涨落趋势。

2.2　新中国早期的洪水预报

洪水预报技术分为传统洪水预报技术和现代洪水预报技术。传统洪水预报技术主要是相关图、谢尔曼单位线、马斯京根法,预报员趣称"老三篇";现代洪水预报技术主要是数学优化技术(如最小二乘法、LS、RLS)、系统数学模型技术(如线性/非线性模型、流域水文模型)、计算机技术(如图形交互技术),趣称"新三篇"。

1949 年以后,中国全面规划布设了水文站网,制订了统一的报汛办法,加强了对洪水的监测工作,在大量实践及经验基础上,洪水预报技术得到迅速发展和提高。1954 年长江、淮河特大洪水,1958 年黄河特大洪水,1963 年 8 月海河特大洪水,1981 年长江上游特大洪水以及 1983 年汉江上游特大洪水,都由于洪水预报准确及时,为正确做出防汛决策提供了科学依据。

与此同时,中国洪水预报技术在理论或方法上都有了创新和发展,并在国际水文学术活动中广为交流。如对马斯京根法的物理概念及其使用条件进行了研究论证,发展了多河段连续演算的方法;对经验单位线的基本假定与客观实际情况不符所带来的问题,提出了有效的处理方法;结合中国的自然地理条件,提出了湿润地区的饱和产流模型和干旱地区的非饱和产流模型;提出了适合各种不同运用条件下中小型水库的简易预报方法;在成因分析的基础上进行中长期预报方法的研究等。经过几十年的研究与反复实践,我国目前已形成了一整套适用的预报、计算方法体系。

2.3　大汶河流域洪水预报进程

1949 年 10 月 1 日中华人民共和国成立后,山东省水利局设立了水文股,接收并恢复了部分水文站。1950 年成立了华东水利部黄台桥一等水文站和华东水利部新安一等水文站,分别负责渤海胶东区和沂沭汶运区水文建设管理工作,同时积极培训水文技术人员。华东水利部举办了南京水文训练班,山东省实业厅委托山东农学院设置了水利系水文专修科,为山东省培训了第一批水文专业人才。1950 年汛前即在全省恢复和增设水文站、水位站、潮位站和雨量站,开展水文测报工作。1956 年开始对沂、沭、泗、汶、卫运河等主要河流开展了洪水预报。随着大汶河流域水文站网的建设完善,大汶河洪水预报工作从无到有、由点到面迅速发展起来。

20 世纪 50—60 年代,学习、吸收苏联的洪水预报方法,为大汶河洪水预报工作奠定了基础。经过多年的实践经验和研究,形成了一套比较完整的、适合大汶河流域的实用洪水预报和计算方法,主要有经验相关法、降雨产汇流预报和单位线法等,并建立了各水文站洪水预报方案,1962 年 9 月 7 日汇编了月降水量中长期预报图表,1963 年泰安水文分站自成立以来,对每年汛期发生的大中洪水都要做洪水预报。自 1964 年 7 月汇编了大汶河流域洪水预报方案,预报断面包括谷里水文站、北望水文站、临汶水文站和戴村坝水文站；1965 年 4 月编制了泰安专区大中型水库洪水预报方案，包括雪野、黄前、光明、金斗等大中型水库的简易洪水预报图表。至 1985 年已基本建立起一套完整的水文预报体系。各预报断面均有洪水预报方案，方案内容以经验预报为主，以模型预报方案为辅，内容比较简单。

80 年代后，随着站网的逐渐完善，资料监测系列延长，泰安水文工作者在洪水预报制定中积累了大量工作经验，1987 年泰安水文分站与山东省水文总站联合重新编制完成了大汶河流域实用水文预报方案，通过黄河水利委员会水文局审查鉴定，参加了黄河流域实用水文预报方案的汇编，山东省科学技术委员会于 1988 年授予省科技进步三等奖。重新编制的洪水预报方案主要内容有流域概况、基本资料、降雨径流关系、峰量关系、单位线（经验单位线、径流分配过程线、瞬时单位线）、水库调洪演算曲线、上下游水位（流量）相关曲线等，具有项目齐全、图表配套、精度较高、科学实用的优点。

洪水预报按照分级管理制作，经会商后再行发布。每年汛前，山东省防汛抗旱指挥部（以下简称"省防指"）均以正式文件向全省水文系统下达洪水预报任务。根据防汛工作的重要程度，洪水预报实行分级负责制：黄前水库和光明水库的作业预报由水库水文站和市水文中心（水文分站、水文局）水情科会商；大汶口及戴村坝两河道站的洪水作业预报一般由市水文中心（水文分站、水文局）水情科做出并与省水文中心（水文总站、水文局）水情部会商后发布。根据预报方案和其他条件进行洪水作业预报，预报成果除向所在管理部门及本县（市、区）有关部门提供外，向省、市（地）防汛抗旱指挥部以电报或电话形式上报洪水预报成果。

凡涉及采取抢险破坝、分洪等重大工程措施的洪水预报，均充分考虑各种复杂因素，采用多方案预报，经上下会商，力求准确可靠，最后经省水文中心（水文总站）主要领导签发，正式对外发布成果。2022 年，随着《山东省水情预警发布管理办法》的出台，依规按照管理权限对外发布。

2.4 大汶河流域洪水预报模型

自然界中的水文现象是由众多因素相互作用的复杂过程，水文现象虽然发生在地表范围内，但与大气圈、地壳圈、生物圈都有着密切的关系，属于综合性的自然现象。至今人们还不能对所有水文现象的有关要素进行实际观测，不能用严格的物理定律来描述水文现象各要素间的因果关系，尚有许多问题未解决，严格的水文规律有待探求。

在实践活动中，人们对水文现象及其各要素之间因果关系的认识不断深入，将复杂水文现象加以概化，即忽略次要的、随机的因素，保留主要因素和具有基本规律的部分，据此建立具有一定物理意义的数学物理模型，并在计算机上实现，这种仿水文现象称之为"水文模拟"。被模拟的水文现象称为原型，模拟则是对原型的种种数学物理和逻辑的概化。近年来，伴随着水文理论的发展和高新技术在水文学科领域的广泛应用，为水文模拟（流域水文模型）提供了重要的理论和技术支撑。目前，大汶河流域主要洪水预案系统有大汶河流域防洪减灾预警预报系统和水情提升工程洪水预报系统。

2.4.1 大汶河流域防洪减灾预警预报系统

大汶河流域防洪减灾预警预报系统由泰安市水文中心和河海大学合作研发,研发工作于 2018 年完成。该系统模块功能框架基于 ASP 和 Flash 网页开发手段,结合大汶河洪水预警预报业务需求,功能模块主要包括:基础地理信息、水雨情信息、实时洪水预报、水库和河系洪水调度与分析、中小河流预警预报和用户管理。

2.4.2 水情提升工程洪水预报系统

该系统由山东省水文中心与淮河水利委员会水文局合作研发,目前已面向地市水文中心试运行,还处于调试完善阶段。系统共有 680 多个子功能。同时结合实时洪水预报、方案编制等业务工作流程,经 5 次升级迭代和梳理优化,将所有功能项整合为六大功能模块,分别为实况、预报、会商、方案、模型和管理。

1. 实况:主要实现了预报前的"防洪形势分析",在三维数字场景中可查询展示基础信息、雨情、水情、工情、告警信息等(如图 2.4-1 所示)。

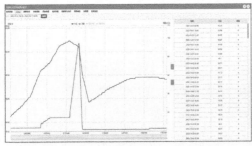
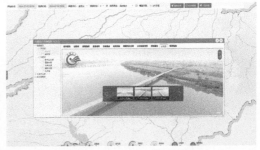

图 2.4-1 系统实况界面示意图

2. 预报:主要实现了大汶河流域 38 处断面的预报,集实时降水、气象预估降水、历史情景和暴雨移植四种预报计算模式,采用了 20 多种模型算法,实现了水文气象、水文水动力学耦合等。特别是在暴雨移植模拟计算、全天候滚动预报计算等方面取得了突破性创新(如图 2.4-2 所示)。

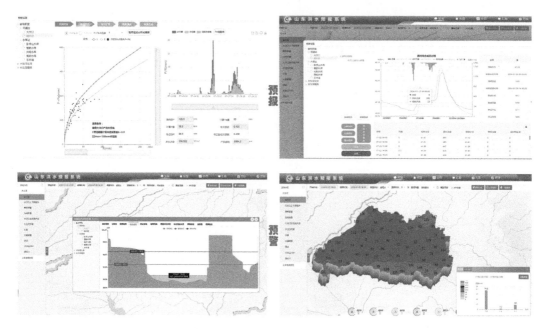

图 2.4-2 系统预报界面示意图

3. 会商：主要包括四种模式预演计算，分布式模型孪生展示，一、二维水动力学模型可视化展示，三维数字场景试点建设及孪生展示等功能模块。以防洪四预功能为主线，实现了防洪"预演""预案"功能，通过水文数字映射和数字孪生技术，实现了物理流域和数字孪生流域间的联动互馈预演，为各级领导防汛调度决策提供支撑（如图 2.4-3 所示）。

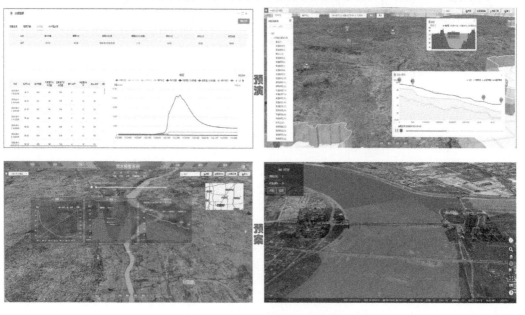

图 2.4-3 系统会商界面示意图

4. 方案：主要实现了自由构建河系及站点配置、预报调度方案的标准化配置与管理等，该模块主要功能是构建水系预报方案，主要功能包括新建河系、站点配置、方案设置三个部分(如图 2.4-4 所示)。

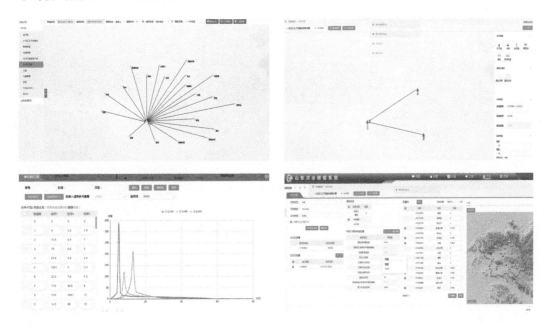

图 2.4-4 系统方案界面示意图

5. 模型:主要包括经验方案编制、概念性模型参数率定等功能模块,实现了水文预报方案编制工作的全流程无纸化操作;针对不同种类的模型算法参数,提供了基于优化算法的全自动率定和基于专家经验的人工交互分析率定功能(如图 2.4-5 所示)。

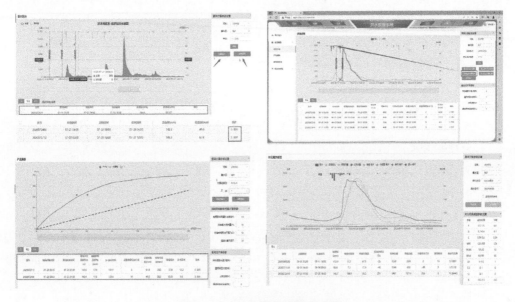

图 2.4-5 系统模型界面示意图

6. 管理:实现系统用户的统一分级授权管理,通过标准化的流程配置,进行用户角色和权限的映射绑定,支持 500 个以上用户的并发访问和批量管理。

第三章

产汇流预报

3.1 流域产流

3.1.1 产流过程

流域上的雨水降落到地面后,通过植物截留、填洼、雨期蒸发以及补充土壤缺水量等过程,将一部分雨水损失掉,这一部分降雨量称为扣损量;剩下的一部分雨水则形成径流。这里把形成径流的那部分降雨称为净雨,而把降雨扣除损失后成为净雨的过程称为产流过程。因此,净雨和它形成的径流在数量上是相等的,但二者的过程不一样,前者是径流的来源,后者是净雨的结果,前者在降雨停止时基本停止,后者却要延续很长时间。

根据 Horton 产流理论以及山坡水文学产流理论,按降雨产生净雨的不同场所,其径流组成主要分为地表径流、壤中流和地下径流三种。

3.1.2 产流理论

1. 流域蒸散发

蒸散发是包气带水分消退的主要原因,蒸散发消耗的水分主要取决于气象条件和土壤蓄水量。通过对土壤蒸发实验过程的观察,可以得到土壤蒸散发与蓄水量之间的关系:当流域土壤含水量达到田间持水量时,实际蒸散发量就等于蒸散发能力;当土壤湿度很小(介于凋萎含水量和毛管断裂含水量之间)、表土很干燥时,植物根系可以从深层土壤中吸收水分供给散发,此时,蒸散发几乎维持在一个变化很小的量。在一般情况下,蒸散发量将随土壤湿度的增加而增加,在不同的天气条件下,蒸散发能力也是不同的,它受不同的季节和晴天、雨天的影响。

2. 蓄满产流

从 20 世纪 60 年代开始,赵人俊教授经过长期对湿润地区暴雨径流关系的研究,提出了蓄满产流概念,以建立降雨、土壤蓄水量和径流量之间的关系,计算总净雨过程,划分地表径流、壤中流以及地下径流等水源。

　　蓄满产流是指这样特定的产流方式:降雨使包气带土壤湿度达到田间持水量以前,所有降雨都被土壤吸收,补充土层的缺水量,不产生净雨。当土壤湿度达到田间持水量后,以后的降雨(除去雨期蒸散发量)全部变为净雨,其中下渗至潜水层的部分成为地下径流,超渗部分成为地表径流。

　　蓄满产流以满足包气带缺水量为产流的控制条件,就某一点而言,蓄满前的降雨不产流,蓄满后才产流。因为流域上各点的蓄水容量大小不等,一般采用流域蓄水容量曲线来表达。

3.1.3　降雨径流经验相关法

　　1. 降雨径流相关图的形式

　　降雨径流经验关系曲线有各种形式,一般有产流量 $R = f$(次雨量 P,前期影响雨量 P_a,季节,温度)、$R = f$(前期影响雨量 P_a,洪水起涨流量 Q_0)和考虑雨强的超渗式关系曲线形式。本节介绍国内普遍使用的产流量与降雨量和前期影响雨量三者之间的关系,即 P-P_a-R 相关图(图 3.1-1)。

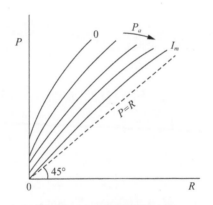

图 3.1-1　降雨径流相关图

　　使用 P-P_a-R 关系曲线进行净雨量计算一般有两种处理途径:一种是根据洪水初期的 P_a 值,把时段雨量序列变成累积雨量序列,用累积雨量查出累积净雨,由累积净雨再转化成时段净雨序列;另一种方法是根据时段降雨序列资料直接推求时段净雨序列。第一种方法的缺点是在整个洪水过程中,使用一条 P-R 曲线,没有考虑洪水期中 P_a 的变化。而后者的不足是,当时段取得过小时,一般时段雨量不大,推求净雨时的查线计算易集中在曲线的下段。两种方法的结果存在差别,至于何者更接近实际也很难断言。

　　2. 前期影响雨量的计算

　　P_a 由前期雨量计算,也称前期影响雨量,是反映土壤湿度的参数,其计算公式为

　　若前一个时段有降雨量,即 $P_{t-1} > 0$ 时,则

$$P_{a,t} = K(P_{a,t-1} + P_{t-1}) \tag{3.1-1}$$

若前一个时段无降雨时,即 $P_{t-1}=0$,则

$$P_{a,t}=KP_{a,t-1} \tag{3.1-2}$$

式中:K 为土壤含水量衰减系数,对于日模型而言,一般取 $K \approx 0.85$;$P_{a,t-1}$ 和 $P_{a,t}$ 分别为前一个时段和本时段的前期影响雨量;P_{t-1} 为前一个时段的降雨量。式(3.1-1)和式(3.1-2)为连续计算式。由于

$$\begin{cases} P_{a,t}=K(P_{a,t-1}+P_{t-1}) \\ P_{a,t-1}=K(P_{a,t-2}+P_{t-2}) \\ P_{a,t-2}=K(P_{a,t-3}+P_{t-3}) \\ P_{a,t-n+1}=K(P_{a,t-n}+P_{t-n}) \end{cases} \tag{3.1-3}$$

将式(3.1-3)各行逐一代入上一行得到

$$P_{a,t}=KP_{t-1}+K^2 P_{t-2}+K^3 P_{t-3}+\cdots+K^n(P_{a,t-n}+P_{t-n}) \tag{3.1-4}$$

式(3.1-4)为向前倒数 n 天的一次计算式。一般取 15 天即可满足计算要求。

用 I_m 表示流域最大损失量,在数值上等于流域蓄水容量,以 mm 表示,通常 $I_m = 60 \sim 100$ mm。当计算的 $P_a > I_m$ 时,以 I_m 作为 P_a 值计算,即认为,此后的降雨量 P 不再补充初损量,全部形成径流 R。

当计算时段长 $\Delta t \neq 24$ h 时,K 应该用下式换算:

$$K=KD^{1/N} \tag{3.1-5}$$

式中:$N=24/\Delta t$;KD 为土壤含水量日衰减系数;K 为计算时段是 Δt 的土壤含水量衰减系数。

3. 降雨径流相关图绘制

根据计算出的流域平均降雨量 P、P 所产生的径流量 R 以及相应的前期影响雨量 P_a,便可建立降雨径流相关图。显然,P_a 是影响降雨径流关系最主要的因素,因为流域的产流决定于非饱和带的物理特性,而前期影响雨量的物理含义是土壤含水量,它反映了非饱和带土壤的物理性质,但它不是唯一的因素,在有些情况下,其他因素不可忽略。除了前期影响雨量以外,季节、降雨历时、流域平均雨强等也不同程度地影响着降雨径流关系。

由式 $R=f(P,P_a)$ 建立起来的三变数降雨径流相关图如图 3.1-2 所示,由于其结构简单,使用方便,且能满足精度上的要求,所以被广泛地应用于雨洪径流预报。

由式 $R=f(P,P_a)$ 建立起来的三变数降雨径流相关图具有下列共同特点:

(1) 当 P 一定时,P_a 越大,R 也就越大,所以 P_a 等值线呈左小右大。

(2) $P_a=0$ 线的延长线交 P 的截距为 I_m,$P_a \neq 0$ 线的延长线交 P 的截距为 D(流域土壤缺水量)。

(3) 在 P 和 R 取同一比例时,$P_a=I_m$ 线与横坐标的夹角略大于 45 度线。

(4) 由于超渗产流和局部蓄满产流,也就是说,未满足流域平均土壤缺水量就产流,因此曲线下端曲率较大,上端由于土壤渐趋饱和而逐渐趋于直线且与 $P_a=I_m$ 线平行。

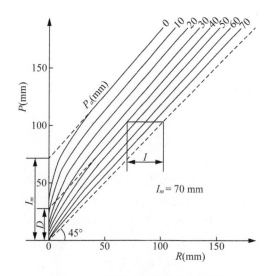

图 3.1-2　某流域降雨径流相关图

（5）在同一流域平均径流深 R 下，P_a 越小，产流面积就越小，所需的雨量就越大，因此曲线下端的曲率随着 P_a 的减小而增大。

（6）在同一 P_a 情况下，P 越大，径流系数 α 越大。

在点绘三变数降雨径流相关图时，应考虑上述特点来定线。

3.2　流域汇流

3.2.1　汇流过程

净雨沿坡地从地面和地下汇入河网，再沿河网汇集到流域出口断面，这一完整的过程称为流域汇流过程，前者称为坡地汇流，后者称为河网汇流。

1. 坡地汇流

地面净雨沿着坡面流到附近河网的过程，称为坡面漫流。坡面漫流通常没有明显固定的沟槽，其路径很短，故漫流的历时也很短。大暴雨的地面净雨，会迅速进入河网，引起暴涨暴落的洪水过程。因此，地表径流是洪水的主要成分。壤中流净雨在沿土壤相对不透水坡地向河网汇集的过程中，由于地形坡度的起伏、转折，很容易穿出地面或者形成饱和地表径流，这种水流流程较短，流速也较大。因此，它比地下水达到河网要快得多，是小洪水的主要水源。地下净雨向下渗透到地下潜水面或深层地下水体后，沿水力坡度最大的方向流入河网，称为地下坡地汇流。地下坡地汇流速度很慢，所以，降雨以后地下水流可以维持很长时间，较大河流可以终年不断，是河川的基本流量，因此，也称地下径流为基流。

2. 河网汇流

净雨经坡地进入河网，在河网中从上游向下游，从支流向干流汇集到流域的出口，这种汇流过程称河网汇流。在河网汇流过程中，沿途不断有坡面漫流、壤中流和地下水流汇入。对于比较大的流域,河网汇流时间长,调蓄能力大。所以,降雨和坡面流终止后,它们产生的洪水还会延续很长一段时间。

一次降雨过程,经过植物截留、填洼、下渗和蒸发等扣除一部分雨量后,进入河网的水量自然比降雨总量少,而且经坡地汇流和河网汇流两次再分配作用,出口断面的径流过程比降雨过程变化缓慢,历时增长,时间滞后。

3.2.2　汇流理论

流域降水在各点产生的净雨,经过坡地汇流和河网汇流汇集到流域出口断面,形成流域出口的流量过程,这个包括坡地汇流和河网汇流的全过程称为流域汇流。流域汇流实际上是一个非常复杂的水流运动过程,目前难以采用完整的水力学方法进行描述求解,因此不得不对流域汇流采用概化分析的方法。概化分析主要采用系统分析的方法。将流域汇流过程视为一个系统,流域上的净雨过程是系统的输入,流域出口断面的流量过程是系统的输出。流域的净雨过程,经过流域的作用,就成为相应流域出口断面的流量过程。汇流计算时,一般分为地面汇流和地下汇流。由地面净雨进行地面汇流计算,求得流域出口的地表径流过程;由地下净雨进行地下汇流计算,求得出口断面的地下径流过程。二者叠加,就得到整个流域汇流过程。

在流域汇流研究中,通常会遇到两类最基本的问题:一类是已知流域净雨过程和相应的流域出口断面流量过程,分析确定流域响应函数,即流域汇流的识别问题,这里流域响应函数具体是指流域时段单位线或流域瞬时单位线;另一类是已知流域净雨和流域响应函数,推求相应的流域出口断面流量过程,即流域径流过程的预报问题。

3.2.3　单位线

1. 瞬时单位线

1945 年克拉克(C. O. Clark)首先提出瞬时单位线的概念。所谓瞬时单位线,就是流域上均匀分布的、历时趋于无限小、强度趋于无穷大、但净雨总量为 1 个单位的净雨所形成的流域出口断面过程线,通常用 $u(t)$ 表示。1957 年,纳时(Nash)把流域看作一连串的 n 个相同的"线性水库",如图 3.2-1 所示,可以推导出一个单位的瞬时入流进入水库系统后,其对应的出流即瞬时单位线的数学方程式为

$$u(t) = \frac{1}{k\,\Gamma(n)} \left(\frac{t}{k}\right)^{n-1} \mathrm{e}^{-\frac{t}{k}} \tag{3.2-1}$$

式中:Γ 为伽马函数,当 n 为整数时,其值为 $n-1$;n 为线性水库个数;k 为一个线性水库的蓄泄系数。

2. 时段单位线

在实际应用中,需要将瞬时单位线转换成时段单位线,一般用 $S(t)$ 曲线表示。按照 $S(t)$ 曲线的定义,$S(t)$ 等于瞬时单位线的积分,即 $S(t) = \int_0^t u(t)\mathrm{d}t$,对该式进行积分,

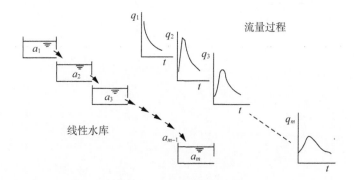

图 3.2-1 纳时模型示意图

可以很方便地导出 $S(t)$ 曲线,再利用线性叠加原理,$u(\Delta t,t)=S(t)-S(t-\Delta t)$,从而得到时段单位线,即

$$u(\Delta t,t)=\mathrm{e}^{-\frac{t}{k}}\left[\mathrm{e}^{\frac{\Delta t}{k}}\sum_{i=1}^{n}\frac{1}{(n-i)!}\left(\frac{t-\Delta t}{k}\right)^{n-i}-\sum_{i=1}^{n}\frac{1}{(n-i)!}\left(\frac{t}{k}\right)^{n-i}\right] \quad (3.2-2)$$

式(3.2-2)为当 n 为自然数、计算步长为 Δt 时的纳时时段单位线的计算公式。

3. 参数 n、k 的确定

如何确定参数 n 和 k 是纳时模型应用中的重要问题之一。纵观目前所有的确定该模型的方法,按依据的资料,可归纳为 3 类:一是依据降雨和径流——对应资料的方法,如矩法、累积量法、最优化方法等;二是依据流域地形和地貌资料的方法,如经验公式法等;三是依据流域出口断面流量资料的方法。本节着重介绍应用较为广泛的矩法。

根据矩法,可以求出参数:

$$n=\frac{\left[M_Q^{(1)}-M_I^{(1)}\right]^2}{N_Q^{(2)}-N_I^{(2)}} \quad (3.2-3)$$

$$k=\frac{N_Q^{(2)}-N_I^{(2)}}{M_Q^{(1)}-M_I^{(1)}} \quad (3.2-4)$$

式中:$M_I^{(1)}$、$M_Q^{(1)}$ 分别为入流量(净雨量)及出流量的一阶原点矩;$N_I^{(2)}$、$N_Q^{(2)}$ 分别为入流量和出流量的二阶中心矩。入流量和出流量的一阶原点矩的计算公式分别为

$$M_I^{(1)}=\frac{\int_0^\infty I(t)t\,\mathrm{d}t}{\int_0^\infty I(t)\mathrm{d}t}=\frac{\sum_{i=1}^{n}\bar{I}_i(t)t_i}{\sum_{i=1}^{n}\bar{I}_i(t)}=\frac{\sum_{i=1}^{n}\bar{I}_i(t)m_i}{\sum_{i=1}^{n}\bar{I}_i(t)}\cdot\frac{\Delta t}{2} \quad (3.2-5)$$

$$M_Q^{(1)}=\frac{\int_0^\infty Q(t)t\,\mathrm{d}t}{\int_0^\infty Q(t)\mathrm{d}t}=\frac{\sum_{i=1}^{n}\bar{Q}_i(t)t_i}{\sum_{i=1}^{n}\bar{Q}_i(t)}=\frac{\sum_{i=1}^{n}\bar{Q}_i(t)m_i}{\sum_{i=1}^{n}\bar{Q}_i(t)}\cdot\frac{\Delta t}{2} \quad (3.2-6)$$

式中:$I(t)$、$\bar{I}_i(t)$ 分别为 t 时刻的净雨量和净雨量的时段平均值;$Q(t)$、$\bar{Q}_i(t)$ 分别为 t

时刻的出流量和出流量的时段平均值，$m_i = 1, 3, 5, 7, \cdots, 2n-3, 2n-1$。

同理，可以计算出净雨量和出流量的二阶原点矩为

$$M_I^{(2)} = \frac{\sum\limits_{i=1}^{n} \bar{I}_i(t) m_i^2}{\sum\limits_{i=1}^{n} \bar{I}_i(t)} \cdot \left(\frac{\Delta t}{2}\right)^2 \tag{3.2-7}$$

$$M_Q^{(2)} = \frac{\sum\limits_{i=1}^{n} \bar{Q}_i(t) m_i^2}{\sum\limits_{i=1}^{n} \bar{Q}_i(t)} \cdot \left(\frac{\Delta t}{2}\right)^2 \tag{3.2-8}$$

由于入流量和出流量的二阶中心矩可用二阶原点矩来表示，即

$$N_I^{(2)} = M_I^{(2)} - \left[M_I^{(1)}\right]^2 \tag{3.2-9}$$

$$N_Q^{(2)} = M_Q^{(2)} - \left[M_Q^{(1)}\right]^2 \tag{3.2-10}$$

在推求某一流域纳时时段单位线时，首先选择几场有代表性的洪水资料，根据每场次洪水的相应入流和出流过程，分别求出它们的单位线参数 n 和 k，然后把 n 和 k 平均（如果相差较大，可以分成几组）概化出流域的单位线参数，便可用纳时时段单位线计算公式计算出流域时段单位线。

3.3 新安江模型

3.3.1 基本原理

华东水利学院（现河海大学）的赵人俊教授于 1963 年初次提出湿润地区以蓄满产流为主的观点，其主要根据是次洪的降雨径流关系与雨强无关，而只有用蓄满产流概念才能解释这一现象。20 世纪 70 年代国外对产流问题展开了理论研究，最有代表性的著作是 1978 年出版的《山坡水文学》，它的结论与赵人俊先生的观点基本一致：传统的超渗产流概念只适用于干旱地区，而在湿润地区，地表径流的机制是饱和坡面流，壤中流的作用很明显。20 世纪 70 年代初建立的新安江模型采用蓄满产流概念是正确的，但对于湿润地区，由于没有划出壤中流，汇流的非线性程度偏高，效果不好；80 年代初引进吸收了"山坡水文学"的概念，提出三水源的新安江模型。

新安江模型是分散性模型，可用于湿润地区与半湿润地区的湿润季节。当流域面积较小时，新安江模型为集总模型；当面积较大时，为分块模型。它把全流域分为许多块单元流域，对每个单元流域做产汇流计算，得出单元流域的出口流量过程。再进行出口以下的河道洪水演算，求得流域出口的流量过程。把每个单元流域的出流过程相加，就求得了流域的总出流过程。

该模型按照三层蒸散发模式计算流域蒸散发，按蓄满产流概念计算降雨产生的总径流量，采用流域蓄水曲线考虑下垫面不均匀对产流面积变化的影响。在径流成分划分方

面,对三水源情况,按"山坡水文学"产流理论用一个具有有限容积和测孔、底孔的自由水蓄水库把总径流划分成饱和地表径流、壤中水径流和地下水径流。在汇流计算方面,单元面积的地表径流汇流一般采用单位线法,壤中水径流和地下水径流的汇流则采用线性水库法。河网汇流一般采用分段连续演算的马斯京根法或滞后演算法,但它一般不作为新安江模型的主体。

概念性模型的结构应该反映客观水文规律,参数应该代表流域的水文特征,把模型设计成分散性的,主要是考虑降雨分布不均的影响,其次也便于考虑下垫面条件的不同及其变化。降雨分布不均,不但对汇流产生明显的影响,而且对产流产生明显的影响。如果采用集总模型,应用面平均雨量来计算,误差可能很大,而且是系统性的。

新安江模型按泰森多边形法分块,以一个雨量站为中心划一块。这种分法考虑了降雨分布不均,不考虑其他的分布不均。

新安江模型的流程图见图3.3-1。图中输入为实测降雨量和实测蒸散发能力,输出为流域出口断面流量和流域蒸散发量。方框内是状态变量,方框外是常量。模型主要由四部分组成,即蒸散发计算、产流量计算、水源划分和汇流计算。

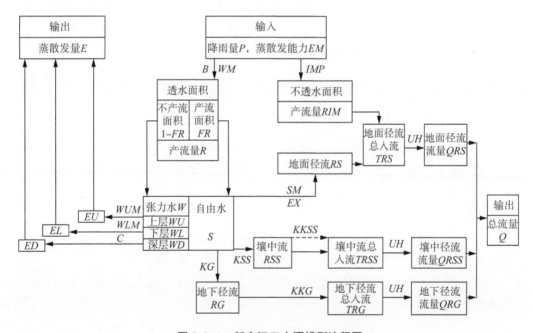

图 3.3-1　新安江三水源模型流程图

3.3.2　新安江模型结构

1. 蒸散发计算

新安江三水源模型中的蒸散发计算采用的是三层蒸发计算模式,输入的是蒸发器实测水面蒸发和流域蒸散发能力的折算系数 K ,模型的参数是上、下、深三层的蓄水容量 WUM 、WLM 、WDM ($WM = WUM + WLM + WDM$)和深层蒸散发系数 C 。输出的是上、下、深各层的流域蒸散发量 EU、EL 和 ED（$E=EU+EL+ED$）。计算中包括三个时变参量，即各层土壤含水量 WU、WL 和 WD（$W=WU+WL+WD$）。以上的 WM、E、W 分别表示流域蓄水容量、蒸散发量、土壤含水量。各层蒸散发的计算原则是，上层按蒸散发能力蒸发，上层含水量蒸发量不够蒸发时，剩余蒸散发能力从下层蒸发，下层蒸发与蒸散发能力及下层含水量成正比，与下层蓄水容量成反比。要求计算的下层蒸发量与剩余蒸散发能力之比不小于深层蒸散发系数 C。否则，不足部分由下层含水量补给，当下层水量不够补给时，用深层含水量补。其中 $PE=P-E$。所用公式如下：

当 $P-E+WU \geqslant EP$ 时，

$$EU=EP，EL=0，ED=0 \qquad (3.3\text{-}1)$$

当 $P-E+WU < EP$ 时，

$$EU=P-E+WU \qquad (3.3\text{-}2)$$

若 $WL \geqslant C \cdot WLM$，则

$$EL=(EP-EU) \cdot \frac{WL}{WLM}，ED=0 \qquad (3.3\text{-}3)$$

若 $WL < C \cdot WLM$ 且 $WL \geqslant C \cdot (EP-EU)$，则

$$EL=C \cdot (EP-EU)，ED=0 \qquad (3.3\text{-}4)$$

若 $WL < C \cdot WLM$ 且 $WL < C \cdot (EP-EU)$，则

$$EL=WL，ED=C \cdot (EP-EU)-WL \qquad (3.3\text{-}5)$$

以上各式中，$EP=K \cdot EM$。

2. 产流量计算

产流量计算系根据蓄满产流理论得出的。所谓蓄满，是指包气带的含水量达到田间持水量。在土壤湿度未达到田间持水量时不产流，所有降雨都被土壤吸收，成为张力水。而当土壤湿度达到田间持水量后，所有降雨（减去同期蒸散发）都产流。

一般来说，流域内各点的蓄水容量并不相同，新安江三水源模型把流域内各点的蓄水容量概化成如图 3.3-2 所示的一条抛物线，即

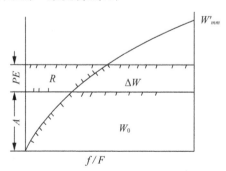

图 3.3-2 流域蓄水容量曲线

$$\frac{f}{F} = 1 - \left(1 - \frac{W'_m}{W'_{mm}}\right)^B \tag{3.3-6}$$

式中：W'_{mm} 为流域内最大的点蓄水容量；W'_m 为流域内某一点的蓄水容量；f 为蓄水容量小于等于 W'_m 值时的流域面积；F 为流域面积；B 为抛物线指数。

据此可求得流域平均蓄水容量

$$WM = \int_0^{W'_{mm}} \left(1 - \frac{f}{F}\right) \mathrm{d}W'_m = \frac{W'_{mm}}{B+1} \tag{3.3-7}$$

与流域初始平均蓄水量 W_0 相应的纵坐标 A 为

$$A = W'_{mm} \left[1 - \left(1 - \frac{W_0}{WM}\right)^{\frac{1}{B+1}}\right] \tag{3.3-8}$$

当 $PE = P - E > 0$ 时，产流；否则不产流。产流时，若 $PE + A < W'_{mm}$，则

$$R = PE - WM + W_0 + WM \cdot \left(1 - \frac{PE + A}{W'_{mm}}\right)^{1+B} \tag{3.3-9}$$

若 $PE + A \geqslant W'_{mm}$，则

$$R = PE - (WM - W_0) \tag{3.3-10}$$

在进行产流计算时，模型的输入为 PE，参数包括流域平均蓄水容量 WM 和抛物线指数 B；输出为流域产流量 R 及流域时段末土壤平均蓄水量 W。

3. 水源划分

新安江三水源模型用自由水蓄水库的结构代替原先稳定下渗量 FC 的结构，以解决水源划分问题。先进入自由水蓄量 S，再划分水源，如图 3.3-3 所示。此水库有两个出口，一个底孔形成地下径流 RG，一个边孔形成壤中流 RSS，其出流规律均按线性水库出流。由于新安江模型考虑了产流面积 FR 问题，所以这个自由水蓄水库只发生在产流面积上，其底宽 FR 是变化的，产流量 R 进入水库即在产流面积上，使得自由水蓄水库增加

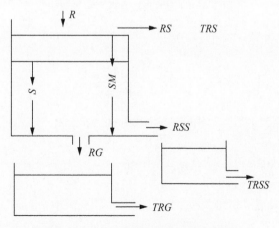

图 3.3-3　自由水蓄水库的结构示意图

蓄水深,当自由水蓄水深 S 超过其最大值 SM 时,超过部分成为地表径流 RS 。该模型认为,蒸散发在张力水中消耗,自由水蓄水库的水量全部为径流。

底孔出流量 RG 和边孔出流量 RSS 分别进入各自的水库,并按线性水库的退水规律流出,分别成为地下水总入流 TRG 和壤中流总入流 $TRSS$,并认为地表径流的坡地汇流时间可以忽略不计,所以地表径流 RS 可认为与地表径流的总入流 TRS 相同。

由于产流面积 FR 上自由水的蓄水容量还不能认为是均匀分布的,即 SM 为常数不太合适,要考虑 SM 的面积分布。这实际上就是饱和坡面流的产流面积不断变化的问题。

模仿张力水分布不均匀的处理方式,把自由水蓄水能力在产流面积上的分布也用一条抛物线来表示,见图 3.3-4,即

$$\frac{FS}{FR}=1-\left(1-\frac{SMF'}{SMMF}\right)^{EX}$$

(3.3-11)

式中: SMF' 为产流面积 FR 上某一点的自由水容量; $SMMF$ 为产流面积 FR 上最大一点的自由水蓄水容量; FS 为自由水蓄水能力小于等于 SMF' 值的流域面积; FR 为产流面积; EX 为流域自由水蓄水容量曲线的指数。

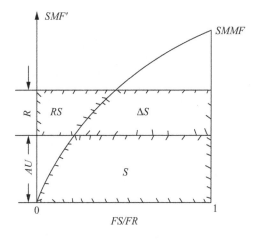

图 3.3-4 流域自由水蓄水容量曲线

产流面积上的平均蓄水容量 SMF 为

$$SMF=\frac{SMMF}{1+EX}$$

(3.3-12)

在自由水蓄水容量曲线上 S 相应的纵坐标 AU 为

$$AU=SMMF\cdot\left[1-\left(1-\frac{S}{SMF}\right)^{\frac{1}{1+EX}}\right]$$

(3.3-13)

式中: S 为流域自由水蓄水容量曲线上的自由水在产流面积上的平均蓄水深; AU 为 S 对应的纵坐标。

显然, $SMMF$ 和 SMF 都是产流面积 FR 的函数,是无法确定的变量。这里假定

$SMMF$ 与产流面积 FR 及全流域上最大一点的自由水蓄水容量 SMM 的关系仍为抛物线分布。

$$FR = 1 - \left(1 - \frac{SMMF}{SMM}\right)^{EX} \tag{3.3-14}$$

则

$$SMMF = \left[1 - (1-FR)^{\frac{1}{EX}}\right] \cdot SMM \tag{3.3-15}$$

$$SMM = SM \cdot (1+EX) \tag{3.3-16}$$

流域的平均自由水容量 SM 和抛物线指数 EX 对于一个流域来说是固定的,属于模型率定的参数。已知 SM 和 EX ,就可以得到 $SMMF$ 。

已知上时段的产流面积 $FR0$ 和产流面积上的平均自由水深 $S0$,根据时段产流量 R ,计算时段地表径流、壤中流、地下径流及本时段产流面积 FR 和 FR 上的平均自由水深 S 的步骤是

$$FR = R/PE$$

$$S = S0 \cdot FR0/FR$$

$$SMM = SM \cdot (1+EX)$$

$$SMMF = SMM \cdot \left[1 - (1-FR)^{1/EX}\right]$$

$$SMF = SMMF/(1+EX)$$

$$AU = SMMF \cdot \left[1 - \left(1 - \frac{S}{SMF}\right)^{\frac{1}{1+EX}}\right]$$

当 $PE + AU \geqslant SMMF$ 时,

$$RS = FR \cdot (PE + S - SMF) \tag{3.3-17}$$

$$RSS = SMF \cdot KSS \cdot FR \tag{3.3-18}$$

$$RG = SMF \cdot KG \cdot FR \tag{3.3-19}$$

$$S = SMF - (RSS + RG)/FR \tag{3.3-20}$$

当 $0 < PE + AU < SSMF$ 时,

$$RS = FR \cdot \left[PE - SMF + S + SMF \cdot \left(1 - \frac{PE+AU}{SMMF}\right)^{EX+1}\right] \tag{3.3-21}$$

$$RSS = KSS \cdot FR \cdot (PE + S - RS/FR) \tag{3.3-22}$$

$$RG = KG \cdot FR \cdot (PE + S - RS/FR) \tag{3.3-23}$$

$$S = S + PE - (RS + RSS + RG)/FR \tag{3.3-24}$$

式中：KSS 和 KG 分别为壤中流与地下径流的日出流系数。

在对自由水蓄水库进行水量平衡计算时,有一个差分计算的误差问题,常用的计算程序将产流量放在时段初进入水库,而实际上它是在时段内均匀进入的,这就造成了向前差分误差。这种误差有时很大,要设法消去。其处理的方法是:每时段的入流,按 5 mm 为一段分成 G 段,并取整数,各时段的 G 值可不同,也就是把计算时段分成 G 段,即以 $\Delta t/G$ 为时段长进行计算。这样,差分误差就很小了。当时段长改变后,出流系数 KSS 和 KG 要做相应的改变。

4. 汇流计算

流域汇流计算包括坡地和河网两个汇流阶段。

坡地汇流是指水体在坡面的汇集过程,水流不但发生了水平运动,而且还有垂向运动。在流域的坡面上,地表径流的调蓄作用不大,地下径流受到大的调蓄,壤中流所受调蓄介于两者之间。

河网汇流是指水流由坡面进入河槽后,继续沿河网的汇集过程。在河网汇流阶段,汇流特性受制于河槽水力学条件,各种水源是一致的,新安江三水源模型中的河网汇流,仅指各单元面积上的水体从进入河槽汇至单元出口的过程,而不包括单元出口到流域出口处的河网汇流阶段。

(1) 坡地汇流计算

新安江三水源模型中把经过水源划分得到的地表径流 RS 直接进入河网,成为地表径流对河网的总入流 TRS。壤中流 RSS 流入壤中流蓄水库,经过壤中流蓄水库的消退(壤中流水库的消退系数为 $KKSS$),成为壤中流对河网总入流 $TRSS$。地下径流 RG 进入地下蓄水库,经过地下蓄水库的消退(地下蓄水库的消退系数为 KKG),成为地下水对河网的总入流 TRG。其计算公式为

$$TRS(t) = RS(t) \cdot U \tag{3.3-25}$$

$$TRSS(t) = TRSS(t-1) \cdot KKSS + RSS(t) \cdot (1 - KKSS) \cdot U \tag{3.3-26}$$

$$TRG(t) = TRG(t-1) \cdot KKG + RG(t) \cdot (1 - KKG) \cdot U \tag{3.3-27}$$

$$TR(t) = TRS(t) + TRSS(t) + TRG(t) \tag{3.3-28}$$

式中:U 为单位转换系数,可将径流深转化为流量,即从 mm 转化为 m^3/s,$U = \dfrac{F}{3.6\Delta t}$($F$ 为流域面积;Δt 为时段长);TR 为河网总入流(m^3/s)。

(2) 河网汇流计算

新安江三水源模型中用无因次单位线模拟水体从进入河槽到单元出口的河网汇流。在本流域或临近流域,找一个有资料的、面积与单元流域大体相近的流域,分析出地表径流单位线,就可作为初值应用。

其计算公式为

$$Q(t) = \sum_{i=1}^{N} UH(i) \cdot TR(t-i+1) \tag{3.3-29}$$

式中:$Q(t)$ 为单元出口处 t 时刻的流量值;UH 为无因次时段单位线;N 为单位线的历

时时段数。

由于单位线确定较为困难,经常采用滞后演算法进行河网汇流计算,即

$$Q(t) = CS \cdot Q(t-1) + (1-CS) \cdot TR(t-L) \tag{3.3-30}$$

流域汇流计算的输入是单元上的地表径流 RS 、壤中流 RSS 、地下径流 RG 及计算开始时刻的单元面积上壤中流流量和地下径流流量值。输出为单元出口的流量过程。

5. 不同时段长度的转化

一般情况下,模型的出流系数都是按日模型给定的。但是在进行实时洪水预报时,计算时段 Δt 都小于 24 h。另外,在模型计算中,为了消除非线性的影响,减少计算时段过长所引起的误差,模型的水源划分中又用 5 mm 净雨作为一个量级,进一步做分步长计算。那么模型的出流系数和消退系数都必须做出相应的变化。

设模型计算所取时段长为 Δt (h), R 为 Δt 内的净雨,则

$$M = \frac{24}{\Delta t} \tag{3.3-31}$$

$$N = \frac{24}{\Delta t}\left[\text{INT}(\frac{R}{5}) + 1\right] \tag{3.3-32}$$

计算步长内的壤中流蓄水库的消退系数 $KKSSD$ 和地下蓄水库的消退系数 $KKGD$ 与相应的日模型消退系数 $KKSS$ 、KKG 的关系为

$$KKSSD = KKSS^{1/M} \tag{3.3-33}$$

$$KKGD = KKG^{1/M} \tag{3.3-34}$$

计算步长内流域自由水蓄水库的壤中流出流 $KSSD$ 和 KGD 与其日模型中的出流系数 KSS 和 KG 的关系为

$$KSSD = \frac{1 - [1 - (KG + KSS)]^{\frac{1}{N}}}{1 + \dfrac{KG}{KSS}} \tag{3.3-35}$$

$$KGD = KSSD \cdot \frac{KG}{KSS} \tag{3.3-36}$$

3.3.3 新安江模型参数

1. 参数物理意义

新安江模型的参数一般具有明确的物理意义,可以分为如下 4 类:

(1) 蒸散发参数: K 、WUM 、WLM 、C

K 为蒸散发能力折算系数,是指流域蒸散发能力与实测水面蒸发值之比。此参数控制着总水量平衡,因此,对水量计算是重要的。

WUM 为上层蓄水容量,它包括植物截留量。在植被与土壤很好的流域,WUM 约为

20 mm;在植被与土壤颇差的流域,WUM 为 5～6 mm。

WLM 为下层蓄水容量,可取 60～90 mm。

C 为深层蒸散发系数。它决定于深根植物占流域面积的比数,同时也与 WUM + WLM 值有关,此值越大,深层蒸散发越困难。一般经验是,在江南湿润地区,C 值为 0.15～0.20,而在华北半湿润地区,C 值则为 0.09～0.12。

(2) 产流量参数:WM、B、IMP

WM 为流域蓄水容量,是流域干旱程度的指标。选择久旱以后下大雨的资料,如雨前可认为蓄水量为 0,雨后可认为已蓄满,则此次洪水的总损失量就是 WM,可从实测资料中求得;如找不到这样的资料,则只能找久旱以后几次降雨,使雨后蓄满,用估计的方法求出 WM。一般分为上层 WUM、下层 WLM 和深层 WDM。在南方 WM 约为 120 mm,北方半湿润地区 WM 约为 180 mm。

B 为蓄水容量曲线的方次,它反映流域上蓄水容量分布的不均匀性。如果有降雨径流相关图,则可根据 P_a = 0 的曲线反求出蓄水容量曲线,并据此估计出 B 值。一般经验是,流域越大,各种地质地形配置越多样,B 值也越大。在山丘区,很小面积(几平方千米)的 B 值为 0.1 左右,中等面积(300 km² 以内)的 B 值为 0.2～0.3,较大面积(数千平方千米)的 B 值为 0.3～0.4。但需说明,B 值与 WUM 有关,相互并不完全独立。同流域同蓄水容量曲线,如 WM 加大,B 就相应减少,反之亦然。

IMP 为不透水面积占全流域面积之比。如有详细地图,可以量出,但一般不可能,可找干旱期降小雨的资料来分析,这时有一场很小洪水完全是不透水面积上产生的。求出这场洪水的径流系数,就是 IMP。

(3) 水源划分参数:SM、EX、KSS、KG

SM 为流域平均自由水蓄水容量,本参数受降雨资料时段均化的影响,当以为时段长时,一般流域的 SM 值为 10～50 mm。当所取时段长较短时,SM 要加大,这个参数对地表径流的多少起着决定性作用,因此很重要。

EX 为自由水蓄水容量曲线指数,它表示自由水容量分布不均匀性。通常 EX 取值为 1～1.5。

KSS 为自由水蓄水库对壤中流出流系数,KG 为自由水蓄水库对地下径流出流系数,这两个出流系数是并联的,二者之和代表着自由水出流的快慢。一般来说,KSS + KG = 0.7,相当于从雨止到壤中流止的时间为 3 天。

(4) 汇流参数:KKSS、KKG、CS、L

KKSS 为壤中流水库的消退系数。如无深层壤中流,KKSS 趋于零。当深层壤中流很丰富时,KKSS 趋于 0.9。相当于汇流时间为 10 天。

KKG 为地下蓄水库的消退系数。如以日为时段长,此值一般为 0.98～0.998,相当于汇流时间为 50～500 天。

CS 为河网蓄水消退系数,L 为河网汇流滞时,它们决定于河网地貌。

2. 模型参数率定

新安江模型的参数按照物理意义分为 4 层,上面已作了介绍。参数的率定可以按照蒸散发—产流—分水源—汇流的次序进行,各类参数基本上是相互独立的。

1）日模型

日模型参数率定按照以下步骤分别进行：

（1）定出各参数的初始值。

（2）比较多年总径流。这是最基本的水量平衡校核。如有误差，要首先修改 K 值，K 是影响蒸发计算最大的参数，对于某些北方河流，夏季植物茂盛，而冬季则有封冻。冬季蒸发不可能用 E601 观测，则应考虑把 K 分为冬、夏各月定为不同的数值。

（3）多年总水量基本平衡后，再比较每年的径流，看很干旱的年份与湿润年份有无系统误差。如有，应调整 WUM、WLM 和 C。减小 WUM 将使少雨季节的蒸发减少，而对很干旱的季节则无影响。WLM 的作用与 WUM 相仿。加大 C 值将使很干旱的季节的蒸散发增大，而对有雨季节则无此影响。在北方半湿润地区可以找到干旱年份与湿润年份之间的系统误差，而在南方湿润地区则不易找到。

（4）如上述差别不明显，则应比较年内干旱季与湿润季之间的差别。在南方，主要是伏旱季的蒸散发计算是否正确的问题。如伏旱以后的初次洪水具有系统误差，例如，各年中这种洪水的计算值都偏大，则应调整 WUM、WLM 和 C 值，使其基本符合。如果在计算中发现 W 值在久旱后出现负值，则应加大 WM，不改变 WUM 和 WLM。在计算中当 W 为负值时以零处理是不对的，它破坏了产流量计算的前提。

新安江模型是蓄满型，只要蒸散发计算基本正确了，产流总量的精度也就有保证了。一般流域，有 80% 左右的年份的年径流误差在 7% 以下是可以做到的。

（5）比较枯季地下径流。如有系统偏大偏小，则应调整 KSS、KG，调整地下径流、壤中流的比重。如有系统偏快偏慢，则应调整，以改变汇流速度。

2）次模型

日模型与次模型的时段长不同，参数值不是全部可以通用的，但 K、WM、WUM、WLM、B、IMP、EX、C 与时段长无关，可以通用，SM、KG、KSS、KKG、$KKSS$ 与时段长有关，不可以通用。

调试时通常以洪水总量、洪峰值及峰现时间按允许误差统计合格率最高为目标函数。调试步骤如下：

（1）比较洪水径流总量。影响计算次洪径流总量的主要因素除降雨外显然是流域初始含水量 W_0，但在 W_0 已确定的情况下，可通过调整水源的比重来影响计算次洪径流量，可调整 SM 和 KG，两个参数值越大，地下径流的比重越大，次洪径流量减少。

（2）比较洪峰值。洪峰流量主要由地表径流和壤中流组成，主要取决于 SM、$KKSS$、CS 等参数，在 SM 确定后，调整 $KKSS$ 和 CS 等参数，尤其是 CS 对洪峰起着很大的作用。

（3）如果流量过程出现整体提前，主要调整 L。

3.4　马斯京根河道洪水演算方法

河道洪水演算，是以河槽洪水波运动理论为基础，由河段上游断面的水位、流量过程预报下游断面的水位、流量过程，常用马斯京根法进行演算。

马斯京根法将河段水流圣维南方程组中的连续方程简化为水量平衡方程，把动力方程简化为马斯京根法的河槽蓄泄方程,联解简化后的方程组,得到演算方程。

3.4.1 基本原理

该法的基本原理,就是根据入流和起始条件,通过逐时段求解河段的水量平衡方程和河槽蓄泄方程,计算出流过程。

在无区间入流情况下,河段某一时段的水量平衡方程为

$$\frac{1}{2}(I_1+I_2)\Delta t - \frac{1}{2}(O_1+O_2)\Delta t = W_2 - W_1 \tag{3.4-1}$$

式中:I_1、I_2 分别为时段初、末的河段入流量;O_1、O_2 分别为时段初、末的河段出流量;W_1、W_2 分别为时段初、末的河段蓄量。

河段蓄水量与泄流量关系的蓄泄方程一般可概括为

$$W = f(O) \tag{3.4-2}$$

式中:W 为河段任一流量 O 对应的槽蓄量。

根据建立蓄泄方程的方法不同,流量演算法可分为马斯京根法、特征河长法等。马斯京根法就是按照马斯京根蓄泄方程建立的流量演算方法。

3.4.2 马斯京根流量演算方程

马斯京根蓄泄方程可写为

$$W = K[xI + (1-x)O] = KQ' \tag{3.4-3}$$

式中:K 为蓄量参数,也是稳定流情况下的河段传播时间;x 为流量比重因子;Q' 为示储流量。

联立求解式(3.4-1)和式(3.4-2),得到马斯京根流量演算公式为

$$O_2 = C_0 I_2 + C_1 I_1 + C_2 O_1 \tag{3.4-4}$$

其中:

$$\begin{cases} C_0 = \dfrac{0.5\Delta t - Kx}{K - Kx + 0.5\Delta t} \\[2mm] C_1 = \dfrac{0.5\Delta t + Kx}{K - Kx + 0.5\Delta t} \\[2mm] C_2 = \dfrac{K - Kx - 0.5\Delta t}{K - Kx + 0.5\Delta t} \end{cases} \tag{3.4-5}$$

$$C_0 + C_1 + C_2 = 1 \tag{3.4-6}$$

式中:C_0、C_1 和 C_2 为马斯京根演算法的演算系数,都是 K、x 和 Δt 的函数。对于某一河段而言,只要确定了 K、x 和 Δt,便可求得 C_0、C_1 和 C_2。于是,由入流过程 $I(t)$ 和初始条件,通过式(3.4-4)逐时段演算,就可得到出流过程 $O(t)$。

马斯京根演算法的参数 C_0、C_1 和 C_2，可以根据上、下游断面的实测流量过程，用最小二乘法计算出来。

从式（3.4-5）可知，当 $\Delta t < 2Kx$ 时，$C_0 < 0$，I_2 对 O_2 是负效应，容易在出流过程线的起涨段出现负流量；当 $\Delta t > 2K - 2Kx$ 时，$C_2 < 0$，O_1 对 O_2 是负效应，容易在出流过程线的退水段出现负流量。所以要求 $\Delta t \in [2Kx, 2K - 2Kx]$。

3.4.3　马斯京根连续演算法

为了避免出现负出流等不合理现象，保证上、下断面的流量在计算时段内呈线性变化和在任何时刻流量在时段内沿程呈线性变化，一般要求 $\Delta t \approx K$。1962 年赵人俊教授提出了马斯京根分段连续演算法。将演算河段分成 N 个子河段后，每个子河段参数 K_L、x_L 与未分河段时的参数 K、x 的关系为

$$K_L = \frac{K}{N} \tag{3.4-7}$$

$$x_L = \frac{1}{2} - \frac{N}{2}(1 - 2x) \tag{3.4-8}$$

分段连续演算的每段推流公式仍是式（3.4-4），但其中的参数采用式（3.4-7）和式（3.4-8）来代替；也可以利用马斯京根汇流系数来进行流量演算。

3.4.4　非线性马斯京根演算法

随着马斯京根法的应用，人们发现参数 K 和 x 不是常数，而是随流量变化的，从而开始了对非线性马斯京根方法的研究。

水量平衡方程为

$$\frac{1}{2}(I_1 + I_2)\Delta t - \frac{1}{2}(O_1 + O_2)\Delta t = W_2 - W_1$$

槽蓄方程为

$$W_1 = K_1[x_1 I_1 + (1 - x_1)O_1] \tag{3.4-9}$$

$$W_2 = K_2[x_2 I_2 + (1 - x_2)O_2] \tag{3.4-10}$$

把式（3.4-9）和式（3.4-10）代入式（3.4-1）中，得到

$$O_2 = C_0 I_2 + C_1 I_1 + C_2 O_1$$

其中：

$$\begin{cases} C_0 = \dfrac{0.5\Delta t - K_2 x_2}{K_2 - K_2 x_2 + 0.5\Delta t} \\[3mm] C_1 = \dfrac{0.5\Delta t + K_1 x_1}{K_2 - K_2 x_2 + 0.5\Delta t} \\[3mm] C_2 = \dfrac{K_1 - K_1 x_1 - 0.5\Delta t}{K_2 - K_2 x_2 + 0.5\Delta t} \end{cases} \tag{3.4-11}$$

式中：C_0、C_1 和 C_2 为非线性马斯京根演算法的演算系数，不是常数，C_0 是时段末 K_2、x_2 的函数，C_1 和 C_2 都是时段初 K_1、x_1、K_2、x_2 的函数。并且参数 C_0、C_1 和 C_2 之和不恒为 1。

假定 K 和 x 分别与示储流量 Q' 呈线性关系，其形式为

$$x = AQ' + B \qquad (3.4\text{-}12)$$

$$K = CQ' + D \qquad (3.4\text{-}13)$$

式中：A、B、C 和 D 都是常数。

令

$$Q' = xI + (1-x)O \qquad (3.4\text{-}14)$$

将式（3.4-12）代入式（3.4-14）中，得到

$$Q' = \frac{O + B(I-O)}{1 - A(I-O)} \qquad (3.4\text{-}15)$$

已知 I_1、I_2 和 O_1，计算 O_2 的步骤是：先假定一个 O_2（一般以 O_1 做初始值），根据 I_1、O_1、I_2 和 O_2，由式（3.4-14）计算出 Q'_1 和 Q'_2。再由式（3.4-12）和式（3.4-13）求出参数 x_1、x_2、K_1 和 K_2，将它们代入式（3.4-11）求出 C_0、C_1 和 C_2，由式（3.4-4）计算出 O_2，比较计算的 O_2 与假定的 O_2 初值，如果相差较大，可用计算的 O_2 作初值再重新计算，直到前后两次计算值之差在容许范围内，一般迭代 3～6 次即可。

当 K、x 与示储流量 Q' 的关系不能用直线表示时，也可将式（3.4-12）配成式（3.4-13）合适的非线性公式，再与式（3.4-14）联立求解，求出示储流量的计算公式。

3.5　上下游水位相关法

相应水位（流量）法是大流域的中、下游河段广泛采用的一种实用方法。它根据天然河道洪水波运动原理，在分析大量实测的河段上、下游断面水位（流量）过程线的同位相水位（流量）之间的定量关系及其传播速度的变化规律基础上，建立经验相应关系，从而建立流域内水文（水位）站之间的梯级预警响应，据此进行预报预警。

3.5.1　水流传播时间

用相应水位（流量）法分析水流传播时间，即是分析下游站出现与上游站同位相的水位（流量）所需的传播时间。相应水位（流量）法的根据是天然河道里水流波的运动原理，当水流波沿河道自上游向下游推进时，由于存在附加比降，引起水流波不断变形，表现为推移和坦化，且在传播过程中连续地同时发生。在天然河道中，当外界条件不变时，水位的变化总是由流量的变化引起的。所以研究河道水位的变化规律，就应当研究河道中形成这个水位的流量的变化规律。设在某河段中，上下间距为 L，t 时刻上站流量为 $Q_{p,u,t}$，经过传播时间 τ 后，下游站流量为 $Q_{p,L,t+\tau}$，若无旁侧入流，上下站相应关系为

$$Q_{p,L,t+\tau}=Q_{p,u,t}-\Delta Q \tag{3.5-1}$$

式中:ΔQ 为上、下游站相应流量的差值,它随上、下游站流量的大小和附加比降不同而异,其实质是反映水流波变形的坦化作用。另一方面水流波变形引起的传播速度变化,在相应水位(流量)法中主要体现在传播时间关系上,其实质是反映水流波的推移作用。但在相应水位(流量)法中,不直接计算 ΔQ 值和 τ 值,而是推求上站水位(流量)与下站水位(流量)及传播时间近似函数关系,即

$$Q_{p,L,t+\tau}=f(Q_{p,u,t},Q_{p,L,t}) \tag{3.5-2}$$

$$\tau=f(Q_{p,u,t},Q_{p,L,t}) \tag{3.5-3}$$

3.5.2 洪峰水位

从河段上、下游站实测水位资料,摘录相应的洪峰水位值及其出现时间,就可点绘相应洪峰水位关系曲线及其传播时间曲线,如图 3.5-1 所示,其关系式为

$$Z_{p,L,t+\tau}=f(Z_{p,u,t}) \tag{3.5-4}$$

$$\tau=f(Z_{p,u,t}) \tag{3.5-5}$$

式中;$Z_{p,u,t}$ 为上游站 t 时刻洪峰水位;$Z_{p,L,t+\tau}$ 为下游站 $t+\tau$ 时刻洪峰水位。

图 3.5-1 是一种最简单的相应关系,但有时遇到上站相同的洪峰水位,只是由于来水峰型不同(胖或瘦)或河槽"底水"不同,河段水面比降发生变化,影响到传播时间和下站相应水位预报值。这时如加入下游站同时水位作参数,可以提高预报方案精度。

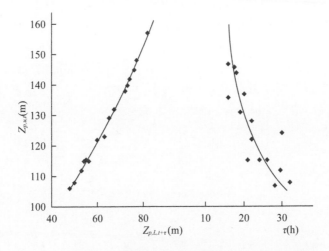

图 3.5-1 河段上、下站洪峰水位及传播时间关系曲线示意图

3.6 合成流量法

对于有支流的河段,若支流来水量大,干、支流洪水之间干扰影响不可忽略,此时可采用合成流量法。

由河段的相应流量概念和洪水波运动的变形可知,下游站的流量为

$$Q_t = \sum_{i=1}^{n} \left[(1+\alpha_i) I_{i,t-\tau_i} - \Delta Q_i \right] \tag{3.6-1}$$

其中:α_i 是各干、支流的区间来水系数;τ_i 是各干、支流河段的流量传播时间;ΔQ_i 是各传播流量的变形量;n 是干、支流河段数。

若令各 α_i 相等,ΔQ_i 是 I_i 的函数,则上式成为

$$Q_t = f\left(\sum_{i=1}^{n} I_{i,t-\tau_i} \right) \tag{3.6-2}$$

其中:$I_{i,t-\tau_i}$ 是同时到达下游断面的各上游站相应流量之和,称为合成流量。以式(3.6-2)为根据建立预报方案称为合成流量法。

合成流量法的关键是 τ_i 值的确定。由于上游来水量大小不同,干、支流涨水不同步,干、支流洪水波相遇后相互干扰,部分水量被滞留于河槽中,直至总退水时才下泄到下游河道,因而下游站的洪水过程线常显得平坦,与上游各站相应流量之和的过程线不相同,这在比降小、河槽宽的平原性河流上尤为明显。若用上、下游各站流量过程线的特征点(如峰、谷、转折点等)确定 τ_i 值就不正确了。

实际工作中常用两种方法求 τ_i 值。一是按上、下游实测断面流速资料分析计算波速 c_i,则 $\tau_i = L_i / c_i$。另一种是试错法:假定 τ_i 值,计算 $I_{i,t-\tau_i}$ 值,点绘式(3.6-1)的关系曲线,若点据比较密集,所假定的 τ_i 值即为所求,否则重新假定 τ_i 值,直到满足要求为止。上述两种方法都可按流量值大小分级定 τ_i 值。

如果支流不多,实用上常采用按上游主要来水量情况分别定线,可提高预报精度。

合成流量法的预见期取决于 τ_i 值中的最小值。由于干流来水量往往大于支流,实际工作中多以干流的 τ 值作为预见期。如果支流的 τ_i 值小于该 τ 值,求合成流量时支流的相应流量还需预报。

第四章

河道水文站实用洪水预报方案

4.1 楼德水文站洪水预报方案

4.1.1 流域基本情况

1. 流域自然地理特征

楼德水文站位于山东省新泰市楼德镇苗庄村西,在大汶河支流柴汶河上,楼德站以上流域面积为 1 668 km²,流域形状为扇形,流域形状系数 0.30,不对称系数 0.864,流域长度 74.5 km,干流长度 92.0 km,流域平均宽度 22.4 km,干流平均坡度 1.18‰。柴汶河楼德站流域图见图 4.1-1。

楼德水文站以上流域多为青石山和部分砂石山,岩石多为花岗岩、片麻岩和灰岩。中下游为丘陵和河谷平原,右岸为花岗岩、片麻岩和部分灰岩;左岸为灰岩和部分花岗岩。柴汶河两岸为第四纪沉积物,土壤为沙土或沙壤土。山区面积约占流域的 24%,丘陵约占 56%,平原约占 20%。上游山区植被条件较差,水土流失严重,含沙量较大,一般种植地瓜、花生,丘陵、平原区多种植地瓜、小麦、玉米等。

该流域位于温带季风区,属大陆性气候。四季分明,降水量有显著的季节性。总的旱涝特点是春旱夏涝,晚秋又旱,旱多涝少。降水量的年内和年际变化都较大,在年内分配上多集中在汛期 6—9 月份,占全年降水量的 70%~80%,其中 7—8 月份降水量约占汛期降水量的 70%。

2. 水利工程情况

楼德水文站以上流域内有 1 座大型水库、4 座中型水库、100 余座小型水库和塘坝。其中大中型水库控制面积 449.9 km²,兴利库容 16 324 万 m³。流域内主要水利工程情况见表 4.1-1。

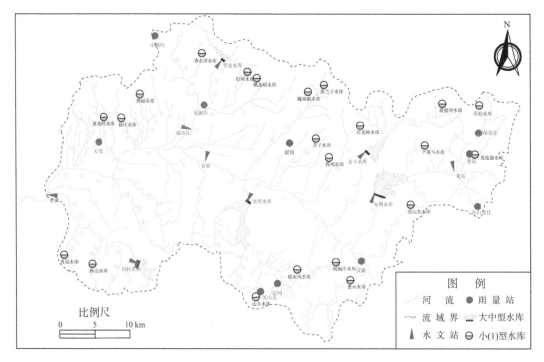

图 4.1-1　柴汶河楼德水文站以上流域图

表 4.1-1　柴汶河楼德水文站以上流域内主要水利工程情况表

水库名称	建成年月	流域面积（km²）	库容（万 m³）		兴利水位（m）	防洪指标			
			总	兴利		校核水位（m）	汛限水位（m）	警戒水位（m）	允许最高水位（m）
光明	1958 年 9 月	132	10 001	5 295	176.85	180.67	175.50	178.30	179.35
东周	1977 年 10 月	189	8 612.5	7 256	229.50	230.92	227.65	230.78	230.92
金斗	1960 年 6 月	88.6	3 408	2 228	231.20	233.89	230.20	232.40	233.33
莘池	1978 年 5 月	25.3	1 219	845	198.60	200.65	197.90	199.80	200.64
田村	1979 年 5 月	15	1 084	700	182.74	185.18	182.74	184.55	185.18
合计		449.9	24 324.5	16 324					

3. 测站概况

楼德水文站于 1987 年由山东省水文总站设立，为柴汶河的区域代表站、国家二类水文站，观测至今，资料连续性较好。目前该站主要测验项目有水位、流量、单样含沙量（以下简称"单沙"）、悬移质输沙率、水质、降水量、土壤含水率、冰情、水准测量、断面测量、水文调查，报汛任务有雨情、水情、墒情。主要测验断面为基本水尺断面兼流速仪测流断面，主要测验设施有浮子式水位计；主要测流方式为流速仪测流，低水时涉水测量，中高水时采用桥测；单沙主要测验方法为固定一线水面一点法。该站冻结基面高程−0.027 m＝1985 年国家高程基准高程。楼德水文站测验断面平面图见图 4.1-2；测站沿革见表 4.1-2；测洪方案见表 4.1-3；特征值见表 4.1-4；参加流域平均面雨量计算的有金斗水库、东周水库、光明水库、羊流店、楼德、天宝、汶南、翟镇共 8 处雨量站，详见表 4.1-5。

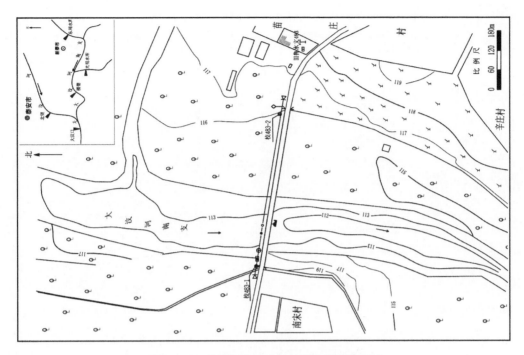

图 4.1-2 柴汶河楼德水文站测验断面平面图

表 4.1-2 柴汶河楼德水文站测站沿革表

设立或变动	发生年月	站名	站别	领导机关	说明
设立	1987 年 1 月	楼德	水文	山东省水文总站	常年站

表 4.1-3 柴汶河楼德水文站测洪方案

水情级别		中、高水	一般洪水	低水
测流 方法	常用方案	流速仪桥测	流速仪桥测	流速仪涉水测量
	备用方案	ADCP	ADCP	ADCP
测深方法		借用断面	悬索	悬杆

表 4.1-4 柴汶河楼德水文站水文特征值表

最大年降水量	1 492.5 mm	出现年份	1964 年	多年平均 年径流量	3.010 亿 m³
最小年降水量	347.0 mm	出现年份	2002 年		
最大 24 h 降水量	270.0 mm	出现年份	2001 年	多年平均 年输沙量	22.9 万 t
最大 72 h 降水量	455.5 mm	出现年份	1970 年		
最大年径流量	7.792 亿 m³	出现年份	2007 年	多年平均 年降水量	749.6 mm
最小年径流量	0.126 7 亿 m³	出现年份	2002 年		
最大流量	2 660 m³/s		出现时间	2001 年 8 月 4 日	
最小流量	0		出现时间	1993 年 4 月 2 日	

表 4.1-5 柴汶河楼德站以上流域参加面雨量计算的雨量站情况表

站名	设站年份	详细地址	备注
东周水库	1977 年	山东省新泰市汶南镇东周水库	
汶南	1971 年	山东省新泰市汶南镇汶南村	
金斗水库	1962 年	山东省新泰市青云街道金斗水库	
光明水库	1962 年	山东省新泰市小协镇光明水库	
羊流	1952 年	山东省新泰市第三中学	1987 年撤站,1993 年恢复
天宝	1965 年	山东省泰安市高新区天宝镇天宝村	
楼德	1952 年	山东省新泰市楼德镇苗庄	
翟镇	1968 年	山东省新泰市翟镇翟镇村	

楼德站预报断面以上设有东周水库、光明水库 2 处国家基本水文站,以及杨庄、苇池、石河庄、金斗、祝福庄、谷里 6 处中小河流水文站,小协、岳家庄、张庄、果园、北师、龙廷 6 处中小河流水位站。上游主要入流断面情况:

东周水库位于大汶河支流柴汶河上游,于 1977 年 6 月设东周水库水文站,流域面积 189 km²,总库容 8 612.5 万 m³,距河口 82.6 km,测验项目有水位、流量、水质、降水量、水面蒸发量、土壤含水率、冰情、水准测量、断面测量、水文调查,报汛任务有雨情、水情、墒情。

光明水库位于大汶河支流柴汶河上游光明河上,于 1962 年设光明水库水文站,流域面积 132 km²,总库容 10 001 万 m³,距河口 4 km,测验项目有水位、流量、水质、降水量、土壤含水率、冰情、水准测量、断面测量、水文调查,报汛任务有雨情、水情、墒情。

4.1.2 预报方案编制

1. 预报方法的确定

预报方案采用经验和半经验法,根据水文现象形成和演变的基本规律,充分分析历史资料,建立预报要素与前期水文气象要素之间的关系。产流方案采用 API 模型,汇流方案采用峰量关系图和经验单位线等方法。

2. 预报区间的确定

楼德水文站预报断面以上建有大中型水库 5 座,将上游东周、金斗、光明、苇池、田村水库作为上游入流站,预报区间为大中型水库至楼德站区间,区间面积为 1 216.1 km²。

3. 资料选取及方案沿革

1) 资料情况

本次分析选用 1987—2020 年共 29 场次降雨洪水资料,采用 2021—2022 年资料进行检验。根据楼德站历年频率曲线确定大、中、小洪水,详见图 4.1-3。

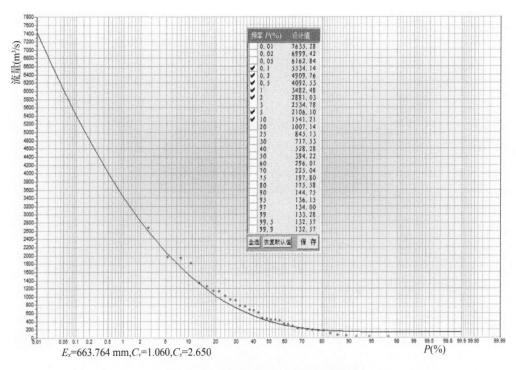

$E_x=663.764\ mm, C_v=1.060, C_s=2.650$

图 4.1-3　楼德站历年最大频率曲线图

本方案选取代表性大洪水 1 场、中洪水 7 场、小洪水 21 场,满足了方案编制规范要求,详见表 4.1-6。

表 4.1-6　柴汶河楼德水文站 1987—2020 年参与洪水预报的实测洪水量级统计表

洪水等级	重现期 N（年）	相应洪峰流量 Q_m（m^3/s）	发生次数（次）	洪峰流量（m^3/s）（洪峰发生时间）
大洪水	$20 \leqslant N < 50$	$2\ 106 \leqslant Q_m < 2\ 881$	1	2 660(2001-08-04)
中洪水	$5 \leqslant N < 20$	$1\ 007 \leqslant Q_m < 2\ 106$	7	1 950(2007-08-17)；1 930(1990-07-22)；1 800(1991-07-24)；1 330(1996-07-25)；1 130(2019-08-11)；1 120(2005-07-02)；1 010(2020-08-14)
小洪水	$N < 5$	$Q_m < 1\ 007$	21	909(2018-08-19)；901(1993-07-16)；763(2003-09-04)；753(1988-07-16)；676(2011-09-14)；658(1998-08-04)；600(2004-08-28)；459(1999-09-09)；452(2021-08-31)；419(1995-08-22)；415(2009-07-09)；331(2008-07-18)；321(2013-07-04)；280(2016-07-20)；225(2006-08-29)；214(2000-08-10)；193(1994-08-08)；178(1987-07-11)；170(2010-08-25)；161(1997-08-20)；94.9(2017-07-28)

（1）资料一致性处理

由于雨量站观测段制差异，各雨量站资料监测时间上不一致，本方案在计算流域时段平均降雨量时，对各雨量站时段降雨资料按 1 小时进行插补，提高资料系列一致性。

（2）资料代表性处理

受上游水库调蓄影响，区间洪水含有上游水库放水，在进行洪水分析时应扣除上游水库放水量，而上游水库整编资料只有东周、光明水库的泄水资料。为了提高资料成果的代表性和可靠性，通过对 2005—2020 年的水库泄水资料统计分析，金斗、苇池、田村水库采用报汛资料，其他缺测洪水资料依据上游降雨情况，参照光明水库本场次洪水的时段平均流量，采用水文比拟法进行分析计算，采用如下公式：

$$\bar{Q}_{设} = \left(\frac{F_{设}}{F_{参}}\right)^{2/3} \bar{Q}_{参} \tag{4.1-1}$$

式中：$\bar{Q}_{设}$、$\bar{Q}_{参}$ 分别为设计站流域和参证站流域的流量，$\mathrm{m^3/s}$；$F_{设}$、$F_{参}$ 分别为设计站流域和参证站流域的流域面积，$\mathrm{km^2}$。

根据公式（4.1-1）即可计算出金斗、苇池、田村三座水库在各自相同流域下垫面条件下的泄水过程。

（3）参证站的选择

选用的参证站须具备以下三个条件：流域下垫面条件相似、气候条件一致、具有长系列的径流资料。

金斗、苇池、田村水库与光明水库相邻，同属柴汶河流域，农作物以小麦、玉米、花生为主，植被土壤性质相似，两流域下垫面条件相似，且同属暖温带大陆性季风气候区，雨热同期。根据 1987—2022 年两个流域平均降水量系列统计分析，多年平均降水量相似，年降水量过程线变化一致，详见图 4.1-4。

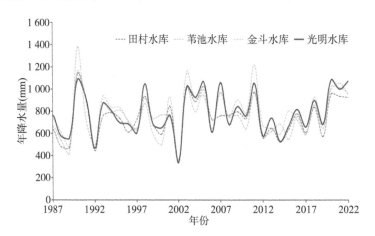

图 4.1-4 金斗、苇池、田村、光明水库站年降水量过程线

东周、金斗、苇池、田村和光明水库的径流均由大气降水补给，径流在时间上的变化特点与降水相似。从以上两个流域的下垫面、降水量变化特征和实测资料系列情况分析来看,两相邻流域的下垫面特征相似,降水量变化特征一致,详见表4.1-7。

表4.1-7 金斗、苇池、田村、光明水库站降水量参数比较表

站名	多年平均年降水量(mm)	C_v	最大年降水量(mm)	最小年降水量(mm)	丰枯比
金斗水库	780.2	0.52	1 216.9	339.2	3.59
苇池水库	769.2	0.52	1 379.0	357.9	3.85
田村水库	741.3	0.50	1 141.6	329.0	3.47
光明水库	783.4	0.50	1 090.0	340.9	3.20

而光明水库站有实测径流资料,且具有较好的代表性。故确定采用光明水库站作为参证站,分析金斗、苇池、田村水库的洪水资料系列。

2)方案沿革

楼德水文站预报方案为新编制预报方案。

4. 产流方案

产流方案采用 API 模型,流域产流机制一般分为蓄满产流、超渗产流和混合产流。受降雨强度影响,区间产流机制不一样,根据不同降雨强度划分两种产流方案,由于主雨强主要发生在 2 h 内,按 2 h 雨强(I_{2h})与总雨强($I_总$)比值建立两条降雨径流关系线。当该比值较大时,2 h 雨强起的作用较大。柴汶河楼德站降雨径流相关图($P+P_a$-R)见附图1。

1)流域平均雨量 P 的计算

流域平均雨量统一采用泰森多边形法求得,由于设站年份、站类的不同,参与泰森多边形法计算的站点数量略有差别。1987—1992 年雨量站点为金斗水库、东周水库、光明水库、楼德、天宝、汶南、翟镇共 7 处雨量站,其中金斗水库、东周水库、光明水库、楼德四站为常年站;1993—2020 年雨量站点为金斗水库、东周水库、光明水库、羊流店、楼德、天宝、汶南、翟镇共 8 处雨量站,其中金斗水库、东周水库、光明水库、羊流店、楼德五站为常年站。泰森多边形权重见表4.1-8。

表4.1-8 柴汶河楼德水文站以上流域内雨量站的控制权重表

年份	月份	权重							
		楼德	金斗水库	东周水库	光明水库	羊流店	天宝	汶南	翟镇
1987—1992	枯季	0.283	0.097	0.161	0.458				
	汛期	0.097	0.034	0.060	0.178		0.298	0.121	0.211
1993—2020	枯季	0.218	0.094	0.161	0.209	0.318			
	汛期	0.097	0.034	0.060	0.120	0.214	0.198	0.121	0.155

2)流域平均前期影响雨量 P_a 的计算

流域平均前期影响雨量 P_a 反映降雨前土壤干湿程度,按公式(3.1-1)计算。

3)最大损失量 I_m 和 K 值的确定

本次选择久旱少雨和突降大雨产生径流较小的洪水,共选取 5 场次暴雨洪水进行分

析计算，I_m 取值范围在 97.3～118.7 mm，均值为 107.5 mm，经综合考虑，本次采用 $I_m=$ 100 mm，见表 4.1-9。其中 I_m 值采用如下公式计算：

$$I_m = P + P_a - R - E \qquad (4.1-2)$$

式中：P 为流域平均降雨量（mm）；P_a 为流域平均前期影响雨量（mm）；R 为径流深（mm）；E 为雨间蒸发量（mm），采用降雨日的大汶口（临汶）站日蒸发量而得。

表 4.1-9　柴汶河楼德水文站区间流域最大损失量 I_m 计算表　　　　　　单位：mm

洪号	P	P_a	E	R	I_m
940808	86.9	25.0	3.0	9.2	99.7
960725	146.5	16.2	8.9	35.1	118.7
970820	86.8	40.0	3.1	10.6	113.1
990909	102.2	18.4	2.4	20.9	97.3
110914	104.0	45.7	1.2	39.7	108.8
平均					107.5

$K=1-E_m/I_m$，其中 E_m 是依据邻站大汶口（临汶）水文站历年各月最大日蒸发量分析而得的，分别为 6.4 mm、6.0 mm、9.5 mm、10.0 mm、9.6 mm、12.8 mm、11.0 mm、8.6 mm、8.1 mm、7.2 mm、6.0 mm、4.5 mm。根据公式 $K=1-E_m/I_m$ 分析计算各月前期影响雨量递减系数，见表 4.1-10。

表 4.1-10　柴汶河楼德水文站各月前期影响雨量递减系数 K 值

月份	1月	2月	3月	4月	5月	6月	7月	8月	9月	10月	11月	12月
K	0.94	0.94	0.91	0.90	0.90	0.87	0.89	0.91	0.92	0.93	0.94	0.96

在分析逐日前期影响雨量递减系数时，考虑到白天、夜间蒸发损失不同，把每日的折减损失量按照黄金分割进行划分，白天乘以 0.618 并按时段划分，夜间乘以 0.382 并按时段划分，再分别计算出各时段的前期影响雨量。

4）径流深 R 的推求

在区间洪水过程（楼德站实测洪水过程扣除上游水库出流过程）采用斜线分割法切除基流，求出次洪水总量，次洪水总量除以区间面积即可求得径流深 R，详见附表 1。

5）暴雨中心位置的确定

根据流域特性和代表站分布情况，一般划分为上游、中游、下游区域，见图 4.1-5。

上游区：东周水库、金斗水库、汶南站；

中游区：光明水库、羊流店、翟镇站；

下游区：天宝、楼德站。

图 4.1-5　楼德区间暴雨中心位置划分示意图

5. 汇流方案

汇流方案主要采用峰量关系图和经验单位线等方法。

在使用方案时,采用马斯京根法将上游水库的泄洪流量演算到楼德站预报断面,再与区间洪水叠加,从而得到预报断面的流量过程。

在编制方案时,需要分析确定区间的马斯京根参数 K 和 X,并将上游入流(水库)断面演算到楼德断面,根据实测的楼德断面洪水过程扣除上游水库的洪水过程,即为区间汇流的洪水过程。将分析得到的区间汇流洪水过程割除基流,即可分析得出本场次洪水的净峰流量 $Q_{m净}$,以有效降雨历时为参数,建立峰量关系曲线($R-T_c-Q_{m净}$)。

1)汇流主要参数的计算

(1)马斯京根参数 K 和 X 的分析

①经验推求法

楼德水文站上游有谷里和瑞谷庄两处水文站,下游有大汶口水文站,谷里、瑞谷庄—楼德段为上游河段;楼德—大汶口段为下游河段;选择代表性资料分别分析参数。谷里水文站为中小河流水文站,2018 年设站,瑞谷庄水文站 2022 年恢复测验;楼德、谷里、瑞谷庄三站同时有整编资料的只有 2022 年,以 2022 年谷里、瑞谷庄两站合成流量为入流站,以楼德站为出流站。根据 2022 年 6 月 27 日和 2022 年 7 月 7 日两场洪水资料分析出谷里、瑞谷庄—楼德河段 K 和 X 参数;根据 1990 年 7 月 22 日和 2001 年 8 月 4 日两场洪水资料分析楼德—大汶口河段 K 和 X 参数。采用试算法,令 $Q'=XI+(1-X)I$,建立 Q' 与 W 的关系图,详见图 4.1-6。

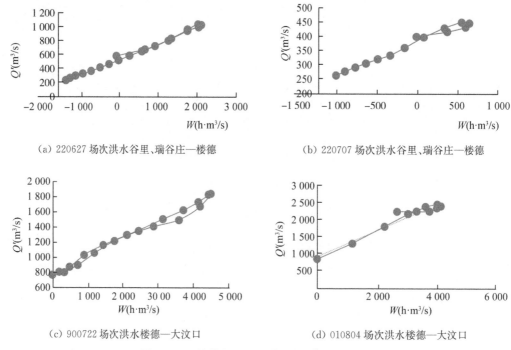

（a）220627 场次洪水谷里、瑞谷庄—楼德   （b）220707 场次洪水谷里、瑞谷庄—楼德

（c）900722 场次洪水楼德—大汶口   （d）010804 场次洪水楼德—大汶口

图 4.1-6　楼德断面上下游河段 $Q'-W$ 关系图

由上图可知,选择适当的 X,可使涨落洪段基本合拢,关系大体单一,坡度即为所求的 K,经分析得上下游河段值范围:X 为 0.4~0.55,K 为 2.6~8.1 h,详见表 4.1-11。

表 4.1-11　楼德断面上下游河段试算法分析参数表

河段	时间	上游洪峰流量(m³/s)	K(h)	X
谷里、瑞谷庄—楼德	2022 - 06 - 27	1 053	4.3	0.55
	2022 - 07 - 07	509	8.1	0.55
楼德—大汶口	1990 - 07 - 22	1 930	4.0	0.40
	2001 - 08 - 04	2 660	2.6	0.45

②水力学法

马斯京根参数 X 与特征河长 l 的关系见下式:

$$l = \frac{Q_0}{i_0}\left(\frac{\partial Z}{\partial Q}\right)_0 \tag{4.1-3}$$

从 K 的物理意义可知,

$$K = \frac{\mathrm{d}W}{\mathrm{d}Q'} = \frac{\mathrm{d}W}{\mathrm{d}Q_0} = \frac{L}{C_0} \tag{4.1-4}$$

根据上面的水力学公式,分别计算谷里、瑞谷庄—楼德、楼德—大汶口河段 K 和 X 参数,得到上下游河段马斯京根参数范围:X 为 0.44~0.59,K 为 2~7 h。

综上两种方法,确定参数 X 取值范围在 0.4~0.5,K 取值范围在 3~7 h。为进一步

确定参数 K、X，将其代入实测资料来推求验证。当 X 取值为 0.4 时，确定性系数最大，拟合最好，详见图 4.1-7。

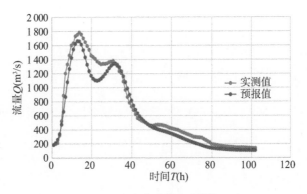

(a) 910725 场次洪水过程线

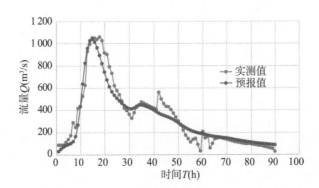

(b) 050704 场次洪水过程线

图 4.1-7　楼德—大汶口段马斯京根演算对比分析图

天然河道的 X 值，从上游向下游逐渐减小，东周、光明、金斗、苇池水库位于谷里、瑞谷庄—楼德河段上游，最终确定 X 为 0.42，各水库不同下泄流量传播时间 K 见表 4.1-12。

表 4.1-12　各水库不同下泄流量至楼德站传播时间 K

站名		光明	金斗	东周	苇池	田村
距离 L(km)		36.9	59.6	61	37.2	18.4
传播时间(h)	<300 m³/s	9	15	16	10	5
	300～800 m³/s	7	12	12	7	4
	>800 m³/s	5	9	9	5	3

（2）马斯京根分段连续演算法

取 $K_n = \Delta t = 1$ h，由此算得单元河段数 $n = K/K_n$，单元河段 $L_n = L/n$，按公式 $X_n = 1/2 - n(1-2X)/2$ 计算，将分析计算的参数 X_n、n 按照线性叠加原理进行分段演算，分析出各水库演算到楼德断面的洪水过程。

2）退水曲线分析

洪水场次划分是指将非本次降雨产生形成的径流分割出去。多数情况下，与本次降雨所对应的径流过程，不仅有本次降雨形成的地表、地下径流，而且包括前期降雨的地下径流。另外，还有该次洪水尚未退完又遇降雨时混入的后期洪水，因此在分析本场次洪水过程时，既要扣除前场次洪水的退水，还要厘清本场次洪水的退水过程。本方案选取了较有代表性的 6 场洪水退水过程进行尾部拟合（图 4.1-8），进而选取最佳退水过程（图4.1-9）。

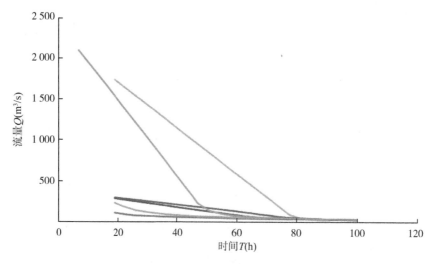

图 4.1-8 柴汶河楼德水文站区间不同场次洪水退水曲线图

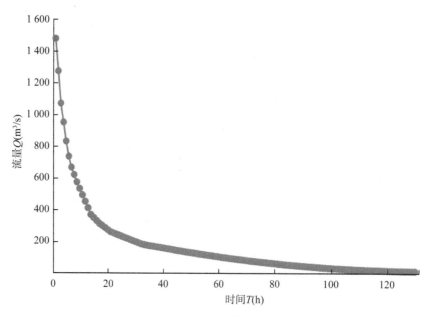

图 4.1-9 柴汶河楼德水文站区间退水曲线图

采用上述分析方法,扣除上一场洪水的退水,补全本场次洪水的尾水,即可推求本场次洪水过程,由此得出相应的降雨径流关系及峰量关系,详见图 4.1-10。

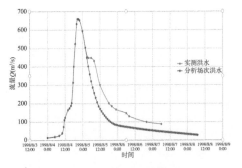

（a）980804 场次洪水过程分析

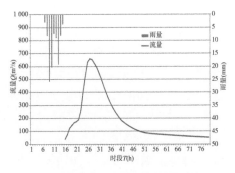

（b）980804 场次暴雨洪水过程线

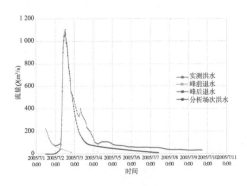

（c）050702 场次洪水过程分析

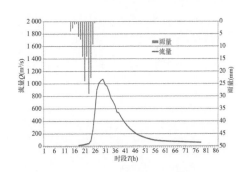

（d）050702 场次暴雨洪水过程线

图 4.1-10　柴汶河楼德水文站区间暴雨洪水过程线

3）峰量关系图法

（1）峰量关系曲线 R-T_c-$Q_{m净}$

以有效降雨历时 T_c 作为参数,建立峰量关系曲线 R-T_c-$Q_{m净}$。T_c 为有效降雨历时[①],是指实际能产生径流、对造峰有明显影响的降雨历时,一般采取占总降雨量 80% 的降雨时段数,当时段降雨分布较分散时,采用时段平均降雨量大于 5 mm 的时段数;R 为一次降雨产生的径流深,采用积分法将现状条件下的实测径流量(扣除水库放水的次洪水总量)除以相应集水面积而得;$Q_{m净}$ 为一次降雨过程所产生的区间净峰流量,采用洪峰流量减去基流而得。

根据 29 个洪水点据分析,通过点群中心并照顾同一 R 值 $Q_{m净}$ 逐渐减少的趋势定线,R-T_c-$Q_{m净}$ 关系图见附图 2。

---

①降雨集中与分散不易界定,在分析有效降雨历时的时候,为了便于统计分析规律,方案对占总降雨量 80% 的降雨时段数与时段平均降雨量大于 5 mm 的时段数进行对比分析(当选择 5 mm 时,雨量从大到小排序,当达到总雨量的 80% 时,停止选取),哪个数值小,哪个作为有效降雨历时。同样,在选取洪峰滞时的时候,如果 80% 的降雨时段数小,那么说明降雨较集中,取该时段中降雨最大的时刻作为降雨重心时刻,而若时段平均降雨量大于 5 mm 的时段数小,那么说明降雨较分散,取这些时段起止时刻的中间时段为降雨重心时刻。

（2）径流深与洪水总历时相关曲线 $R - T_c - T_洪$

以有效降雨历时 T_c 作为参数，建立径流深与洪水总历时相关曲线 $R - T_c - T_洪$。根据 1987—2020 年 29 个洪水总历时的点据分析定线。

通过点群中心并照顾同一 R 值 $T_洪$ 逐渐增大的趋势定线，绘制了 $T_c = 2\ h$，$T_c = 8\ h$ 及 $T_c = 14\ h$ 三条曲线，其余时间插补，详见附图 3。

（3）洪峰流量与洪峰滞时相关曲线 $Q_{m净} - T_c - T_P$

以有效降雨历时 T_c 作为参数，建立洪峰流量与洪峰滞时相关曲线 $Q_{m净} - T_c - T_P$。根据 1987—2020 年 29 个洪峰滞时的点据分析定线。

通过点群中心并照顾同一 $Q_{m净}$ 值 T_P 逐渐增大的趋势定线，绘制了 $T_c = 4\ h$、$T_c = 16\ h$ 2 条曲线，其余时间插补，详见附图 4。

4）经验单位线法

根据暴雨中心位置不同，从 1987—2020 年暴雨洪水资料中选取了 010804、050702、910724 三场次实测洪水，采用试算法分析出柴汶河流域楼德水文站 3 条单位线，Δt 取 1 h。柴汶河楼德水文站单位线见附图 5。

在分析单位线时，要分析时段净雨过程，使参数率定使用的方法与方案使用的方法保持一致。

5）水位-流量、水位-面积、水位-流速关系曲线

依据楼德站实测洪水资料点绘水位-流量、水位-面积、水位-流速关系曲线，详见附图 6。

6）大断面图

1987 年楼德站建站，将不同时期有代表性的大断面资料绘制在同一张图内，即 1987 年大断面、2001 年大断面（实测历史最大洪峰流量 2 660 m^3/s）、2012 年大断面（南宋大桥改建）以及近三年大断面，详见附图 7。

4.2　北望水文站洪水预报方案

4.2.1　流域基本情况

1. 流域自然地理特征

北望水文站位于大汶口站上游 18.3 km 处，控制大汶河北支（大汶河主流）以上流域。流域面积 3 551 km^2，北望水文站以上大中型水库控制面积 1 507 km^2，占其总集水面积的 42.4%，大中型水库至北望站区间面积 2 044 km^2，为该站总控制面积的 57.6%。上游干流长度约 99.5 km，流域平均坡度为 1.7‰，大汶河北望站以上流域图见图 4.2-1。

该流域分布于济南市钢城区、莱芜区和泰安市岱岳区、泰山区，测站上游以山区、丘陵为主，上游山区主要岩石为花岗岩、花岗片麻岩、灰岩等。丘陵、平原地区的岩石为第四纪沉积岩和部分变质岩。两岸多为低山丘陵区，为片麻状二长花岗岩或片麻状英云闪长岩等，土壤性质多为沙土、亚沙土、细沙土、沙壤土和壤土，土层厚薄不均，山区、丘陵土层较薄，一般为 0.3～0.5 m；平原较厚，一般为 6～10 m。青石山区土质较好，植被也较好，水

土流失不严重。低山丘陵区植被有板栗、茶叶、松树、果树及杂草等。农作物主要以小麦、玉米、地瓜为主,兼有杂粮红小豆、绿豆、豇豆等,油料作物主要有花生、大豆等。

该流域位于温带季风区,属大陆性气候。四季分明,降水量有显著的季节性。总的旱涝特点是春旱夏涝,晚秋又旱,旱多涝少。降水量的年内和年际变化都较大,降水量在年内分配上多集中在汛期6—9月份,占全年降水量的70%~80%,其中7—8月份降水量约占汛期降水量的70%。

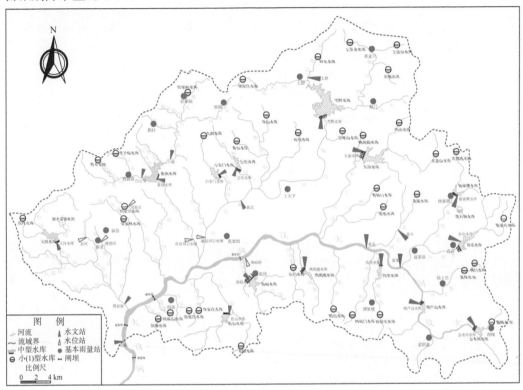

图 4.2-1　大汶河北望站以上流域图

2. 水利工程情况

北望站以上流域内有大中型水库13座,其中大型1座,其余为中型,兴利库容合计35 666.5万 m³。由于上游修建了大量的拦蓄水工程,削减了本测验断面的洪峰流量。

大汶河流域北望站以上大中型水利工程统计情况见表4.2-1,大汶河流域北望站以上大中型水库控制面积变化情况见表4.2-2。

表 4.2-1　大汶河流域北望站以上大中型水利工程统计表

水库名称	县(市、区)	建成年份	蓄水年份	集水面积 $F(km^2)$	兴利库容 $V_兴$(万 m³)	死库容 (万 m³)	备注
雪野	济南市莱芜区	1959 年	1960 年	438	14 797	741	大型
乔店	济南市莱芜区	1965 年	1965 年	85	1 970	90	中型
大冶	济南市莱芜区	1958 年	1958 年	163	2 954	86.8	中型

续表

水库名称	县(市、区)	建成年份	蓄水年份	集水面积 F(km²)	兴利库容 $V_兴$(万 m³)	死库容 (万 m³)	备注
沟里	济南市莱芜区	1965 年	1965 年	44.6	723	25	中型
公庄	济南市莱芜区	1978 年	1979 年	31.1	798	135	中型
鹁鸽楼	济南市莱芜区	1978 年	1978 年	24.9	747	52.5	中型
葫芦山	济南市钢城区	1965 年	1966 年	187	583	31	中型
杨家横	济南市钢城区	1960 年	1960 年	39	724	13.6	中型
大河	泰安市岱岳区	1960 年	1960 年	84.5	2 234	204.7	中型
黄前	泰安市岱岳区	1960 年	1960 年	292	6 353	440	中型
角峪	泰安市岱岳区	1959 年	1960 年	44	1 090	166	中型
彩山	泰安市岱岳区	1978 年	1978 年	37.5	1 185	129	中型
小安门	泰安市岱岳区	1959 年	1960 年	36.3	1 395	15	中型
合计				1 506.9	36 414	2 129.6	

表 4.2-2 大汶河流域北望站以上大中型水库控制面积变化表

年份	建成后开始蓄水水库名称	水库控制面积 (km²)	累计控制面积 (km²)	北望以上区间面积 (km²)	说明
1957 年	无			3 551	
1958 年	大冶(163)	163	163	3 388	
1964 年	雪野(438)、黄前(292)、大河(84.5)、杨家横(39)、角峪(44)、小安门(36.3)	933.8	1 096.8	2 454.2	第二栏内水库名称后括号内的数为该水库控制面积(km²)
1965 年	沟里(44.6)、乔店(85)	129.6	1 226.4	2 324.6	
1966 年	葫芦山(187)	187	1 413.4	2 137.6	
1978 年	彩山(37.5)、鹁鸽楼(24.9)	62.4	1 475.8	2 075.2	
1979 年	公庄(31.1)	31.1	1 506.9	2 044.1	

　　大汶河干流北望站以上拦河坝(闸)39 座,其中,济南市境内有拦河坝(闸)36 座,泰安市境内有拦河坝 3 座。大汶河干流主要拦河闸坝参数统计情况见表 4.2-3、表 4.2-4。

表 4.2-3 大汶河干流北望站以上济南市境内主要拦河坝参数统计表

坝名	所处位置	坝长 (m)	坝高 (m)	孔数	闸门 孔数	闸门 规格 (m×m)	回水长度(m)	水面面积(亩)	蓄水量 (万 m³)	建成时间
东丈橡胶坝	钢城区黄庄镇	100	4.5	1			900	135	23	2008 年 7 月 1 日
北丈橡胶坝	钢城区黄庄镇	160	3.5	2			1 000	225	30	2005 年 7 月 1 日
西丈橡胶坝	钢城区黄庄镇	100	4	1			1000	200	30	2007 年 7 月 1 日

续表

坝名	所处位置	坝长(m)	坝高(m)	孔数	闸门		回水长度(m)	水面面积(亩)	蓄水量(万 m³)	建成时间
					孔数	规格(m×m)				
孛椤橡胶坝	钢城区黄庄镇	64	6	1			1 500	300	120	2003 年 7 月 1 日
孛椤村东溢流坝	钢城区黄庄镇	80	2	1			667	40	3.6	
孛椤村南溢流坝	钢城区黄庄镇	76	2	1			667	50	3.6	
孛椤村西溢流坝	钢城区黄庄镇	80	2	1			667	70	5	
莱钢工处溢流坝	钢城区黄庄镇	80	2	1			667	50	5	
傅家桥溢流坝	钢城区经济开发区	78	2	1			667	40	3.6	2003 年 7 月 1 日
傅家桥村溢流坝	钢城区经济开发区	76	2	1			667	50	5	2002 年 7 月 1 日
宋家庄东橡胶坝	钢城区经济开发区	80	4	1			1 200	224	30	2003 年 7 月 1 日
石河子口溢流坝	钢城区经济开发区	40	1	1			333	15	0.8	2002 年 7 月 1 日
宋家庄村南橡胶坝	钢城区经济开发区	100	3.2	1			1 000	253	30	2001 年 7 月 1 日
寨子大桥下溢流坝	钢城区艾山街道	100	1.5	1			500	60	4	2006 年 7 月 1 日
九寨橡胶坝	钢城区艾山街道	100	5	1			1 300	200	35	2007 年 7 月 1 日
三岔沟橡胶坝	钢城区颜庄街道	140	4.5	2			1 300	300	40	2006 年 7 月 1 日
颜庄橡胶坝	钢城区颜庄街道	200	4.5	3			1 500	500	60	2005 年 7 月 1 日
颜庄溢流坝	钢城区颜庄街道	238	2	1			667	180	16	2006 年 7 月 1 日
黄花店橡胶坝	钢城区颜庄街道	166	4.5	2			1 500	450	60	2007 年 7 月 1 日
下北港橡胶坝	钢城区下北港村北	171.5	4				1 700	510	85	
前盘龙溢流坝	莱芜区前盘龙村	200	2.5		1		1 400	300	60	
马盘龙溢流坝	莱芜区马盘龙村南	240	3	1	1	3×2	400	144	19.2	2006 年 4 月
泰丰橡胶坝	莱芜区站里村东	200	4.0				3 000	900	180	2005 年
官厂橡胶坝	莱芜区官厂村南	240	3.5				2 200	1 000	100	2000 年
鄂庄桥橡胶坝	莱芜区鄂庄桥东	317	3.5				2 150	1 050	213.5	2005 年
东风溢流坝	莱芜区东风村南	282	1.5				550	250	16.5	2005 年
西海橡胶坝	莱芜区西海公园西	330	3.5				3 100	1 536	280	2003 年
曹西溢流坝	莱芜区小曹村西	380	2.5				700	400	32	2005 年

续表

坝名	所处位置	坝长(m)	坝高(m)	孔数	闸门孔数	闸门规格(m×m)	回水长度(m)	水面面积(亩)	蓄水量(万m³)	建成时间
泰钢橡胶坝	莱芜区叶家庄村	360	3.5				2 500	1 125	300	2006年
东泉河溢流坝	莱芜区东泉河村	320	1.7				1 700	816	163.2	2006年
西泉河溢流坝	莱芜区方下镇街道	300	3	2	2	7×6	1 300	580	50	2006年10月
方下橡胶坝	莱芜区泰山造纸厂南	300	3.5	3			1 000	450	200	2006年11月
东牛泉溢流坝	莱芜区牛泉镇	350	2.2	4	4	5.9×6.8	1 200	630	45	2006年10月
西牛泉溢流坝	莱芜区牛泉镇	350	2.2	4	4	5.9×6.8	1 200	630	45	2006年10月
杨小庄溢流坝	莱芜区牛泉镇	350	2.2	4	4	5.9×6.8	1 200	630	45	2006年10月
马小庄溢流坝	莱芜区牛泉镇	350	2.2	4	4	5.9×6.8	1 200	630	45	2006年10月
合计	36座								2 384	

表 4.2-4　大汶河干流北望站以上泰安市境内主要拦河坝参数统计表

坝名	所处位置	设计标准长度(m)	设计标准高度(m)	设计标准流量(m³/s)	设计标准水深(m)	回水长度(m)	水面(亩)	蓄水量(万m³)
唐庄坝	岱岳区范镇—角峪镇	452	5	5757	6.3	4 300	3 150	670
颜张坝	泰山区邱家店镇—岱岳区徂徕镇	530	5.5	6 646	8	6 400	5 650	1 820
泉林坝	岱岳区北集坡街道泉林庄村	421.5	4.5	6 640	5.5	8 000	7 400	1 300
合计	3座							3 790

3. 测站概况

北望站于1952年7月由华东军政委员会水利部设立,属国家二类水文站,受水利工程影响迁站两次,2006年6月上迁4 km更名为北望(二)站,2013年1月下迁7 km更名为北望(三)站。历史调查最大洪水发生在1918年6月29日,洪峰流量为6 250 m³/s;实测最大洪水发生在1964年9月12日,洪峰流量为8 640 m³/s。测验河段顺直,两岸植被以绿化树木为主,其次为杨树和柳树。

北望水文站使用冻结基面(冻结基面高程−0.108 m＝1985年国家高程基准高程),流域面积3 551 km²,扣除大中型水库后区间面积2 044 km²。

该站测验项目有水位、流量、水质、降水量、土壤含水率、冰情、水准测量、断面测量、水文调查等;报汛任务有雨情、水情、墒情。北望站河道特征情况见表4.2-5。

表 4.2-5　大汶河北望站河道特征情况表

站名	建站(迁站)时间	集水面积(km²)	流域河道特征				
			流域形状	主河道长度(km)	干流长度(km)	干流平均坡度	河道断面形状
北望(一)	1952 年 7 月	3 499	扇形	96.5	—	1.72‰	—
北望(二)	2006 年 6 月	3 111	扇形	92.5	95.8	1.72‰	梯形
北望(三)	2013 年 1 月	3 551	扇形	99.5	99.5	1.70‰	梯形

说明:北望站经过两次迁址,本方案指的北望站为 2013 年 1 月迁址后的北望(三)水文站。

　　本流域自上而下流经山区、丘陵、平原至本站测验断面,测验河段比较顺直,两岸建有公路并绿化。该河道为宽浅河道,断面宽超 600 m,其中主河槽约 550 m,河床由沙砾石组成。大洪水期间流向较好,水面宽一般在 400 m 左右,水深在 2.0 m 左右;枯水时全河多处出现沙滩,并有串沟分流现象。测桥长约 750 m,宽 15.0 m,高约 8.0 m,桥墩为圆柱形,直径约 1.50 m,对测验影响不大。基本水尺断面上游 3.2 km 处建有橡胶坝一处,下游约 5 km 处建有颜谢橡胶坝一处,蓄水时对本站测验有影响。测验断面平面图见图 4.2-2。

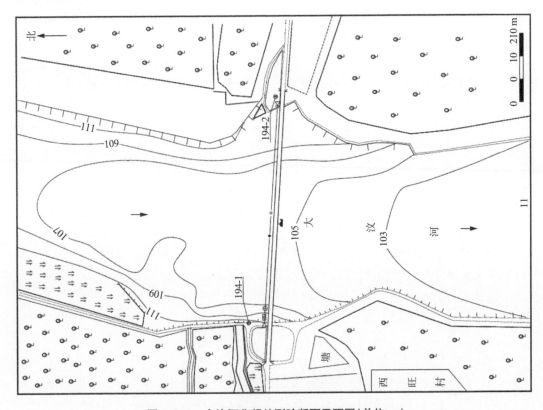

图 4.2-2　大汶河北望站测验断面平面图(单位:m)

　　北望站以上流域内共有国家基本水文站 4 处,专用水文站 18 处,水位站 6 处,基本雨量站 19 处,中小河流雨量站 100 余处。北望站以上参加流域平均雨量计算的雨量站情况见表 4.2-6。

表 4.2-6　大汶河北望站以上流域参加面雨量计算的雨量站情况表

河名	站名	站地址	设站时间	附注
大汶河	郑王庄	济南市钢城区里辛街道郑王庄村	1964 年 6 月	
大汶河	莱芜	济南市莱芜区凤城街道	1960 年 6 月	
大汶河	大冶	济南市莱芜区大冶水库	1965 年 6 月	
大汶河	纸房	泰安市岱岳区角峪镇角峪水库	1963 年 3 月	报汛站名为角峪水库
大汶河	范家镇	泰安市岱岳区范镇范西村	1952 年 7 月	
瀛汶河	雪野水库	济南市莱芜雪野街道雪野水库	1952 年 7 月	1961 年、1962 年无资料
瀛汶河	王大下	济南市莱芜区寨里镇寨西村	1951 年 4 月	1961 年无资料
石汶河	黄前水库	泰安市黄前镇黄前水库	1962 年 6 月	
泮汶河	泰安	泰安市泰山区岱宗大街 264 号	1912 年 1 月	1987 年由泰安气象局迁来,相距 4.0 km
大汶河	北望	泰安市北集坡街道	1952 年 7 月	

北望站断面以上国家基本水文站情况如下:

雪野水库水文站位于支流瀛汶河的上游,于 1962 年 6 月设水文站,流域面积 438 km^2,水库总库容 1.997 7 亿 m^3,距入牟汶河河口 71 km。雪野水库水文站测验项目有水位、流量、水质、降水量、土壤含水率、冰情、水准测量、断面测量、水文调查,报汛任务有雨情、水情、墒情。

莱芜水文站位于大汶河上游,于 1960 年 6 月设站,流域面积 737 km^2,属大汶河流域水文区域代表站,该站以上兴建杨家横、沟里、葫芦山、乔店 4 座中型水库。其测验项目有水位、流量、单沙、水质、降水量、土壤含水率、蒸发、冰情、水准及断面测量、水文调查,报汛任务有雨情、水情、墒情。

黄前水库位于瀛汶河支流石汶河上游,于 1962 年 6 月设水文站,流域面积 292 km^2,总库容 8 248 万 m^3,黄前水库水文站为大汶河北支区域代表站。其测验项目有水位、流量、水质、降水量、土壤含水率、蒸发、冰情、水准及断面测量、水文调查等,报汛任务有雨情、水情、墒情。

下港水文站位于黄前水库上游,于 1981 年 1 月设水文站,流域面积 145 km^2,2002 年 1 月停测,2022 年 6 月恢复测验任务,为小流域代表站。其测验项目有水位、流量、降水量、水准及断面测量、水文调查等,报汛任务有雨情、水情。

4.2.2　预报方案编制

1. 资料情况及方案沿革

2022 年第一次编制完成北望站洪水预报方案,并通过审查。本次分析选用实测资料年限为 58 年(1964—2021 年),共计 43 场次降雨洪水资料。

2. 产流方案

产流方案采用降雨径流关系建立经验相关图 $P+P_a-R$ 和 $P-P_a-R$,详见附图 8、附图 9。其中:P 为次降雨流域平均雨量(mm);P_a 为流域平均前期影响雨量(mm);R 为次降雨所产生的径流深(mm)。

1) 流域平均雨量 P 的计算

对北望站 1964—2021 年的资料进行分析,共选用了 43 场次大、中、小洪水资料,参加流域平均雨量计算的站,逐年略有变化。1964 年为:莱芜、郑王庄、雪野水库、王大下、范家镇、纸房、黄前水库、北望共 8 处雨量站;1964 年后为:莱芜、郑王庄、雪野水库、王大下、大冶、泰安、范家镇、纸房、黄前水库、北望共 10 站。流域平均雨量 P 的计算采用算术平均法。

2) 流域平均前期影响雨量 P_a 的计算

选取汛前长时间连续无降雨(约 20 d 以上)的日期开始连续计算,先计算流域平均雨量,然后计算前期影响雨量 P_a。在分析逐日前期影响雨量递减系数时,考虑到白天、夜间蒸发损失不同,将每日的折减损失量按照黄金分割进行划分,白天乘以 0.618 并按时段划分,夜间乘以 0.382 并按时段划分,分别计算出各时段的前期影响雨量,其计算公式同式(3.1-1)。

3) 最大损失量 I_m 和 K 值的确定

按照久旱少雨和突降大雨产生径流较小这个条件,选取了 1964 年以来 4 场暴雨资料重新进行了分析计算,I_m 值在 100～115 mm,分别按照 100 mm、110 mm 进行分析,发现不同最大损失量对场次洪水前期影响雨量的影响很小,本次确定 I_m 取值为 100 mm。I_m 值采用式(4.1-2)计算。

K 值采用下式计算:

$$K = 1 - E_m / I_m \tag{4.2-1}$$

式中:E_m 为流域日蒸散发能力;I_m 为流域最大损失量。

由于北望站实测蒸发资料较少,E_m 采用莱芜、黄前水库、大汶口站历年蒸发数据的平均值计算流域日蒸散发能力。各月最大日蒸发量极值见表 4.2-7。

表 4.2-7　各月最大日蒸发量极值计算表　　　　　　　　单位:mm

站名	1月	2月	3月	4月	5月	6月	7月	8月	9月	10月	11月	12月	年均值
莱芜	2.6	6.5	7.0	14.0	14.8	14.0	11.6	12.5	9.1	7.3	7.0	3.4	9.2
黄前水库	6.3	8.3	11.4	11.7	14.4	12.9	12.5	15.2	9.6	8.2	5.1	7.9	10.3
大汶口	6.4	6.0	9.5	10.0	9.6	12.8	11.0	8.6	8.1	7.2	6.0	4.5	8.3
平均	5.1	6.9	9.3	11.9	12.9	13.2	11.7	12.1	8.9	7.6	6.0	5.3	9.2

根据上表,以年均值 9.2 mm 作为北望站流域日蒸散发能力 E_m。根据公式(4.2-1)计算出 $K = 0.908$,鉴于本次为新建方案,参考上下游邻站已有方案 K 值均为 0.90,本次确定采用 $K = 0.90$,待本站实测资料系列延长后再行补充修订。

4) 径流深 R 的推求

本次编制的产流预报方案,未考虑上游小水库工程的拦蓄影响。洪水径流总量 W(万 m³)除以相应集水面积 F(km²)即可求得径流深 R(mm),其计算公式如下:

$$R = 10 \frac{W}{F} \tag{4.2-2}$$

绘制各次洪水的流量过程,用斜线分割(或平割)法切除基流,扣除相应大中型水库放水量,求出次洪水径流总量,次洪水径流总量经过集水面积改正后得到洪水径流总量。

洪水径流总量的改正公式为

$$W = W_{次}\left(\frac{F_{现}}{F_{原}}\right) \tag{4.2-3}$$

式中：W 为经过集水面积改正后得到的洪水径流总量(万 m^3)；$W_{次}$ 为各次洪水的流量过程切除基流，扣除相应大中型水库放水量的径流总量(万 m^3)；$F_{现}$ 为经大中型水库拦截后北望站以上区间集水面积，根据水库建成年份不同，1964 年采用 2 454 km^2，1966 年采用 2 138 km^2，1978 年采用 2 075 km^2，1979 年及以后采用 2 044 km^2；$F_{原}$ 为经大中型水库拦截后北望(一)、北望(二)站以上区间集水面积，根据水库建成年份和迁址时间不同，1964 年采用 2 042 km^2，1966 年采用 2 086 km^2，1978 年采用 2 023 km^2，1979 年至 2005 年采用 1 992 km^2，2006 年至 2012 年采用 1 604 km^2。大汶河北望站降雨径流分析成果见附表 6。

5) 有效降雨历时 T_c 和洪峰滞时 T_P 的确定

有效降雨历时 T_c 采取占总降雨量 80％的降雨连续时段数，即形成地表径流的净雨小时数。

洪峰滞时 T_P 为最大时段平均降雨量到断面洪峰出现的时距。

6) 暴雨中心位置的确定

根据流域特性和代表站分布情况一般划分为上游、中游、下游、中上游、中下游区域。

上游区：雪野水库、大冶、郑王庄站以上；

中上游区：莱芜站；

中游区：黄前水库、王大下站；

中下游区：纸房、范家镇站；

下游区：泰安、北望站。

3. 汇流方案

汇流方案主要采用峰量关系图和经验单位线等方法。

1) 峰量关系图法

(1) 峰量关系曲线 $R - T_c - Q_{m净}$

以有效降雨历时 T_c 作为参数，建立峰量关系曲线 $R - T_c - Q_{m净}$。T_c 为有效降雨历时，是指实际能产生径流、对造峰有明显影响的降雨历时，一般采取占总降雨量 80％的降雨连续时段数；R 为一次降雨产生的径流深，采用积分法将现状条件下的实测径流量(扣除水库放水的次洪水总量)除以相应集水面积而得；$Q'_{m净}$ 为一次降雨过程所产生的区间净峰流量，采用洪峰流量减去基流所得，$Q_{m净}$ 为 $Q'_{m净}$ 根据经过集水面积改正后的净峰流量，其改正公式为

$$Q_{m净} = Q'_{m净}\left(\frac{F_{现}}{F_{原}}\right)^{2/3} \tag{4.2-4}$$

式中：$Q_{m净}$ 为经过集水面积改正后的净峰流量(m^3/s)；$Q'_{m净}$ 为实测净峰流量，通过洪峰流量减去基流所得(m^3/s)；2/3 为经验指数。

根据 43 个洪水点据的分析，通过点群中心并照顾同一 R 值随 T_c 增大 $Q_{m净}$ 逐渐减少的趋势定线，$R - T_c - Q_{m净}$ 关系图详见附图 10。

（2）径流深与洪水总历时相关曲线 $R - T_c - T_洪$

$T_洪$ 为洪水总历时，即洪水起涨至落平时间。

以有效降雨历时 T_c 作为参数，建立径流深与洪水总历时相关曲线 $R - T_c - T_洪$。根据 1964—2021 年 43 个洪水总历时的点据分析定线。

通过点群中心并照顾同一 R 值随 T_c 增大 $T_洪$ 逐渐增大的趋势定线，绘制了 $T_c = 6$ h、8 h、12 h、14 h、16 h 五条曲线，其余时间插补，详见附图 11。

（3）峰量关系曲线 $R - P_\phi - Q_{m净}$

选用 1964—2021 年 43 场次洪水，通过点群中心并照顾同一 R 值由上游向下游逐渐增大的趋势定线，绘制了暴雨中心位置分别为上游、中上游、中游、中下游、下游五条曲线，详见附图 12。

（4）洪峰流量与洪峰滞时相关曲线 $Q_{m净} - T_c - T_P$

以有效降雨历时 T_c 作为参数，建立洪峰流量与洪峰滞时相关曲线 $Q_{m净} - T_c - T_P$。根据 1964—2021 年 43 个洪峰滞时的点据分析定线。

通过点群中心并照顾同一 $Q_{m净}$ 值随 T_c 增大 T_P 逐渐增大的趋势定线，绘制了 $T_c = 6$ h、8 h、16 h、20 h 四条曲线，其余时间插补，详见附图 13。

另外，选用 1964—2021 年 43 场次洪水，按暴雨中心位置绘制了北望站峰现时间相关曲线 $Q_{m净} - P_\phi - T_P$，详见附图 14。

2）经验单位线法

从 1964—2021 年暴雨洪水资料中，选取了 640912、040731、110915 三场次实测洪水资料，分析出大汶河流域北望站 3 条单位线，Δt 取 2 h。1 线适用于降雨集中、有效降雨历时较短、降雨中心在中下游等有利于产流的情况；2 线适用于降雨历时中等、降雨中心偏中游的情况；3 线适用于降雨历时较长、降雨较为均匀且偏上游、前期较为干旱等不利于产流的情况。大汶河北望站单位线图见附图 15。

3）上游水库站洪水历时计算

当上游水库站出现溢洪放水等调洪情况时，可根据不同下泄流量通过表 4.2-8 查算各水库至北望站断面传播时间。

表 4.2-8　各水库不同下泄流量至北望站传播时间

站名		雪野	大冶	黄前	小安门	角峪	大河	杨家横	沟里	乔店	葫芦山	彩山	鹁鸽楼	公庄
距离(km)		68	66	41	42	35	27	84	62	80	74	34	48	45
传播时间(h)	300 m³/s	14.5	14.2	8.9	9.0	7.3	6.0	18.1	13.1	17.2	16.0	6.9	10.2	9.3
	1 000 m³/s	9.9	9.5	6.2	6.2	5.3	4.2	12.3	9.2	11.5	10.4	4.6	7.3	6.4

4）水位-流量、水位-面积、水位-流速关系曲线

依据北望站 2013—2021 年实测洪水资料点绘水位-流量、水位-面积、水位-流速关系曲线，详见附图 16。

5）大断面图

依据北望站 2013 年、2015 年、2019 年、2022 年实测大断面资料点绘大断面图，详见附图 17。

4.3 大汶口水文站洪水预报方案

4.3.1 流域基本情况

1. 流域自然地理特征

大汶口站位于临汶站上游 10 km 处,控制大汶河中部以上流域,断面以上约 2 km 处有南、北两大支流(北支为大汶河主流)。大汶口站以上流域面积 5 696 km²,流域内大中型水库控制面积 2 010 km²,占流域集水面积的 35.3%;大中型水库至大汶口站区间面积 3 686 km²,为该流域面积的 64.7%。主河道长度 130 km,干流长度 121.5 km,干流平均坡度为 1.24‰,流域形状为扇形。大汶口站与临汶站之间的区间面积 180 km²,占临汶站以上流域面积(5 876 km²)的 3.06%,两站之间有一条支流海子河汇入大汶河,海子河河长为 21 km,流域面积 127 km²。大汶河大汶口站以上流域图见图 4.3-1。

图 4.3-1 大汶河大汶口站以上流域图

流域分布于济南市莱芜区、钢城区和泰安市岱岳区、泰山区、新泰市及宁阳县东北部。中上游多为山区,部分为丘陵;中下游多平原,部分为丘陵。山区约占总控制面积的32%,丘陵约占37%,平原约占31%。上游山区主要岩石为花岗岩、花岗片麻岩和灰岩、石灰岩等。丘陵平原为第四纪沉积岩和部分变质岩。土壤性质多为沙土、亚砂土、细沙土、沙壤土和壤土,土层厚薄不均,山区、丘陵较薄,一般为 0.3~0.5 m,平原较厚,一般为6~10 m。一般来说,青石山区土质较好,植被条件也较好,水土流失不严重;而砂石山区土质瘠薄,植被条件较差,水土流失较重。山区农作物以花生、地瓜为主,平原、丘陵以小麦、玉米为主。

该流域位于温带季风区,属大陆性气候。四季分明,降水量有显著的季节性。总的旱涝特点是春旱夏涝,晚秋又旱,旱多涝少。降水量的年内和年际变化都较大,降水量在年内分配上多集中在汛期6—9月份,占全年降水量的70%—80%,其中7—8月份降水量约占汛期降水量的70%。

2. 水利工程情况

大汶口站以上流域内有大中型水库20座,其中大型2座,其余为中型,控制面积2 010.5 km²,兴利水位相应库容55 132万 m³。大汶河大汶口站以上流域内大中型水利工程统计情况见表4.3-1,大中型水库控制面积变化见表4.3-2。

表 4.3-1 大汶河大汶口站以上流域内大中型水利工程统计表

水库名称	建成时间	蓄水年份	集水面积 F(km²)	死库容 $V_{死}$ (万 m³)	兴利库容 $V_{兴}$ (万 m³)	汛限库容 $V_{汛}$ (万 m³)	$V_{兴}$折合 R 值 (mm)	$V_{汛}$折合 R 值 (mm)	备注
光明	1958 年	1958 年	132	190	5 485	4 346	401.1	314.8	大型
雪野	1959 年	1960 年	438	741	15 538	15 538	337.8	337.8	大型
大冶	1958 年	1958 年	163	86.8	2 954	2 570	175.9	152.3	中型
黄前	1960 年	1960 年	292	440	6 353	5 287	202.5	166.0	中型
小安门	1959 年	1960 年	36.3	15	1 395	1 395	380.2	380.2	中型
角峪	1959 年	1960 年	44	166	1 090	1 090	211.0	211.0	中型
山阳	1960 年	1960 年	28.0	87	1 238	1 162	411.1	383.9	中型
大河	1960 年	1960 年	84.5	204.7	2 234	1 934	238.7	203.4	中型
杨家横	1960 年	1960 年	39	13.6	724	669	182.2	168.1	中型
金斗	1960 年	1960 年	88.6	201	2 429	2 075	251.5	211.5	中型
沟里	1965 年	1965 年	44.6	25	723	626	156.5	134.8	中型
乔店	1965 年	1965 年	85	90	2 090	1 911	235.3	214.2	中型
葫芦山	1965 年	1966 年	187	31	583	315	29.5	15.2	中型

续表

水库名称	建成时间	蓄水年份	集水面积 F (km²)	死库容 $V_{死}$ (万 m³)	兴利库容 $V_{兴}$ (万 m³)	汛限库容 $V_{汛}$ (万 m³)	$V_{兴}$折合 R 值 (mm)	$V_{汛}$折合 R 值 (mm)	备注
直界	1967 年	1967 年	26	32	695	630	255.0	230.0	中型
东周	1977 年	1977 年	189	630	7 256	5 677	350.6	267.0	中型
彩山	1978 年	1978 年	37.5	129	1 185	1 137.3	281.6	268.9	中型
鹁鸽楼	1978 年	1978 年	24.9	52.5	747	595	289.4	226.0	中型
苇池	1978 年	1978 年	25	70	915	825	338.0	302.0	中型
公庄	1978 年	1979 年	31.1	135	798	690	213.2	178.5	中型
田村	2015 年		15	60	700	700	426.7	426.7	中型（小升中）
合计			2 010.5	3 999.6	55 132	49 172			

表 4.3-2　大汶河大汶口站以上流域内大中型水库控制面积变化表

年份	建成后开始蓄水水库名称	水库控制面积 $F_{控}$ (km²)	累计控制面积 $F_{控}$ (km²)	汶口以上区间面积 $F_{区}$ (km²)	说明
1957 年	无			5 696	
1958 年	光明(132)大冶(163)	295	295	5 401	
1960 年	雪野(438)黄前(292)山阳(28)大河(84.5)金斗(88.6)杨家横(39)角峪(44)小安门(36.3)	1 050.4	1 345.4	4 350.6	第二栏内水库名称后括号内的数为本水库控制面积；田村水库兴建于 1979 年,2014 年经省水利厅批复由小(1)型升级为中型
1965 年	沟里(44.6)乔店(85)	129.6	1 475.0	4 221	
1966 年	葫芦山(187)	187	1 662.0	4 034	
1967 年	直界(26)	26	1 688.0	4 008	
1977 年	东周(189)	189	1 877.0	3 819	
1978 年	彩山(37.5)鹁鸽楼(24.9)苇池(25)	87.4	1 964.4	3 771.6	
1979 年	公庄(31.1)	31.1	1 995.5	3 700.5	
2014 年	田村(15)	15	2 010.5	3 685.5	

　　大汶河干流拦河坝(闸)47 处,其中,济南段(莱芜区、钢城区)境内有拦河坝(闸)36 处;下游段有拦河坝 11 处(大汶口站以上 5 处)。大汶河干流主要拦河闸坝参数统计情况见表 4.2-3、表 4.3-3。

表 4.3-3　大汶河干流泰安段大汶口站以上主要拦河坝(闸)参数统计表

坝名	所处位置	设计标准				回水长度(m)	水面面积(亩)	蓄水量(万 m³)	距大汶口站距离(km)
		长度(m)	高度(m)	流量(m³/s)	水深(m)				
唐庄坝	岱岳区范镇—角峪镇	452	5	5 757	6.3	4 300	3 150	670	49
颜张坝	泰山区邱家店镇—岱岳区徂徕镇	530	5.5	6 646	8	6 400	5 650	1 820	29
泉林坝	岱岳区北集坡街道泉林庄村	421.5	4.5	6 640	5.5	8 000	7 400	1 300	21.4
颜谢坝	岱岳区大汶口镇颜谢村	433	4.5	6 760	5.5	7 000	5 150	1 220	14.4
大汶口坝	岱岳区大汶口镇和平街村	868.5	拦河闸、引水闸、水电站、溢流坝、挡水墙组成			3 870	1 800	1 000	1.5
合计	5 座							6 010	

3. 测站概况

大汶口站于 2000 年 1 月 1 日由临汶水文站上迁 10 km 至现址,改名为大汶口水文站,使用冻结基面(冻结基面高程－0.374 m＝1985 年国家高程基准高程),流域面积 5 696 km²。测验河段顺直,高水分为南北两股水流(北股为主流),且有漫滩现象,河段内无水生植物,两岸多种植小麦和玉米等作物,对行洪无影响。该流域由于自上而下流经山区、丘陵、平原至大汶口站测验断面,所以涨落较缓。断面以上 300 m 处有津浦铁路大桥,下游 500 m 处为 104 国道大桥,地理位置十分重要,该站属国家重点报汛站,测验断面平面图见图 4.3-2。

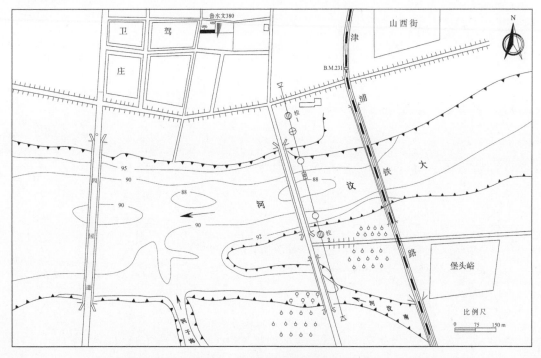

图 4.3-2　测验断面平面图(单位:m)

　　大汶口站以上流域内共有报汛雨量站 160 余处、国家基本水文站 7 处。流域河道特征情况见表 4.3-4，大汶口站以上参加流域平均雨量计算的雨量站情况见表 4.3-5。

表 4.3-4　大汶河大汶口站以上流域河道特征综合表

站名	集水面积（km²）	流域河道特征						
		流域形状	主河道长度（km）	流域形状系数	干流长度（km）	干流平均坡度	河网密度（km/km²）	河道断面形状
临汶	5 876	扇形	140	0.30	131.5	1.24‰	0.10	矩形
大汶口	5 696	扇形	130		121.5	1.24‰		矩形

说明：大汶口站的前身为临汶水文站，设立于 1954 年 6 月，2000 年 1 月上迁 10 km 改名为大汶口水文站。

表 4.3-5　大汶河大汶口站以上流域内参加面雨量计算雨量站情况表

河名	站名	站地址	设站年月	附注
大汶河	蒙阴寨	济南市钢城区艾山街道寨子村	1952 年 7 月	
大汶河	郑王庄	济南市钢城区里辛街道郑王庄村	1964 年 6 月	
大汶河	莱芜	济南市莱芜区凤城街道	1960 年 6 月	
大汶河	大冶	济南市莱芜区大冶水库	1965 年 6 月	
大汶河	纸房	泰安市角峪镇角峪水库管理所	1963 年 3 月	报汛站名为角峪水库
大汶河	范家镇	泰安市范镇范西村	1952 年 7 月	
瀛汶河	雪野水库	济南市莱芜区雪野街道雪野水库	1952 年 7 月	1961 年、1962 年无资料
瀛汶河	王大下	济南市莱芜区寨里镇王大下村	1951 年 4 月	1961 年无资料
石汶河	黄前水库	泰安市黄前镇黄前水库	1962 年 6 月	
泮汶河	泰安	泰安市泰山区岱宗大街 264 号	1912 年 1 月	1987 年由泰安气象局迁来，相距 4.0 km
大汶河	北望	泰安市北集坡街道	1952 年 7 月	
大汶河	东周水库	泰安市新泰市东周水库	1977 年 6 月	
平阳河	金斗水库	泰安市新泰市金斗水库	1962 年 6 月	1966—1968 年无资料
光明河	光明水库	泰安市新泰市小协镇光明水库	1962 年 6 月	1963 年开始刊印资料
大汶河	翟镇	泰安市新泰市翟镇	1966 年 6 月	1968 年前为古子山站，相距 4.5 km
大汶河	谷里	泰安市新泰市谷里镇谷里村	1958 年 6 月	1987 年由小窑沟迁来，相距 1.5 km
洋流河	羊流店	泰安市新泰市羊流镇新泰三中	1952 年 7 月	
大汶河	楼德	泰安市新泰市楼德镇苗庄村	1952 年 7 月	又名徂阳站，1987 年由楼德迁到苗庄，相距 2.5 km
大汶河	大汶口	泰安市大汶口镇卫驾庄村	2000 年 1 月	由临汶站迁来，相距 10 km
大汶河	临汶	泰安市岱岳区马庄镇南李村	1954 年 5 月	2000 年 1 月上迁 10 km 至大汶口站

大汶口站断面以上国家基本水文站情况如下：

莱芜水文站位于大汶河上游，1960年6月设站，流域面积737 km²，为大汶河流域水文区域代表站，莱芜站以上兴建杨家横、沟里、葫芦山、乔店等中型水库4座，小(1)型水库10座。测验项目有水位、流量、单沙、水质、降水量、土壤含水率、蒸发、冰情、水准及断面测量、水文调查。报汛任务有雨情、水情、墒情。

雪野水库位于北支牟汶河支流瀛汶河的上游。1962年6月设水文站，流域面积438 km²，总库容1.997 7亿 m³，距入牟汶河河口71 km，测验项目有水位、流量、水质、降水量、土壤含水率、冰情、水准测量、断面测量、水文调查；报汛任务有雨情、水情、墒情。

黄前水库坐落在瀛汶河支流石汶河上游，1962年6月设水文站，流域面积292 km²，总库容8 248万 m³，黄前水库水文站为大汶河北支区域代表站，测验项目有水位、流量、水质、降水量、土壤含水率、蒸发、冰情、水准及断面测量、水文调查等；报汛任务有雨情、水情、墒情。

北望水文站于1952年7月设立，属国家二类水文站，为大汶河北支控制站，先后两次迁移断面，流域面积3 551 km²，测验项目有水位、流量、水质、降水量、土壤含水率、冰情、水准测量、断面测量、水文调查等；报汛任务有雨情、水情、墒情。

东周水库位于大汶河支流柴汶河上游，1977年6月设水文站，流域面积189 km²，总库容8 612.5万 m³，距河口82.6 km，测验项目有水位、流量、水质、降水量、水面蒸发量、土壤含水率、冰情、水准测量、断面测量、水文调查；报汛任务有雨情、水情、墒情。

光明水库位于大汶河支流柴汶河上游光明河上，1962年设水文站，流域面积132 km²，总库容10 001万 m³，距河口4 km，测验项目有水位、流量、水质、降水量、土壤含水率、冰情、水准测量、断面测量、水文调查；报汛任务有雨情、水情、墒情。

楼德水文站于1987年1月设立，为大汶河南支的区域代表站、国家二类水文站，流域面积1 668 km²。楼德站以上有大型水库1座、中型水库3座、小(1)型水库23座，测验项目有水位、流量、单沙、悬移质输沙率、水质、降水量、土壤含水率、冰情、水准测量、断面测量、水文调查；报汛任务有雨情、水情、墒情。

4.3.2　预报方案编制

1. 预报区间的确定

大汶口站以上建有大中型水库20座，因此将各大中型水库作为上游入流站，预报区间确定为大中型水库至大汶口站以上，区间面积为3 685.5 km²，即大汶口站以上总控制面积5 696 km²减去上游20座大中型水库控制面积2 010.5 km²得到。

2. 资料情况及方案沿革

1) 资料情况

1985年编制完成临汶站洪水预报方案(资料至1985年)，以后逐年补充；2004年组织编制了大汶口站洪水预报方案，并通过审查，之后资料补充至2007年。本次修订除选用之前分析的暴雨洪水外，另外补充分析了2008—2020年11场次暴雨洪水，即资料系列为

1956—2020 年,共 70 场次洪水。

2) 方案沿革

原方案为临汶水文站洪水预报方案,所采用产流方案为降雨径流相关图,包括 $P+P_a-R$ 和 $P-P_a-R$ 两种方法,其中 $P+P_a-R$ 相关线有 3 条;汇流方案采用峰量关系曲线图、单位线推求,共选用 46 个点据。因断面上迁 10 km 至大汶口站断面,原方案已不适用。

本次修订在原产汇流方案基础上,对临汶站的资料进行分析处理并还原至大汶口站。产流方案仍采用降雨径流相关图,包括 $P+P_a-R$ 和 $P-P_a-R$ 两种方法,汇流方案采用峰量关系曲线图、单位线推求,共选用 70 个点据。在选取资料时保留了原方案的大洪水,并重点对 1985 年以来的资料做了补充筛选。经综合分析,新方案确定了两条相关线,1956—1999 年采用Ⅱ线,2000—2020 年采用Ⅰ线,并重新进行精度评定。同时,方案还绘制了 $P-P_a-R$ 相关线并进行了精度评定。汇流方案采用峰量关系曲线图、单位线推求,单位线时段为 2 h。

3. 产流方案

随着大中型水库除险加固、河道拦河梯级闸坝工程修建以及水土流失治理等工程建设,下垫面条件发生了显著变化。本次修订重新建立了降雨径流相关图 $P+P_a-R$,点绘定了 2 条线,分别适用于 2000 年前后;以 P_a 为参数也建立了两种情况的 $P-P_a-R$ 关系线,分别适用于 2000 年前后,新建立的 $P+P_a-R$ 和 $P-P_a-R$ 方案均适用于 2000 年以后的作业预报。点绘的降雨径流经验相关图 $P+P_a-R$ 和 $P-P_a-R$ 分别见附图 18、附图 19 和附图 20 。其中:P 为次降雨流域平均雨量(mm);P_a 为流域平均前期影响雨量(mm);R 为次降雨所产生的径流深(mm)。

1) 流域平均雨量 P 的计算

对大汶口站 1956—2020 年的资料进行了分析,共选用了 70 次大、中、小洪水资料。参加流域平均雨量计算的站逐年略有变化,1964—1977 年为:蒙阴寨、莱芜、雪野水库、王大下、郑王庄、范家镇、纸房、黄前水库、北望、金斗水库、东周水库、光明水库、谷里(翟镇)、羊流店、楼德、大汶口(临汶),共 16 处雨量站;1980 年后又增加了大冶、泰安,共18 站。

流域平均雨量 P 采用算术平均法求得。

2) 流域平均前期影响雨量 P_a 的计算

选取汛前长时间连续无降雨(约一个多月)的日期开始连续计算,先计算流域平均雨量,然后计算前期影响雨量 P_a,其计算公式同式(3.1-1)。

3) 最大损失量 I_m 和 K 值的确定

本次选择久旱少雨和突降大雨产生径流较小的洪水。选取了 1985 年以来 6 场暴雨资料对流域最大损失量 I_m 重新进行分析计算,I_m 值在 85~110 mm,经统计分析发现,近 20 年 I_m 值有明显偏大的趋势,考虑到 2000 年后大中型水库陆续除险加固、干流河道也兴建了拦河闸坝以及植被覆盖度等情况,下垫面条件发生了变化,1999 年以前 I_m 未进行调整,仍沿用 90 mm,2000 年以后 I_m 值取 100 mm,I_m 值采用式(4.1-3)计算。

前期影响雨量递减系数 K 值未重新分析,采用原编制方案分析值,即 $K=0.90$。

4)径流深 R 的推求

本次编制的产流预报方案,未考虑上游小水库工程的拦蓄影响。

绘制各次洪水的流量过程,用斜线分割(或平割)法切除基流,扣除相应大中型水库放水量,求出次洪水总量,次洪水总量除以相应集水面积即可求得径流深 R。大汶河大汶口站降雨径流分析成果见附表 12。

5)有效降雨历时 T_c 和洪峰滞时 T_P 的确定

有效降雨历时 T_c 采用占总降水量 80% 的降雨量所占的历时数,即形成地表径流的净雨小时数。

洪峰滞时 T_P 为最大时段平均降雨量到断面洪峰出现的时距。

6)暴雨中心位置的确定

根据流域特性和代表站分布情况一般划分为:上游、中游、下游、中上游、中下游等区域。

上游区:莱芜站—翟镇、光明水库站以上;

中游区:范家镇、纸房、羊流店、谷里站;

下游区:泰安、北望、楼德站以下;

中上游区:莱芜站—范家镇站,新泰站—羊流店、谷里站;

中下游区:范家镇、纸房站—北望站,羊流店站—楼德站。

4. 汇流方案

汇流方案主要采用峰量关系图和经验单位线等方法。

1)峰量关系图法

(1)峰量关系曲线 $R - T_c - Q_{m净}$

以有效降雨历时 T_c 作为参数,建立峰量关系曲线 $R - T_c - Q_{m净}$。T_c 为有效降雨历时,是指实际能产生径流,对造峰有明显影响的降雨历时,一般采取占总降雨量 80% 的降雨时段数或采用时段平均降雨量大于 5 mm 的时段数;R 为一次降雨径流深,采用积分法将现状条件下的实测径流量(扣除水库放水的次洪水总量)除以相应集水面积而得;$Q_{m净}$ 为一次降雨过程所产生的区间净峰流量,采用洪峰流量减去基流所得,改正后的净峰流量 $Q_{m净}$ 计算公式同式(4.2-4)。其中,$F_{现}$ 为经大中型水库拦截后的集水面积,临汶站以上区间面积 3 881 km²,大汶口站以上区间面积 3 685 km²;$F_{原}$ 为实测净峰流量相应集水面积(km²)。

根据 70 次洪水点据分析,通过点群中心并照顾同一 R 值 $Q_{m净}$ 逐渐减少的趋势定线,$R - T_c - Q_{m净}$ 关系图见附图 21。

(2)径流深与洪水总历时相关曲线 $R - T_c - T_{洪}$

以有效降雨历时 T_c 作为参数,建立径流深与洪水总历时相关曲线 $R - T_c - T_{洪}$。根据 1956—2020 年 70 次洪水总历时的点据分析定线。

通过点群中心并照顾同一 R 值 $T_{洪}$ 逐渐增大的趋势定线,绘制了 $T_c=6$ h,$T_c=16$ h 及 $T_c=20$ h 三条曲线,其余时间插补,大汶河大汶口站 $R - T_c - T_{洪}$ 关系曲线图见附图 22。

（3）净峰流量与洪峰滞时相关曲线 $Q_{m净}-T_c-T_P$

以有效降雨历时 T_c 作为参数，建立径流深与洪峰滞时相关曲线 $Q_{m净}-T_c-T_P$。根据 1956—2020 年 70 次洪峰滞时的点据分析定线。

通过点群中心并照顾同一 R 值 T_P 逐渐增大的趋势定线，绘制了 $T_c=8\ \mathrm{h}$，$T_c=24\ \mathrm{h}$ 2 条曲线，其余时间插补，大汶河大汶口站 $Q_{m净}-T_c-T_P$ 关系曲线图见附图 21。

2）单位线

从 1956—2020 年暴雨洪水资料中，选取了 640912、750730、840712、900618、960731、030904、190810 七场次实测洪水资料，分析出大汶河大汶口站 3 条单位线，Δt 取 2 h，详见附图 23。

3）河道流量演算

本方案中，上游入流站为各大中型水库，采用传播时间法进行河道流量演算，在实时预报中，将上游水库实测下泄流量与本方案计算得到的径流过程错时段叠加，从而得到预报流量过程。各水库不同下泄流量至大汶口站传播时间见表 4.3-6。

表 4.3-6　各水库不同下泄流量至大汶口站传播时间　　　　　单位：h

站名	雪野	大冶	黄前	小安门	角峪	山阳	大河	杨家横	金斗	光明	沟里	乔店	葫芦山	直界	东周	彩山	鹁鸽楼	莘池	公庄	田村
距离(km)	89	84	60	60	53	39	45	102	81	59	80	98	92	23	84	44	66	61	63	43
传播时间(h) 300 m³/s	19	18	13	13	11	8	10	22	17	13	17	21	20	5	18	9	14	13	13	9
1 000 m³/s	13	12	9	9	8	6	7	15	12	9	14	13	13	3	12	6	10	9	9	6

4）上下游相关图

（1）北望＋楼德合成流量-大汶口站洪峰流量关系曲线

选用的楼德站于 1987 年设站，选取 1987—2020 年 35 次的洪水资料，2000 年以前为临汶站的洪峰流量（换算至大汶口站），以后为大汶口站的洪峰流量。合成流量是把北望站、楼德站的流量错时相加，当来水以干流（牟汶河）为主时，北望站洪峰与其峰现前 1 h 的楼德站流量相加；当来水以柴汶河为主时，楼德站洪峰与其峰现后 1 h 的北望站流量相加。详见附图 24。

（2）北望＋楼德合成流量-传播时间关系曲线

选用 1987—2020 年 35 次的洪水资料，2000 年以前为北望站到临汶站的传播时间（按照相应流速换算到大汶口站断面），2000 年以后为北望站到大汶口站的传播时间，详见附图 25。

5）水位-流量、水位-面积、水位-流速关系曲线

依据 2000 年、2005 年、2020 年和 2022 年实测洪水资料，点绘大汶口站水位-流量、水位-面积、水位-流速关系曲线图，详见附图 26、附图 27。

6）大断面图

依据 2000 年、2005 年、2020 年、2022 年实测大断面资料点绘大汶口站大断面图，详见附图 28。

4.4　戴村坝水文站洪水预报方案

4.4.1　流域基本情况

1. 流域自然地理特征

戴村坝水文站为大汶河流入东平湖的控制站，流域控制面积 8 264 km²，流域形状为扇形，干流长 189.4 km，干流平均坡度为 0.932‰。大汶河的戴村坝至东平湖段称为大清河，全长 30 km，主河槽宽 400～500 m，两岸堤距 500～1 260 m，河道纵比降为 1∶13 000，防洪标准 7 000 m³/s。总的来说，中游以下防洪标准一般为 20 年一遇。

戴村坝站断面以上至大汶口站区间面积 2 568 km²（2000 年以前为 2 388 km²），为戴村坝站控制面积的 31.1%，该区间有 3 座中型水库，其控制面积 187 km²，占戴村坝和大汶口两站区间面积的 6.74%。大汶河戴村坝站以上流域图见图 4.4-1。

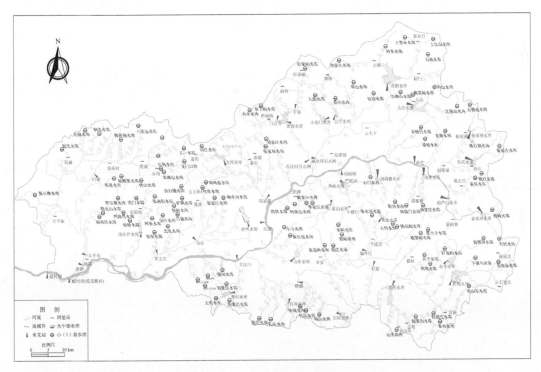

图 4.4-1　大汶河戴村坝站流域图

该流域位于温带季风区，属大陆性气候。四季分明，降水有显著的季节性。总的旱涝特点是春旱夏涝，晚秋又旱，旱多涝少。降水量的年内和年际变化都较大，降水量多集中在汛期 6—9 月份，占全年降水量的 70%～80%，其中 7—8 月份降水量约占汛期降水量的 70%。本流域自上而下按山区、丘陵、平原分布，至本站测验断面处，水流比较平稳，涨落较缓。大汶口站至戴村坝站洪峰传播历时一般需 8～12 h。

2. 工程情况

戴村坝站以上有大中型水库 23 座,其中大型 2 座,其余为中型,控制面积约 2 197 km²,兴利库容 61 872 万 m³。大汶河戴村坝站以上流域内大中型水利工程统计表见表 4.4-1。

表 4.4-1 大汶河戴村坝站以上流域内大中型水利工程统计表

序号	水库名称	建成日期	蓄水年份	集水面积 F(km²)	死库容 $V_{死}$(万 m³)	兴利库容 $V_{兴}$(万 m³)	汛限库容 $V_{汛}$(万 m³)	V兴折合 R 值 (mm)	V汛折合 R 值 (mm)	备注
1	光明	1958 年	1958 年	132	190	5 485	4 346	401.1	314.8	大型
2	雪野	1959 年	1960 年	438	741	15 538	15 538	337.8	337.8	大型
3	大冶	1958 年	1958 年	163	86.8	2 954	2 570	175.9	152.3	中型
4	小安门	1959 年	1960 年	36.3	15	1 395	1 395	380.2	380.2	中型
5	角峪	1959 年	1960 年	44	166	1 090	1 090	211.0	211.0	中型
6	黄前	1960 年	1960 年	292	440	6 353	5 287	202.5	166.0	中型
7	山阳	1960 年	1960 年	28	87	1 238	1 162	411.1	383.9	中型
8	大河	1960 年	1960 年	84.53	204.7	2 234	1 934	238.7	203.4	中型
9	杨家横	1960 年	1960 年	39	13.6	724	669	182.2	168.1	中型
10	金斗	1960 年	1960 年	88.6	201	2 429	2 075	251.5	211.5	中型
11	沟里	1965 年	1965 年	44.6	25	723	626	156.5	134.8	中型
12	乔店	1965 年	1965 年	85	90	2 090	1 911	235.3	214.2	中型
13	葫芦山	1965 年	1966 年	187	31	583	315	29.5	15.2	中型
14	直界	1967 年	1967 年	26	32	695	630	255.0	230.0	中型
15	东周	1977 年	1977 年	189	630	7 256	5 677	350.6	267.0	中型
16	彩山	1978 年	1978 年	37.5	129	1 185	1 137.3	281.6	268.9	中型
17	鹁鸽楼	1978 年	1978 年	24.9	52.5	747	595	289.4	226.0	中型
18	苇池	1978 年	1978 年	25	70	915	825	338.0	302.0	中型
19	贤村	1978 年	1978 年	32	27	700	658	210.3	197.2	中型
20	公庄	1978 年	1979 年	31.1	135	798	690	213.2	178.5	中型
21	胜利	1978 年		13.8	350	5 020	4 408	3 384.1	2 940.6	中型
22	田村	2015 年		15	60	700	700	426.7	426.7	中型
23	尚庄炉	1960 年	1960 年	141	6	1 020	758	71.9	53.3	中型
	合计			2 197	3 783	61 872	54 996			

大汶河干流戴村坝站以上拦河坝(闸)有 47 处。其中,上游段济南市(莱芜区、钢城区)境内有拦河坝(闸)36 处;下游段有拦河坝 11 处,泰安市境内 10 处、济宁市境内 1 处。大汶河干流主要拦河闸坝参数统计情况见表 4.2-3、表 4.4-2。

表 4.4-2 大汶河干流泰安段(含济宁)拦河闸坝参数统计表

坝名	所处位置	设计标准				回水长度(m)	水面面积(亩)	蓄水量(万 m³)	距戴村坝站距离(km)
		长度(m)	高度(m)	流量(m³/s)	水深(m)				
唐庄坝	岱岳区范镇—角峪镇	452	5	5 757	6.3	4 300	3 150	670	
颜张坝	泰山区邱家店镇—岱岳区徂徕镇	530	5.5	6 646	8	6 400	5 650	1 820	
泉林坝	岱岳区北集坡街道泉林庄村	421.5	4.5	6 640	5.5	8 000	7 400	1 300	83.2
颜谢坝	岱岳区大汶口镇颜谢村	433	4.5	6 760	5.5	7 000	5 150	1 220	75.5
汶口坝拦河闸	岱岳区—宁阳县	869	5/3.5	9 680	5	8 000	1 800	1 000	67.0
汶口 2 号坝	岱岳区—宁阳县	535	5	8 108	7	3 500		1 240	64.0
砖舍拦河坝	肥城市汶阳镇砖舍村	1 250		9 810				冲毁	57.0
堽城拦河坝	宁阳县伏山镇堽城坝村	382	4/2.5	9 849	4	3 000		2 231	45.0
桑安口橡胶坝	宁阳县			7 910		5 600		991	
琵琶山坝	泰安市—济宁市	803	2	7 000		3 000		121.5	
戴村坝	东平县彭集镇南城子村	200		7 000		3 000		121.5	8.0
合计	11 座							10 715	

3. 测站概况

戴村坝站位于大汶口站下游 65.5 km 处,距河口 14.0 km。断面以上约 8 km 处有拦河坝(戴村坝)1 处。1935 年 8 月由黄河水利委员会设站,1937 年 10 月停测,1950 年 6 月由淮河水利工程总局重建一处基本断面,位于南城子村北大清河上,站名为戴村坝(一)站,断面先后 3 次变迁,1977 年 6 月至今为戴村坝(三)站,使用冻结基面(冻结基面高程－0.077 m＝1985 年国家高程基准高程),测验河段顺直,无水生植物,两岸多种植小麦和玉米等作物,对行洪无影响。

本站区间面积为断面以上、大中型水库以下的面积,2000 年前为临汶—戴村坝,以后为大汶口—戴村坝。本流域由于自上而下为山区、丘陵、平原,故测验断面处洪水涨落较缓,大汶河戴村坝站测验河段平面图见图 4.4-2。

本站历史调查最大洪水发生在 1918 年 6 月 29 日,洪峰流量为 9 670 m³/s;实测最大洪水发生在 1964 年 9 月 13 日,洪峰流量为 6 930 m³/s。

戴村坝站以上流域内共有报汛雨量站 200 余处、国家基本水文站 8 处,其中,区间报汛雨量站 8 处:大汶口、夏张、安临站、白楼、安驾庄、肥城、大羊集、戴村坝。流域河道特征情况见表 4.4-3,戴村坝站以上参加流域平均雨量计算的雨量站情况见表 4.4-4。

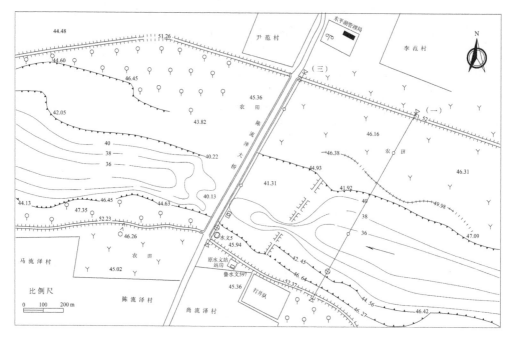

图 4.4-2 大汶河戴村坝站测验河段平面图(单位:m)

表 4.4-3 大汶河戴村坝站河道特征情况表

站名	集水面积(km²)	流域河道特征				
		流域形状	主河道长度(km)	干流长度(km)	干流平均坡度	河道断面形状
戴村坝	8 264	扇形	196	189.4	0.932‰	矩形

表 4.4-4 大汶河戴村坝站以上参加面雨量计算的雨量站情况表

河名	站名	站地址	设站年月	附注
大汶河	蒙阴寨	济南市钢城区艾山街道寨子村	1952 年 7 月	
大汶河	郑王庄	济南市钢城区里辛街道郑王庄村	1964 年 6 月	
大汶河	莱芜	济南市莱芜区凤城街道	1960 年 6 月	
大汶河	大冶	济南市莱芜区大冶水库	1965 年 6 月	
大汶河	纸房	泰安市角峪镇角峪水库管理所	1963 年 3 月	报汛站名为角峪水库
大汶河	范家镇	泰安市范镇范西村	1952 年 7 月	
瀛汶河	雪野水库	济南市莱芜区雪野街道雪野水库	1952 年 7 月	1961 年、1962 年无资料
瀛汶河	王大下	济南市莱芜区寨里镇王大下村	1951 年 4 月	1961 年无资料
石汶河	黄前水库	泰安市黄前镇黄前水库	1962 年 6 月	
泮汶河	泰安	泰安市泰山区岱宗大街 264 号	1912 年 1 月	1987 年由泰安气象局迁来,相距 4.0 km
大汶河	北望	泰安市北集坡街道	1952 年 7 月	

续表

河名	站名	站地址	设站年月	附注
大汶河	东周水库	泰安市新泰市东周水库	1977 年 6 月	
平阳河	金斗水库	泰安市新泰市金斗水库	1962 年 6 月	1966—1968 年无资料
光明河	光明水库	泰安市新泰市小协镇光明水库	1962 年 6 月	1963 年开始刊印资料
大汶河	翟镇	泰安市新泰市翟镇	1966 年 6 月	1968 年前为古子山站,相距 4.5 km
大汶河	谷里	泰安市新泰市谷里镇谷里村	1958 年 6 月	1987 年由小窑沟迁来,相距 1.5 km
羊流河	羊流店	泰安市新泰市羊流镇新泰三中	1952 年 7 月	
大汶河	楼德	泰安市新泰市楼德镇苗庄村	1952 年 7 月	又名徂阳站,1987 年由楼德迁到苗庄,相距 2.5 km
大汶河	大汶口	泰安市大汶口镇卫驾庄村	2000 年 1 月	由临汶站迁来,相距 10 km
大汶河	临汶	泰安市岱岳区马庄镇南李村	1954 年 5 月	2000 年 1 月上迁 10 km 至大汶口站
大汶河	夏张	泰安市夏张镇夏张村	1955 年 5 月	1960 年、1961 年无雨量资料
大汶河	安临站	肥城市安临站镇安临站村	1963 年 4 月	
汇河	白楼	肥城市桃园镇白楼村	1977 年 6 月	
汇河	肥城	肥城市老城街道办事处水利站内	1931 年 6 月	
汇河	大羊集	泰安市东平县大羊镇	1953 年 6 月	
大汶河	安驾庄	肥城市安驾庄镇安驾庄村	1965 年 6 月	1966 年、1968 年无资料
大汶河	戴村坝	泰安市东平县彭集镇陈流泽村	1950 年 8 月	1977 年 6 月由大牛村迁来,相距 4.5 km

戴村坝站断面以上国家基本水文站情况如下:

莱芜水文站位于大汶河上游,1960 年 6 月设站,流域面积 737 km², 为大汶河流域水文区域代表站,莱芜站以上兴建杨家横、沟里、葫芦山、乔店等中型水库 4 座,小(1)型水库 10 座。测验项目有水位、流量、单沙、水质、降水量、土壤含水率、蒸发、冰情、水准及断面测量、水文调查。报汛任务有雨情、水情、墒情。

雪野水库位于北支牟汶河支流瀛汶河的上游。1962 年 6 月设水文站,流域面积 438 km²,总库容 1.997 7 亿 m³,距入牟汶河河口 71 km,测验项目有水位、流量、水质、降水量、土壤含水率、冰情、水准测量、断面测量、水文调查;报汛任务有雨情、水情、墒情。

黄前水库坐落在瀛汶河支流石汶河上游,1962 年 6 月设水文站,流域面积 292 km²,总库容 8 248 万 m³,黄前水库水文站为大汶河北支区域代表站,测验项目有水位、流量、水质、降水量、土壤含水率、蒸发、冰情、水准及断面测量、水文调查等;报汛任务有雨情、水情、墒情。

北望水文站于 1952 年 7 月设立,属国家二类水文站,为大汶河北支控制站,先后两次迁移断面,流域面积 3 551 km²,测验项目有水位、流量、水质、降水量、土壤含水率、冰情、水准测量、断面测量、水文调查等;报汛任务有雨情、水情、墒情。

东周水库位于大汶河支流柴汶河上游,1977 年 6 月设水文站,流域面积 189 km²,总库容 8 612.5 万 m³,距河口 82.6 km,测验项目有水位、流量、水质、降水量、水面蒸发量、土壤含水率、冰情、水准测量、断面测量、水文调查;报汛任务有雨情、水情、墒情。

光明水库位于大汶河支流柴汶河上游光明河上,1962 年设水文站,流域面积 132 km²,总库容 10 001 万 m³,距河口 4 km,测验项目有水位、流量、水质、降水量、土壤含水率、冰情、水准测量、断面测量、水文调查;报汛任务有雨情、水情、墒情。

楼德水文站于 1987 年 1 月设立,为大汶河南支的区域代表站、国家二类水文站,流域面积 1 668 km²。楼德站以上有大型水库 1 座、中型水库 3 座、小(1)型水库 23 座,测验项目有水位、流量、单沙、悬移质输沙率、水质、降水量、土壤含水率、冰情、水准测量、断面测量、水文调查;报汛任务有雨情、水情、墒情。

大汶口水文站是大汶河干流控制站,属国家一类水文站,原为临汶水文站,设立于 1954 年 6 月,2000 年 1 月 1 日上迁 10 km 并更名为大汶口水文站。流域面积 5 696 km²,距入东平湖湖口 88.0 km,干流长度 121.5 km,流域内有大型水库 2 座、中型水库 18 座、小型水库 500 余座、较大规模的拦河坝 10 余座。该站测验项目有水位、流量、单沙、悬移质输沙率、水质、降水量、水面蒸发量、土壤含水率、冰情、水准测量、断面测量、水文调查、水土保持监测等,报汛任务有雨情、水情、墒情。

白楼水文站设立于 1977 年 5 月,为大汶河下游一级支流汇河(流域面积 1 248 km²)区域代表站,白楼站断面以上流域面积为 426 km²,白楼预报断面以上流域内有小(1)型水库 9 座。所在流域两岸均为第四纪沉积覆盖物,岩石出露明显,山区多为青石山,由灰岩和石灰岩组成。1997 年 6 月停测水流沙项目,仅保留降水量的观测,于 2017 年 6 月 1 日恢复水位、流量测验,报汛任务有雨情、水情、墒情。

4.4.2 预报方案编制

1. 预报区间的确定

戴村坝站以上建有大中型水库 23 座,因此将各大中型水库作为上游入流站,预报区间确定为大中型水库—戴村坝站,区间面积为 6 067 km²,即戴村坝站以上总控制面积 8 264 km² 减去上游 23 座大中型水库控制面积 2 197 km² 得到。

2. 资料情况及方案沿革

1) 资料情况

1987 年编制完成戴村坝站洪水预报方案,以后逐年补充;2004 年组织编制了戴村坝站洪水预报方案并通过审查,之后资料补充至 2007 年。本次方案分析选用实测资料年限为 65 年(1956—2020 年),共计 46 场次降雨洪水资料,涵盖了大、中、小洪水。

2) 方案沿革

原方案仅有相关方案,分为洪峰流量相关方案和洪水总量相关方案。其中,洪峰流量相关方案采用以区间降雨量为参数的大汶口站—戴村坝站净峰流量相关法;洪水总量相关方案采用大汶口站与戴村坝站洪水总量相关、戴村坝站洪峰流量与洪水总量相关 2 种方法。洪水过程采用典型洪水推求标准径流分配过程线。

本次修订,新增了降雨径流参数总分析成果表,包含了戴村坝大区间和小区间的降雨径流分析成果(见附表 19),其中大区间是指各大中型水库至戴村坝站区间,小区间是指大汶口站和 3 座中型水库至戴村坝站区间。在此基础上进行了降雨径流关系定线,但发现降雨径流关系相关性较差,因此以戴村坝站以上流域为对象,产流方案借用大汶口站以上降雨径流关系,汇流方案本次新增了时段为 2 h 的经验单位线(原方案采用的典型洪水推求标准径流分配过程线舍弃)。

本次修订,在原洪峰流量相关方案中,以区间降雨量为参数的大汶口站—戴村坝站洪峰流量相关法新增了 18 个点据,关系线不变;利用 46 场次洪水资料新建了大汶口—戴村坝净峰流量相关关系;原洪水总量相关方案中,大汶口站—戴村坝站洪水总量相关法增加了 31 个点据,关系线不变。另外,利用 46 场次洪水资料新建了以区间降雨量为参数的大汶口站—戴村坝站洪水总量相关、戴村坝站净峰流量—净洪水总量相关关系和大汶口站—戴村坝站净峰流量相关关系。

3. 产流方案

大汶口站和戴村坝站属大汶河干流控制站,为上下游关系,两站相距 65.5 km,由于两站区间产流较小,径流系数也较小,尤其是汇河区域地质多由灰岩和石灰岩组成,产流甚微。通过对 46 场次降雨洪水资料分析,戴村坝站区间降雨径流关系相关性较差,故戴村坝站产流方案借用大汶口站降雨径流相关图。

1)区间流域平均雨量 P 的计算

(1)根据大汶口站至戴村坝站区间资料分析。共选用了 1956—2020 年 46 场次暴雨洪水资料,参加区间平均雨量计算的站逐年略有变化,自 1977 年后为 8 处雨量站,即大汶口、夏张、安临站、白楼、安驾庄、肥城、大羊集、戴村坝。流域平均雨量采用算术平均法求得。

(2)根据戴村坝站以上、大中型水库以下区域资料分析。暴雨洪水场次与上相同,雨量站为莱芜、郑王庄、雪野水库、王大下、范家镇、纸房、黄前水库、北望、金斗水库、东周水库、光明水库、羊流店、楼德、临汶(大汶口)、夏张、安临站、白楼、安驾庄、肥城、大羊集、戴村坝共 21 处。流域平均雨量采用算术平均法求得。

2)径流深 R 的推求

本次区间产流预报方案,未考虑上游小型水库工程的拦蓄影响。

根据戴村坝与大汶口两站水量差求出区间洪水总量,再除以相应集水面积即可求得区间径流深 $R_区$;用戴村坝站以上洪水总量,再除以相应集水面积即可求得径流深 R。

绘制各场次洪水的流量过程,采用斜线分割(或平割)法切除基流,扣除相应大中型水库放水量,求出次洪水总量,次洪水总量除以相应集水面积即可求得径流深 R。大汶河戴村坝站(含区间)降雨径流关系分析成果见附表 19。

由于下游区间径流较小,尤其是肥城盆地为石灰岩地质,当降雨强度、降雨量相对较小时,该区域基本不产流,降雨径流相关性不高,故本次未建立区间降雨径流关系,不做评定。

3)暴雨中心位置的确定

(1)大汶口站至戴村坝站较小区间。根据流域特性和代表站分布情况一般将区间划分为上、中、下三个区。上游区:夏张—大汶口;中游区:白楼—安临站;下游区:大羊集—安驾庄以下。

(2)戴村坝以上、大中型水库以下较大区间。根据流域特性和代表站分布情况一般将区间划分为上、中、下三个区。上游区:莱芜—翟镇,光明水库以上;中游区:泰安、北望、楼德;下游区:白楼、安临站以下。

4. 汇流方案

汇流方案主要采用经验单位线法。

从 1956—2020 年暴雨洪水资料中，选取 640912、700729、720901、750723、750730、900816、960726、960730、010804、030904、180819、190812 场次洪水进行分析，按照雨型和暴雨中心位置确定了 4 条单位线，Δt 取 2 h，详见附图 29。

5. 洪峰流量相关

1）大汶口站洪峰流量与戴村坝站洪峰流量相关

选用 1956—2020 年 46 场次的洪水资料，资料成果中包含大、中、小洪水，摘录大汶口和戴村坝相应的洪峰流量值及其出现时间（洪峰流量包含基流），并建立大汶口站与戴村坝站相应洪峰流量关系曲线 $Q_{m,大汶口}-Q_{m,戴村坝}$ 及传播时间曲线 $Q_{m,大汶口}-\tau$，详见附图 30。

2）以区间降雨量为参数的大汶口站-戴村坝站净峰流量相关

选用 1956—2020 年 46 场次洪水资料，资料成果中包含大、中、小洪水，采用两站区间降雨量 $P_区$ 为参数，建立了大汶口站净峰流量与戴村坝站净峰流量相关图（割基流），即 $Q_{m净,大汶口}-P_区-Q_{m净,戴村坝}$ 相关图，详见附图 31。

6. 洪量相关

1）戴村坝站净峰流量与净洪水总量相关

选用 1956—2020 年 46 场次洪水，建立戴村坝站净峰流量与净洪水总量相关关系，即 $Q_{m净,戴村坝}-W_{净,戴村坝}$ 相关图，详见附图 32。

2）大汶口站-戴村坝站洪水总量相关

选取大汶口站、戴村坝站 46 场次洪水资料，建立上、下游洪水总量相关关系，即 $W_{总,大汶口}-W_{总,戴村坝}$，详见附图 33。

3）以区间降雨量为参数的大汶口站-戴村坝站洪水总量相关

选取大汶口站、戴村坝站 1956—2020 年 46 场次洪水资料，资料成果中包含大、中、小洪水，采用两站区间降雨量为参数，建立上、下游净洪水总量（扣除基流和水库放水）相关关系，即 $W_{净,大汶口}-P_区-W_{净,戴村坝}$ 相关图，详见附图 33。

7. 河道流量演算

本方案中，上游入流站为大汶口站和 3 处中型水库实测下泄流量，采用上游大汶口站流量传播至戴村坝站时间相关法进行河道流量演算，在实时预报中，将上游水库实测下泄流量和大汶口站得到的径流过程错时叠加，从而得戴村坝站预报流量过程。

8. 水位-流量、水位-面积、水位-流速关系曲线

依据 1956—2022 年实测洪水资料，点绘戴村坝站水位-流量、水位-面积、水位-流速关系曲线图，详见附图 34。

9. 大断面图

根据 1985 年、1996 年、2003 年、2007 年和 2020 年戴村坝站实测大断面资料绘制大断面图，详见附图 35。

10. 东平湖水位与容积关系曲线

东平湖水位 Z-容积 V 关系曲线见附图 36，东平湖稻屯洼水位 Z-容积 V 关系曲线见附图 37。

第五章

水库水文站实用洪水预报方案

5.1 东周水库水文站洪水预报方案

5.1.1 流域概况

1. 流域自然地理特征

东周水库位于新泰市汶南镇东周村北、大汶河南支柴汶河的上游,是一座以防洪为主,结合灌溉、城市供水、发电等综合利用的重点中型水库。水库流域呈扇形,流域形状系数 0.27,平均宽度 7.7 km,平均长度 26.7 km,干流平均比降 5.52‰,坝址以上控制流域面积 189 km²,总库容 8 612.5 万 m³,兴利库容 6 626 万 m³。柴汶河东周水库水文站以上流域图见图 5.1-1。

东周水库是新泰市的重点中型水库,该流域内均为山区,土层较瘠薄,平均厚度在 0.3 m 左右。大部分土壤为沙土、沙壤土。水库下游有新汶城区、沿河 120 个村庄、50 万人、23 万亩耕地以及新汶矿业集团有限公司、10 余处煤矿等重要基础设施,人口密集,经济发达;同时还有磁莱铁路、京沪高速公路、济新公路、博徐公路等重要交通设施,地理位置十分重要。

该流域位于温带季风区,属大陆性气候。四季分明,降水量有显著的季节性。总的旱涝特点是春旱夏涝,晚秋又旱,旱多涝少。降水量的年内和年际变化都较大,降水量在年内分配上多集中在汛期 6—9 月份,占全年降水量的 70%～80%,其中 7—8 月份降水量约占汛期降水量的 70%。

2. 水利工程情况

东周水库枢纽工程包括大坝、溢洪道(闸)、放水洞等。大坝为黏土心墙砂壳坝,坝长 1 390 m,最大坝高 23.72 m,坝顶宽 7 m,坝顶高程 232.72 m。溢洪道位于大坝左端,设 4 孔弧形钢闸门,尺寸为 8.86 m×10 m(高×宽),堰顶高程 221.50 m,总净宽 40 m。放水洞分东放水洞和西放水洞,具有向农业灌溉和腾空库容的作用。东放水洞位于大坝东端,进水口底高程 219.00 m;西放水洞位于大坝西端,进水口底高程 215.40 m。东周水库主要工程技术指标见表 5.1-1。东周水库站水位与库容关系曲线见附图 38。

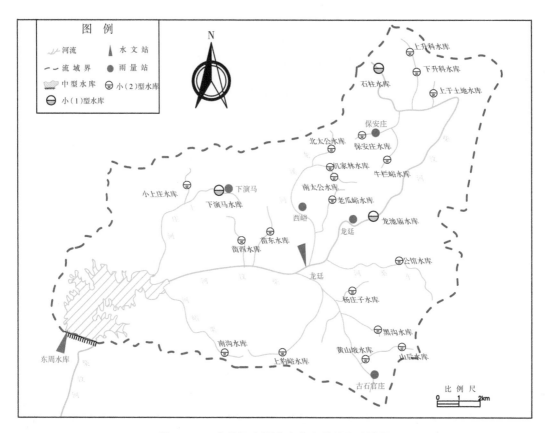

图 5.1-1 柴汶河东周水库水文站以上流域图

表 5.1-1 东周水库主要工程技术指标表

项目		主坝
大坝	坝顶高程(m)	232.72
	最大坝高(m)	23.72
	坝顶长度(m)	1 390
	坝顶宽(m)	7.0
溢洪道	闸门型式	弧形钢闸门
	堰顶高程(m)	221.50
	孔数	4
	闸门尺寸(m×m)(高×宽)	8.86×10
	最大泄量(m³/s)	2 300
放水洞	型式	钢筋混凝土有压管/浆砌石廊道混凝土管内衬夹砂玻璃管
	进口底高程(m)	219.00/215.40
	设计流量(m³/s)	3.28

备注:资料抄自 2013 年 6 月山东省水利厅《山东省水库资料汇编》(中型水库分册),基面高程为 1956 年黄海基面高程。

东周水库流域内自 1963 年以来先后建成小(1)型水库 3 座、小(2)型水库 19 座,总控制流域面积 87.21 km²,总库容 1 331.0 万 m³,兴利库容 830.39 万 m³。小水库对东周水库入库洪水起到了一定的削峰滞洪作用,但这些小水库均无实测的入库洪水资料,无法定量分析其对东周水库入库洪水峰量的影响,虽然在不同时期洪水系列中,流域内小型水库对洪水的影响作用不同,但总体影响不大。流域内主要水利工程情况见表 5.1-2。

表 5.1-2　东周水库流域内主要水利工程统计表

序号	水库名称	工程类别	流域面积 F (km²)	总库容 V (万 m³)	兴利库容 $V_{兴}$ (万 m³)
1	下演马水库	小(1)型	3.4	152.6	114
2	龙池庙水库	小(1)型	50	626.7	372
3	石柱水库	小(1)型	2.7	163.8	105.2
4	小上庄水库	小(2)型	3.24	10.7	3.6
5	苗西水库	小(2)型	1.25	20	8
6	北太公水库	小(2)型	0.93	19.5	16
7	仉家林水库	小(2)型	1.5	46	36
8	南太公水库	小(2)型	0.7	18.7	14.9
9	老瓜峪水库	小(2)型	0.7	13.5	8.5
10	公馆水库	小(2)型	8	14.4	10
11	杨庄子水库	小(2)型	0.6	10.8	4.2
12	黑沟水库	小(2)型	1	28	23
13	上豹峪水库	小(2)型	1.75	29.8	13
14	南沟水库	小(2)型	1.2	10.8	7.5
15	黄山坡水库	小(2)型	4	81.6	48
16	苗东水库	小(2)型	1.92	10.43	3.34
17	山后水库	小(2)型	1.1	10.7	5.25
18	上升科峪水库	小(2)型	0.65	11.08	7.1
19	下升科峪水库	小(2)型	1.1	20.65	16.1
20	上于土地水库	小(2)型	0.47	10	3.05
21	保安庄水库	小(2)型	0.42	11.24	5.7
22	牛栏峪水库	小(2)型	0.58	10	5.95
	合计		87.21	1 331.0	830.39

3. 测站概况

东周水库水文站于 1977 年 6 月设立,控制流域面积 189 km²。

东周水库站属区域代表站,测验任务有库内水位、出库流量、降水量、蒸发、冰情、水质、墒情、水文调查等；该站还担负着向国家防汛抗旱总指挥部（以下简称"国家防总"），省、市防汛抗旱指挥部（以下简称"省、市防指"）提供水情、雨情、墒情等报汛任务。东周水库水文站平面布置图见图 5.1-2，测站沿革见表 5.1-3。

该站冻结基面高程＋0.140 m＝1985 年国家高程基准高程。

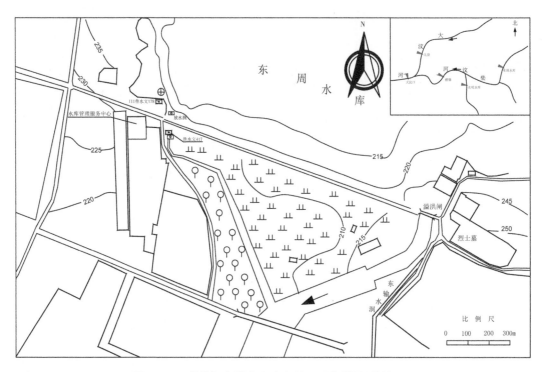

图 5.1-2 柴汶河东周水库水文站平面布置图（单位：m）

表 5.1-3 东周水库水文站测站沿革表

	设立或变动	发生年月	站名	站别	领导机关	说明
测站沿革	设立	1977 年 6 月	东周水库	水文	山东省水文总站	常年站
	领导机关更名	1998 年 4 月	东周水库	水文	山东省水文水资源勘测局	
		2011 年 12 月	东周水库	水文	山东省水文局	
		2021 年 3 月	东周水库	水文	山东省水文中心	
	名称		位置		布设年月	使用情况
断面及主要测验设施布设情况	基本水尺断面（坝上）		站房西北 50 m		1977 年 6 月	各级水位使用
	西放水洞测流断面		西放水洞闸下 190 m		1978 年 1 月	各级水位使用
	东放水洞测流断面		东放水洞闸下 250 m		1978 年 1 月	各级水位使用

参加流域平均面雨量计算的有保安庄、古石官庄、龙廷、下演马、西峪、东周水库共 6 处雨量站，这 6 处雨量站情况详见表 5.1-4。

表 5.1-4　东周水库以上流域内雨量站情况表

站名	设站年份	详细地址
保安庄	1982 年	山东省沂源县大张庄镇保安庄村
古石官庄	1978 年	山东省新泰市龙廷镇古石官庄村
龙廷	1965 年	山东省新泰市龙廷镇龙池庙水库
下演马	2018 年	山东省新泰市龙廷镇下演马水库
西峪	2018 年	山东省新泰市龙廷镇西峪村
东周水库	1977 年	山东省新泰市汶南镇东周水库

5.1.2　预报方案编制

1. 预报区间的确定

东周水库上游均为小型水库汇入本水库站,上游无较大支流汇入,因此预报区间面积确定为 189 km^2。

2. 资料选取及方案沿革

1)资料情况

东周水库水文站预报方案为新编制预报方案。根据东周水库站历年频率曲线确定大、中、小洪水,详见图 5.1-3。本次分析选用的实测资料年限为 43 年(1978—2020 年),共选取代表性大洪水 1 场、中洪水 8 场、小洪水 26 场进行编制,满足了方案编制规范要求,见表 5.1-5。

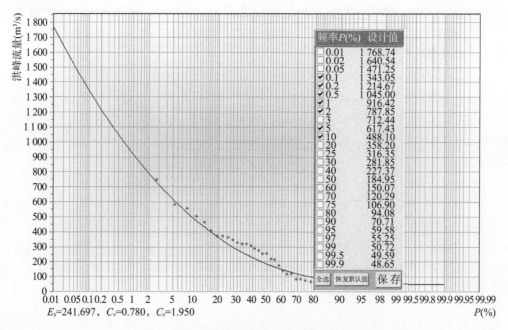

图 5.1-3　东周水库站历年洪峰流量频率曲线图

表 5.1-5　柴汶河东周水库水文站 1978—2020 年参与洪水预报的实测洪水量级统计表

洪水等级	重现期 N（年）	相应洪峰流量 Q_m（m^3/s）	发生次数（次）	洪峰流量（m^3/s）（洪峰发生时间）
大洪水	$20{\leqslant}N{<}50$	$617{\leqslant}Q_m{<}787$	1	744.4（1989-07-09）
中洪水	$5{\leqslant}N{<}20$	$358{\leqslant}Q_m{<}617$	8	577.8（1980-07-06）、500.0（1983-08-31）、458.3（1985-07-19）、368.9（1991-07-25）、552.2（1993-07-13）、401.0（2009-07-09）、361.1（2001-07-21）、365.8（2011-07-03）
小洪水	$N{<}5$	$Q_m{<}358$	26	37.5（1978-06-25）、212.5（1979-06-24）、70.8（1979-09-21）、136.1（1980-06-06）、80.6（1981-07-25）、55.6（1987-09-04）、316.7（1988-07-16）、18.9（1989-07-10）、209.7（1990-06-14）、315.6（1990-07-17）、249.7（1993-07-16）、32.4（1994-08-24）、322.2（1997-08-03）、250.0（1999-06-15）、111.7（2001-06-29）、78.6（2004-09-14）、273.3（2009-06-19）、112.2（2009-07-06）、24.1（2012-07-05）、50.9（2012-07-08）、342.1（2012-07-10）、283.6（2018-06-26）、12.7（2020-07-22）、171.2（2020-08-02）、60.6（2020-08-07）、300.6（2020-08-14）

2）资料一致性处理

由于雨量站观测段制差异，各雨量站资料监测时间不一致，方案在计算流域时段平均降雨量时，对各雨量站时段降雨资料按 1 h 进行插补，来提高资料系列一致性。

3）资料代表性、可靠性高

方案研究成果取长系列资料，均来自水文测验整编成果，系列长，资料一致性好，可靠性高。

4）方案沿革

本方案为新编订方案，预报方案采用经验和半经验法，根据水文现象形成和演变的基本规律，充分分析历史资料，建立预报要素与前期水文气象要素之间的关系。产流方案采用 API 模型，汇流方案采用峰量关系图和经验单位线等方法，单位线由时段单位线计算而得，时段长为 1 h。

3. 产流方案

产流方案采用 API 模型，流域产流机制一般分为蓄满产流、超渗产流和混合产流。受降雨强度影响，区间产流机制不一样，本方案有两种产流方案，即 $P+P_a-R$ 和 $P-P_a-R$，分别见附图 39、附图 40。

1）流域平均雨量 P 的计算

东周水库水文站流域平均雨量采用泰森多边形法计算求得，各雨量站的泰森多边形权重见表 5.1-6。

表 5.1-6　柴汶河东周水库水文站流域内雨量站的控制权重表

站数	权重			
	保安庄	古石官庄	龙廷	东周水库
四站	0.213	0.118	0.404	0.264

2) 流域平均前期影响雨量 P_a 的计算

流域平均前期影响雨量 P_a 反映降雨前土壤干湿程度,其计算公式同式(3.1-1)。

3) 最大损失量 I_m 和 K 值的确定

本次选择久旱少雨和突降大雨产生径流较小的洪水。共选取 5 场次洪水采用四站平均法计算出符合条件的流域最大损失量。经计算,I_m 为 60~70 mm,综合分析后,确定 I_m 为 65 mm。

东周水库 6—10 月份蒸发能力最大,为了便于分析前期影响雨量,概化出一个适当的 E_m,选取 6—10 月份历年日蒸发量最大值的均值进行率定分析,$E_{m,6}=8.6$ mm,$E_{m,7}=7.3$ mm,$E_{m,8}=6.7$ mm,$E_{m,9}=6.0$ mm,$E_{m,10}=4.9$ mm,均值为 6.7 mm。经综合考虑,取 E_m 为 6.5 mm。根据 $K=1-E_m/I_m$ 得出 $K=0.90$。

在分析逐日前期影响雨量递减系数时,考虑到白天、夜间蒸发损失不同,把每日的折减损失量按照黄金分割进行划分,白天乘以 0.618 并按时段划分,夜间乘以 0.382 并按时段划分,分别计算出各时段的前期影响雨量。

4) 径流深 R 的推求

在一次洪水过程线上采用斜线分割法切除基流,本次洪水径流深 R 等于洪水总量 W(扣除基流量)除以集水面积 F 而得。其中流域面积 $F_全=189$ km²,第一场降雨洪水选用的流域面积为扣除 22 座小型水库后的 101.8 km²,第二场降雨洪水选用的流域面积为扣除 3 座小(1)型水库后的 132.9 km²。柴汶河东周水库站降雨径流分析成果见附表 25。

5) 暴雨中心位置的确定

根据流域特性和代表站分布情况,一般划分为上游、中游、下游区域。

上游区:保安庄站、古石官庄站;

中游区:龙廷站;

下游区:东周水库站。

4. 汇流方案

汇流方案主要采用峰量关系图和经验单位线等方法。

1) 峰量关系图法

(1) 峰量关系曲线 $R\text{-}T_c\text{-}Q_{m净}$

以有效降雨历时 T_c 作为参数,建立峰量关系曲线 $R\text{-}T_c\text{-}Q_{m净}$。其中 R 为一次降雨径流深,由次洪水总量除以相应集水面积而得;T_c 为有效降雨历时,是指实际能产生径流、对造峰有明显影响的降雨历时,一般采取占总降雨量 80% 的降雨时段数,当时段降雨分布较分散时,采用时段平均降雨量大于 5 mm 的时段数;$Q_{m净}$ 为一次降雨过程所产生的洪峰流量。

根据 1978—2020 年 35 个洪水点据分析,通过点群中心并照顾同一 R 值 $Q_{m净}$ 逐渐减小的趋势定线，$R\text{-}T_c\text{-}Q_{m净}$关系图见附图 41。

（2）径流深与洪水总历时相关曲线 $R\text{-}T_c\text{-}T_{洪}$

以有效降雨历时 T_c 作为参数，建立径流深与洪水历时相关曲线 $R\text{-}T_c\text{-}T_{洪}$。根据 1978—2020 年 35 个洪水历时点据分析定线。

通过点群中心并照顾同一 R 值 $T_{洪}$ 逐渐增大的趋势定线，绘制了 $T_c = 2$ h、$T_c = 4$ h、$T_c = 8$ h 及 $T_c = 16$ h 四条曲线，其余时间插补，详见附图 42。

2）经验单位线法

根据 850715、090619 场次洪水资料分析出东周水库站 2 条单位线，Δt 均取 1 h。柴汶河东周水库站单位线图见附图 43。

5.2 光明水库水文站洪水预报方案

5.2.1 流域基本情况

1. 流域自然地理特征

光明水库位于黄河流域大汶河水系大汶河南支上游的光明河上，控制流域面积 132 km²。光明水库控制流域内为浅山区和丘陵，山区约占 40%，丘陵约占 60%，流域形状为阔叶形，不对称系数为 0.044，流域长度为 18.7 km，干流长度为 20.6 km，流域平均宽度为 7.5 km，干流平均坡度为 2.55‰，流域形状系数为 0.378，河道弯曲系数为 1.22，河网密度为 0.3 km/km²。水库以南刘杜镇以上为前震旦系花岗岩，中部有少部分奥陶系灰岩和少部分变质岩。水库两岸均为奥陶系、寒武系灰岩，左岸有三条小断层，右岸有一条小断层。山区绝大部分为青石山，土层较薄，一般在 0.3 m 左右，土壤为黏土；丘陵绝大部分为沙石，土层瘠薄，土质为沙土和沙壤土，植被条件较差，水土流失情况一般，农作物多为地瓜、花生，有少量小麦。光明水库站以上流域图见图 5.2-1。

2. 水利工程情况

光明水库于 1958 年 5 月兴建，同年 9 月基本竣工，是一座以防洪、灌溉为主，兼顾水产养殖、工业供水等综合利用的大（2）型水库。主体枢纽工程由大坝、溢洪道、放水洞 3 部分组成。

水库大坝为黏土均质坝，坝长 860 m，坝顶宽度 5.5 m，最大坝高 23 m，坝顶高程为 181.00 m，防浪墙顶高程为 182.00 m；溢洪道设有 3 孔平板钢闸门，闸门尺寸为 8.0 m×4.7 m，闸底高程为 173.45 m。放水洞位于大坝桩号 0+100 处，为钢筋混凝土箱涵，进口底高程为 165.18 m，设计最大流量为 5.5 m³/s。光明水库测验断面总体布置图见图 5.2-2。

光明水库站以上流域内从 1957 年至 1981 年先后兴建有小（1）型水库 2 座、小（2）型水库 13 座，控制流域面积 24.25 km²，总库容 841.5 万 m³，兴利库容 499.7 万 m³。

光明水库主要工程技术指标见表 5.2-1，流域内主要水利工程情况见表 5.2-2。光明水库站水位（Z）-库容（V）关系曲线见附图 44。

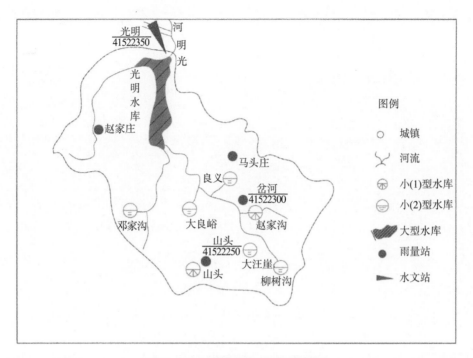

图 5.2-1　光明水库站以上流域图

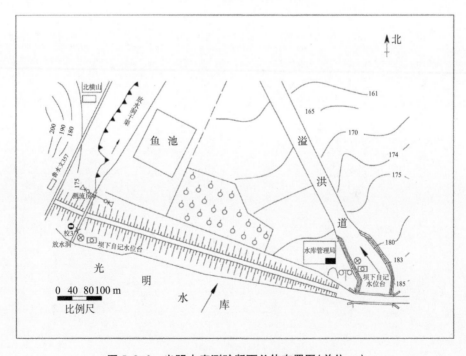

图 5.2-2　光明水库测验断面总体布置图(单位:m)

表 5.2-1　光明水库工程主要工程技术指标表

	项目	主坝
大坝	坝长(m)	860
	坝高(m)	23
	坝顶高程(m)	181.00
	坝顶宽(m)	5.5
溢洪闸	闸门型式	平板钢闸门
	闸底高程(m)	173.45
	孔数	3
	闸门尺寸(m×m)	8.0×4.7
	最大泄量(m³/s)	559
放水洞	位置	大坝桩号0+100
	型式	钢筋混凝土箱涵
	进口底高程(m)	165.18
	最大泄量(m³/s)	5.5

备注:资料抄自 2013 年 6 月山东省水利厅《山东省水库资料汇编》(大型水库分册),基面高程为 1956 年黄海基面高程。

表 5.2-2　光明水库以上流域内主要水利工程统计表

序号	水库名称	类型	所在乡镇	流域面积 (km²)	库容(万 m³) 总	库容(万 m³) 兴利	建成时间
1	赵家沟	小(1)	岳家庄乡	6.6	271.0	145.0	1979 年
2	山头	小(1)	岳家庄乡	4.6	242.0	157.0	1978 年
3	柳村沟	小(2)	岳家庄乡	0.72	11.0	4.2	1966 年
4	良义	小(2)	岳家庄乡	2.2	28.2	15.0	1964 年
5	大良峪	小(2)	岳家庄乡	0.63	50.0	42.6	1979 年
6	东旺峪	小(2)	岳家庄乡	1.0	28.0	18.4	1967 年
7	朝阳寺	小(2)	岳家庄乡	1.2	18.8	18.4	1964 年
8	大汪涯	小(2)	岳家庄乡	0.93	24.6	14.2	1965 年
9	上盐	小(2)	刘杜镇	1.13	81.0	42.5	1976 年
10	下盐	小(2)	刘杜镇	1.13	12.0	5.0	1978 年
11	门家庄	小(2)	刘杜镇	0.82	16.0	10.1	1968 年
12	东赵	小(2)	刘杜镇	0.75	11.0	4.6	1966 年
13	魏家河	小(2)	刘杜镇	0.44	18.4	8.7	1981 年
14	邓家沟	小(2)	刘杜镇	1.1	12.5	5.0	1971 年
15	涝西	小(2)	岳家庄乡	1.0	17.0	9.0	1964 年

3. 测站概况

光明水库水文站于 1962 年 6 月设立,流域面积 132 km^2;测站位于光明河上,上游无较大支流汇入,下游汇入柴汶河,测站下游无支流。光明水库站属区域代表站,测验任务有库内水位、出库流量、降水量、冰情、水质、墒情、水文调查等;该站还担负着向国家防总、省、市防指提供水情、雨情、墒情和洪水预报等报汛任务。光明水库水文站概况说明见表 5.2-3;上游有 3 处长系列雨量站,详见表 5.2-4。

该站冻结基面高程+87.391 m=1985 年国家高程基准高程。

表 5.2-3 光明水库水文测站概况说明表

	设立或变动	发生年月	站名	站别	领导机关	说明
测站沿革	设立	1962 年 6 月	光明水库	水文	山东省水利厅	常年站
	领导关系转移	1964 年 1 月	光明水库	水文	山东省水文总站	
	集水面积变动	1965 年 1 月	光明水库	水文	山东省水文总站	集水面积由 134 km^2 新量算为 108 km^2
	集水面积变动	1971 年 1 月	光明水库	水文	山东省水文总站	集水面积由 108 km^2 新量算为 132 km^2
		1998 年 4 月	光明水库	水文	山东省水文水资源勘测局	
	领导机关更名	2011 年 12 月	光明水库	水文	山东省水文局	
		2021 年 3 月	光明水库	水文	山东省水文中心	
断面及主要测验设施布设情况	名称		位置		布设年月	使用情况
	基本水尺断面(坝上)		大坝西端放水洞东 20 m		1962 年 6 月	各级水位使用
	放水洞测流断面		放水洞闸下 100 m		1962 年 6 月	各级水位使用

表 5.2-4 光明水库以上流域雨量站情况表

站名	设站年份	详细地址
山头	1964 年	新泰市岳家庄乡山头村
岔河	1964 年	新泰市岳家庄乡岔河村
光明水库	1962 年	新泰市小协镇光明水库

5.2.2 预报方案编制

1. 预报区间的确定

光明水库上游均为小型水库汇入本水库站,因此预报区间面积确定为 132 km^2。

2. 资料情况及方案沿革

1) 资料情况

光明水库站于 1987 年分析编制,2004 年、2007 年分别进行了预报方案的修订。本方案实测资料年限为 58 年(1963—2020 年),共选用 51 场次洪水资料进行分析制作。

2）方案沿革

原方案中产流方案采用降雨径流相关图 $P-P_a-R$，汇流方案采用峰量关系曲线、单位线；原方案分析资料有 41 场次，本次修订仍沿用以前方案计算方法，新增 10 场次，并对原 41 场次降雨洪水进行重新分析计算，重新选取了雨量站点，对原始资料进行重新摘录，参数重新率定，所有曲线均根据新的点据重新定线，时段长修改为 1 h。

3. 产流方案

产流方案分别采用降雨径流经验相关图 $P+P_a-R$ 和 $P-P_a-R$，根据分析计算的 51 个点据点绘定线，分别见附图 45 和附图 46。其中：P 为次降雨流域平均雨量（mm）；P_a 为流域平均前期影响雨量（mm）；R 为次降雨所产生的径流深（mm）。

1）流域平均雨量 P 的计算

流域平均雨量采用面积加权法计算求得，雨量站的面积控制权重见表 5.2-5。

表 5.2-5　光明水库以上流域内雨量站的控制权重表

站名	山头	岔河	光明水库
权重	0.393	0.229	0.378

2）流域平均前期影响雨量 P_a 的计算

每年自汛初开始连续计算，先以面积加权法计算流域平均雨量，然后计算前期影响雨量 P_a，其计算公式同式（3.1-1）。

3）最大损失量 I_m 和 K 值的确定

本次选择久旱少雨和突降大雨产生径流较小的洪水。共选取 9 场次洪水采用三站平均法计算 I_m，发现 2000 年以前 I_m 为 80～90 mm，取用 I_m＝80 mm，2000 年以后为 90～100 mm，取用 I_m＝90 mm，1987 年编制方案时 I_m＝65 mm。分别按照 65 mm、80 mm、90 mm 进行分析，发现三次最大损失量对应的 51 场降雨洪水资料前期影响雨量 P_a 差别很小，因此仍采用 I_m＝65.0 mm。K＝$1-E_m/I_m$，根据光明水库站蒸发资料选用 E_m＝6 mm，I_m＝65.0 mm，所以 K＝0.91。其中 I_m 值采用式（4.1-2）计算。

4）径流深 R 的推求

在入库洪水过程线采用斜线分割法切除基流，本次洪水径流深 R 等于洪水总量 W（扣除基流量）除以集水面积 F。其中流域面积 $F_全$＝132 km²。光明河光明水库站降雨径流分析成果见附表 30。

5）有效降雨历时 T_c 的确定

有效降雨历时 T_c 采用占总降水量 80% 的降雨量的集中历时，当中间间隔了几个时段时，要把间隔的这几个时段也考虑在内。

6）暴雨中心位置的确定

根据流域特性和代表站分布情况划分为山头站为上游区；岔河站为中游区；光明水库站为下游区。

4. 汇流方案

汇流方案主要采用峰量关系图和经验单位线方法。

1) 峰量关系图法

(1) 峰量关系曲线 $R - T_c - Q_m$

以有效降雨历时 T_c 作为参数,建立峰量关系曲线 $R - T_c - Q_m$。其中 R 为一次降雨产生的径流深,由次洪水总量除以相应集水面积而得;T_c 为有效降雨历时;Q_m 为一次降雨过程所产生的区间洪峰流量。

根据 1963—2020 年 51 场次洪水点据分析,通过点群中心并照顾同一 R 值 Q_m 逐渐减小的趋势定线,$R - T_c - Q_m$ 关系图见附图 47。

(2) 径流深与洪水历时相关曲线 $R - T_c - T_洪$

以有效降雨历时 T_c 作为参数,建立径流深与洪水历时相关曲线 $R - T_c - T_洪$。根据 1963—2020 年 51 场次洪水历时的点据分析定线。

通过点群中心并照顾同一 R 值 $T_洪$ 逐渐增大的趋势定线,绘制了 $T_c = 3$ h、$T_c = 4$ h、$T_c = 8$ h 及 $T_c = 16$ h 四条曲线,其余时间插补,详见附图 48。

2) 经验单位线法

根据 840605、200802 和 200807 场次洪水资料,分析出光明水库水文站 3 条单位线,Δt 均取 2 h,详见附图 49。

5.3 黄前水库水文站洪水预报方案

5.3.1 流域基本情况

1. 流域自然地理特征

黄前水库位于泰安市岱岳区北部黄前镇、大汶河支流石汶河上游,流域面积为 292 km²,总库容为 8 248 万 m³,兴利库容为 5 913 万 m³。河长 21.1 km,干流平均坡度为 9.4‰,流域形状为扇形,形状系数为 0.66,河网密度为 0.26 km/km²,流域平均宽度为 13.8 km,河道弯曲系数为 1.57,河道断面形状为矩形。

该流域坐落于泰山山麓,均系泰山山脉纯山区,绝大部分岩石为前震旦系的花岗岩、花岗片麻岩和混合岩,也有一部分火成岩和变质岩,岩石出露明显,土层厚薄不均,一般平均厚度为 0.3～0.5 m,土壤性质一般为壤土、沙壤土和部分黏土和沙土。农作物以地瓜、花生为主,小麦、玉米较少。由于该流域土壤性质较好,山区植树造林比较普遍,植被率为 57%,水土流失较轻。黄前水库站以上流域图见图 5.3-1。

2. 水利工程情况

黄前水库枢纽工程包括大坝、溢洪道(闸)、放水洞三部分,工程高程基面为 1956 年黄海基面。大坝全长 1 530 m,坝顶宽 7 m,为黏土心墙砂壳坝,坝顶高程为 213.30 m,最大坝高 33.3 m。溢洪道(闸)的闸室为正槽开敞式宽顶堰型钢筋混凝土结构,长 16 m,共 7 孔,每孔净宽 10 m,堰顶高程为 201.00 m,设有 7 扇弧形钢闸门,闸门尺寸为 10 m× 8.5 m,闸门顶高程为 209.00 m,最大泄洪流量为 4 050 m³/s。放水洞分为南放水洞和北

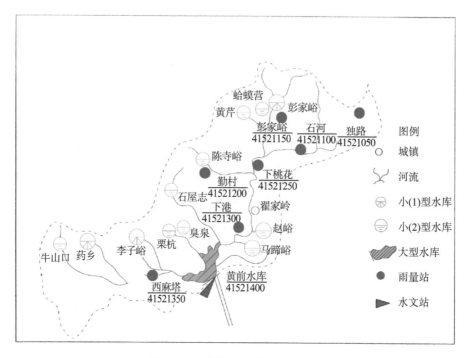

图 5.3-1　黄前水库站以上流域图

放水洞,南放水洞位于大坝 0+100 处,进水口底高程为 188.00 m,设计流量为 15.0 m³/s;北放水洞位于大坝 1+440 处,进水口底高程为 200.00 m,设计最大出流量 2.0 m³/s。黄前水库主要工程技术指标详见表 5.3-1,测验断面位置见图 5.3-2。石汶河黄前水库站水位与库容、面积关系曲线见附图 53。

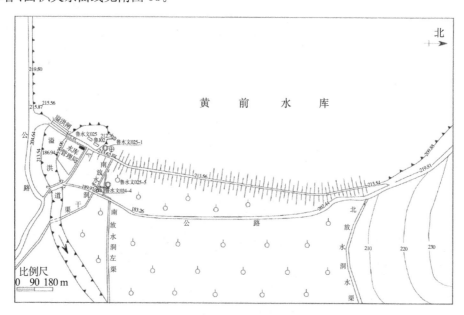

图 5.3-2　黄前水库测验断面总体布置图(单位:m)

表 5.3-1　黄前水库主要工程技术指标表

	项目	主坝	副坝
大坝	坝型	黏土心墙砂壳坝	均质土坝
	坝顶高程(m)	213.30	213.30
	最大坝高(m)	33.3	29.0
	坝顶宽(m)	7.00	7.00
溢洪闸	闸门型式	弧形钢闸门	
	闸底高程(m)	201.00	
	孔数	7	
	闸门尺寸(m×m)	10×8.5	
	最大泄量(m³/s)	4 050	
放水洞(南/北)	型式	钢筋混凝土管内衬钢管(有压)	拱涵内衬钢管(有压)
	进口底高程(m)	188.00	200.00
	最大泄量(m³/s)	15.0	2.00

备注:资料抄自《2017年泰安市黄前水库汛期控制运用方案》,基面高程为1956年黄海基面高程。

流域内自 1958 年以来先后建成小(1)型水库 3 座、小(2)型水库 14 座、塘坝 24 座,总控制流域面积 134.7 km²,总库容 1 337.8 万 m³,兴利库容 1 045 万 m³。其中小型水库共 17 座,总控制流域面积 109.4 km²,总库容 1 292 万 m³,兴利库容 997.2 万 m³。较大的小(1)型水库是下港镇的彭家峪水库,流域面积 20.8 km²,总库容 710 万 m³,兴利库容 580 万 m³。较大的小(2)型水库是大津口乡的栗杭水库,流域面积 48 km²,总库容 97 万 m³,兴利库容 48 万 m³。流域内主要水利工程见表 5.3-2。

表 5.3-2　黄前水库以上流域内主要水利工程统计表

工程类别	水库名称	所在乡镇	流域面积 F(km²)	总库容 V(万 m³)	兴利库容 $V_{兴}$(万 m³)
小(1)型	彭家峪	下港	20.8	710	580
小(1)型	李子峪	黄前	3.5	114.5	84.7
小(1)型	药乡	大津口	2.0	115.5	91
小(2)型	马蹄峪	下港	2.55	15.6	7.2
小(2)型	赵峪	下港	1.8	13.2	8.4
小(2)型	蛤蟆营	下港	1.0	12	10.9
小(2)型	勤村	下港	1.2	12	11.2
小(2)型	黄芹	下港	2.0	12	10
小(2)型	陈寺峪	下港	0.8	14.6	12
小(2)型	石屋志	黄前	13.0	75	72
小(2)型	臭泉	黄前	3.0	11	5.5
小(2)型	大岭沟	黄前	0.5	20	18.3

工程类别	水库名称	所在乡镇	流域面积 $F(km^2)$	总库容 $V(万 m^3)$	兴利库容 $V_兴(万 m^3)$
小(2)型	花果峪	黄前	2.5	12	10
小(2)型	栗杭	大津口	48.0	97	48
小(2)型	牛山口	大津口	1.7	10.1	7
小(2)型	青杨峪	大津口	2.55	22	10
小(2)型	天龙	大津口	2.5	25.5	11

3. 测站概况

黄前水库水文站于 1962 年 6 月 1 日设立,流域面积 292 km²;测站上游东支(主流)在下港镇的茅茨舍至观池河之间汇入水库,西支在黄前镇宋家庄汇入水库。测站下游无支流,溢洪道和放水洞均在大坝右侧。黄前水库站属区域代表站,测验任务有库内水位、出库流量、降水量、冰情、水质、墒情、水文调查、蒸发等;该站还担负着向国家防总,省、市防指提供水情、雨情、墒情和洪水预报等报汛任务。黄前水库水文测站概况说明见表 5.3-3;上游有 5 处长系列雨量站,详见表 5.3-4。

表 5.3-3 黄前水库水文测站概况说明表

	设立或变动	发生年月	站名	站别	领导机关	说明
测站沿革	设立	1962 年 6 月	黄前水库	水文	山东省水利厅	常年站
	领导关系转移	1964 年 1 月	黄前水库	水文	山东省水文总站	
	集水面积变动	1965 年 1 月	黄前水库	水文	山东省水文总站	集水面积由 291 km² 新量算为 290 km²
	集水面积变动	1971 年 1 月	黄前水库	水文	山东省水文总站	集水面积由 290 km² 新量算为 292 km²
	领导机关更名	1998 年 4 月	黄前水库	水文	山东省水文水资源勘测局	
		2021 年 3 月	黄前水库	水文	山东省水文中心	
断面及主要测验设施布设情况	名称	位置		布设年月		使用情况
	基本水尺断面(坝上)	站房北 30 m		1962 年 6 月		各级水位使用
	南放水洞测流断面	南放水洞闸下 170 m		1962 年 8 月		各级水位使用

表 5.3-4 黄前水库站以上流域内雨量站情况表

站名	设站年份	详细地址
独路	1964 年	济南市莱芜区大王庄镇宅科村
彭家峪	1964 年	泰安市岱岳区下港镇彭家峪水库
下港	1953 年	泰安市岱岳区下港镇翟家岭
西麻塔	1963 年	泰安市岱岳区黄前镇西麻塔村
黄前水库	1962 年	泰安市岱岳区黄前镇黄前水库

该站冻结基面高程 +67.844 m = 1985 年国家高程基准高程。

5.3.2　预报方案编制

1. 预报区间的确定

黄前水库上游均为小型水库汇入本水库站,因此预报区间面积确定为 292 km^2。

2. 资料情况及方案沿革

1) 资料情况

黄前水库预报方案于 1985 年分析编制完成,2004 年、2007 年又分别进行了预报方案的修订。本次分析选用实测资料年限为 57 年(1964—2020 年),共计 92 场次降雨洪水资料。

2) 方案沿革

原方案中产流方案采用降雨径流相关图 $P-P_a-R$,汇流方案采用峰量关系曲线、单位线;原分析资料共有 50 场次,本次修订仍沿用以前方案的计算方法,本次新增 42 场次,并对原 50 场次降雨洪水进行重新分析计算,重新选取雨量站点,原始资料重新摘录,参数重新率定,所有曲线均根据新的点据重新定线,时段长修改为 1 h。

3. 产流方案

产流方案分别采用降雨径流经验相关图 $P+P_a-R$ 和 $P-P_a-R$,根据分析计算的 92 个点据点绘定线,分别见附图 54 和附图 55。其中:P 为次降雨流域平均雨量(mm);P_a 为流域平均前期影响雨量(mm);R 为次降雨所产生的径流深(mm)。

1) 流域平均雨量 P 的计算

流域平均雨量采用面积加权法计算求得,雨量站的面积控制权重见表 5.3-5。

表 5.3-5　黄前水库以上流域内雨量站的控制权重表

站名	独路	彭家峪	下港	西麻塔	黄前水库
权重	0.102	0.238	0.259	0.346	0.055

2) 流域平均前期影响雨量 P_a 的计算

每年自汛初开始连续计算,先以面积加权法计算流域平均雨量,然后计算前期影响雨量 P_a,其计算公式同式(3.1-1)。

3) 最大损失量 I_m 和 K 值的确定

本次选择久旱少雨和突降大雨产生径流较小的洪水。共选取 15 场次洪水采用五站平均法计算 I_m,发现 2000 年以前 I_m 为 80～90 mm,取用 $I_m=80$ mm,2000 年以后为 90～100 mm,取用 $I_m=90$ mm,1985 年编制方案时 $I_m=65$ mm。分别按照 65 mm、80 mm、90 mm 进行分析,发现三次最大损失量对应的 92 场降雨洪水资料前期影响雨量 P_a 差别很小,因此仍采用 $I_m=65.0$ mm。$K=1-E_m/I_m$,根据黄前水库站蒸发资料选用 $E_m=6$ mm,$I_m=65.0$ mm,所以 $K=0.91$。其中 I_m 值采用式(4.1-2)计算。

4) 径流深 R 的推求

在入库洪水过程线上采用斜线分割法切除基流,本次洪水径流深 R 等于洪水总量 W(扣除基流量)除以集水面积 F。其中,流域面积 $F_全=292$ km^2,第一场降雨洪水集水面积选用流域面积扣除 17 座小型水库控制面积后的 182.6 km²，第二场集水面积为流域面积扣除小(1)型水库彭家峪水库控制面积后的 271.2 km²。石汶河黄前水库站降雨径流分析成果见附表 35。

5）暴雨中心位置的确定

根据流域特性和代表站分布情况一般是：独路站—彭家峪站为上游区；彭家峪站—下港站为中游区；下港、西麻塔站—黄前水库站为下游区。

4. 汇流方案

汇流方案主要采用峰量关系图和经验单位线等方法。

1）峰量关系图法

（1）峰量关系曲线 R-T_c-Q_m

以有效降雨历时 T_c 作为参数，建立峰量关系曲线 R-T_c-Q_m。其中，R 为一次降雨产生的径流深，由次洪水总量除以相应集水面积而得；T_c 为有效降雨历时；Q_m 为一次降雨过程所产生的洪峰流量。

根据 1964—2020 年 92 个洪水点据分析，通过点群中心并照顾同一 R 值 Q_m 逐渐减小的趋势定线，R-T_c-Q_m 关系图见附图 56。

（2）径流深与洪水历时相关曲线 R-T_c-$T_{洪}$

以有效降雨历时 T_c 作为参数，建立径流深与洪水历时相关曲线 R-T_c-$T_{洪}$。根据 1964—2020 年 92 次洪水历时的点据分析定线。

通过点群中心并照顾同一 R 值 $T_{洪}$ 逐渐增大的趋势定线，绘制了 T_c＝4 h，T_c＝8 h 及 T_c＝16 h 三条曲线，其余时间插补，详见附图 57。

2）经验单位线法

根据 640912、070718 和 160722 场次洪水资料分析得到 3 条单位线。黄前水库水文站所有单位线的 Δt 均取 1 h，详见附图 58。

第六章

预报方案评定与应用

6.1 楼德站洪水预报方案评定及使用说明

6.1.1 方案评定

1. 降雨径流关系曲线 $P+P_a-R$

精度评定：楼德水文站 $P+P_a-R$ 相关图共选用实测点据 29 个。按许可误差＝20％实测值的标准，并当许可误差大于 20.0 mm 时以 20.0 mm 为上限，小于 3.0 mm 时以 3.0 mm 为下限，进行逐次洪水评定。经综合评定，有 23 个合格，合格率为 79.3％，属于乙级方案，详见附表 2。

突出点分析：900722 次洪水偏大原因主要是入汛以来降雨不断，土壤较湿润，降雨后损失较小，产流量大，降雨主要发生在下游，产流快且峰量大。

2. 峰量关系曲线 $R-T_c-Q_{m净}$

精度评定：按许可误差＝20％实测值的标准进行逐次洪水评定。本方案共选用楼德站 1987—2020 年实测点据 29 个，其中合格 22 个，合格率为 75.9％，属于乙级方案，详见附表 3。

突出点分析：960725 场次洪水实测流量大，其主要原因是降雨空间分布不均，暴雨中心位于翟镇、光明水库、羊流店、天宝附近，平均降雨量为 128.9 mm，其他站点仅为 50 mm，局部强降雨中心位于流域中下游，致使产流快且峰量大。

3. 径流深与洪水总历时相关曲线 $R-T_c-T_洪$

精度评定：按许可误差＝30％实测值的标准，并当许可误差小于 3 h 时以 3 h 为下限，进行逐次洪水评定。本方案共选用 1987—2020 年 29 个点据，其中 26 个合格，合格率为 89.7％，属于甲级方案，详见附表 4。

突出点分析：060829 场次洪水历时较长，其主要原因是流域内前期影响雨量较大，本场次降水强度小而降雨历时较长，产流范围相对较广，涨落水历时较长。

4. 洪峰流量与洪峰滞时相关曲线 $Q_{m净}$-T_c-T_P

精度评定：按许可误差＝30％实测值的标准，并当许可误差小于3 h时以3 h为下限，进行逐次洪水评定。本方案共选用1987—2020年29个点据，其中22个合格，合格率为75.9％，属于乙级方案，详见附表5。

突出点分析：970820场次洪水降雨历时较长，无明显强降雨，洪水过程为各时段降雨共同作用的结果，洪水过程矮胖，按照方案预设的统计规律分析的有效降雨历时较长，以此为参数的 T_P 较大，差别较突出。

5. 单位线评定

由010804、050702、910724三场洪水分析的单位线，暴雨中心位于下游的单位线较上游的峰值高，峰现时间早，三场洪水的预报过程与实测洪水过程的确定性系数均大于0.90，精度为甲等，详见表6.1-1，确定性系数计算公式如下：

$$DC = 1 - \frac{\sum\limits_{i=1}^{n} \left[y_c(i) - y_0(i) \right]^2}{\sum\limits_{i=1}^{n} \left[y_0(i) - \bar{y}_0 \right]^2} \tag{6.1-1}$$

式中：DC 为确定性系数（取2位小数）；$y_0(i)$ 为实测值；$y_c(i)$ 为预报值；$\bar{y}_0$ 为实测值的均值；n 为资料序列长度。

表6.1-1　单位线精度评定表

洪号	实测洪峰流量（m³/s）	预报洪峰流量（m³/s）	实测发生时间	预报发生时间	确定性系数	精度
010804	2 526	2 530	2001-8-4 16:00	2001-8-4 17:00	0.96	甲等
050702	1 055	1 025	2005-7-2 13:00	2005-7-2 12:00	0.97	甲等
910724	1 751	1 753	1991-7-24 14:00	1991-7-24 13:00	0.97	甲等

6.1.2　方案使用说明及检验

1. 使用说明

对于产汇流计算，在分析参数在洪水中的特性及变化规律时，参数率定方法与方案使用方法应保持一致。

1）径流深预报

首先计算出流域平均降雨量和流域平均前期影响雨量，根据降雨径流关系图 $P+P_a$-R 的查算结果，确定地表径流深 R 的预报值。

2）洪峰流量及洪水历时预报

（1）查 R-T_c-$Q_{m净}$ 关系图

根据 R，T_c 查询 R-T_c-$Q_{m净}$ 关系曲线得到 $Q_{m净}$，当 T_c 介于两条关系曲线之间时，首先查出两条曲线中对应 $Q_{m净}$ 的数值，然后进行插补；当 T_c 大于18 h或者小于2 h时，根据最近两条关系线插补外延。

由查出的净峰流量加上预报场次洪水的起涨流量可得出楼德站预报洪水的洪峰流量。

由楼德站洪峰流量预报值查楼德站的水位流量关系线,得出楼德站洪峰水位。

（2）查峰现时间相关曲线图

当降雨达到预报要求时,将占总降雨量 80% 的降雨时段数与时段平均降雨量大于 5 mm 的时段数进行对比分析,分析出有效降雨历时,占总降雨量 80% 的降雨时段数较小时,说明降雨较集中,以此作为有效降雨历时,根据 $Q_{m净} - T_c - T_P$ 关系曲线,查询出洪峰滞时 T_P,由降雨最大时刻加上洪峰滞时得出洪峰出现时间;当时段平均降雨量大于 5 mm 的时段数较小时,说明降雨较分散,以此作为有效降雨历时,根据 $Q_{m净} - T_c - T_P$ 关系曲线,查询出洪峰滞时 T_P,由这些时段降雨中间时刻加上洪峰滞时得出洪峰出现时间。

（3）单位线法

由次雨径流深 R、时段降雨量采用扣损法割除基流得到各时段净雨,然后根据暴雨中心位置选择相应单位线,各时段净雨错时段与 0.1 倍的单位线各时段流量相乘,同时段流量相加,得出区间洪水过程,再与上游水库演算的洪水过程叠加即为楼德断面预报的洪水过程,最大洪峰流量及其出现时间即可得出。

2. 实测暴雨洪水检验

1) 210831 场次洪水

2021 年 8 月 30 日 2 时至 8 月 31 日 12 时流域平均降雨 116.6 mm,受本次降雨影响,2021 年 8 月 31 日 21 时 30 分大汶河南支楼德站洪峰流量为 452 m³/s,根据本方案对本场次暴雨洪水进行预报精度检验,详见图 6.1-1。

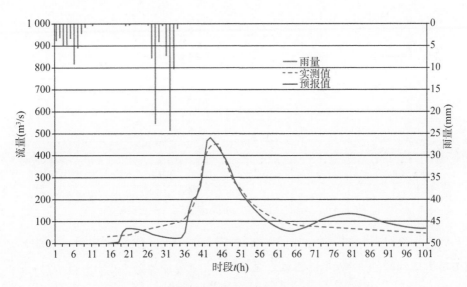

图 6.1-1　楼德站区间 210831 场次洪水对比分析图

经分析,前期影响雨量 P_a 为 50.5 mm,径流深 R 为 21.6 mm,有效降雨历时 T_c 为 7 h。经查算的净峰流量加基流,其预报的洪峰流量为 475 m^3/s,预报分级指标为 23.2%,达到优秀等次;预报洪峰发生时间为 2021 年 8 月 31 日 23 时,峰现时间分级指标为 34.4%,达到良好等次。

该场洪水暴雨中心发生在中游,根据单位线分析出区间汇流过程,把上游水库放水按马斯京根法演算到下游,与区间过程叠加,分析出楼德站洪水过程。经分析,预报洪水发生时间为 2021 年 8 月 31 日 21 时,洪峰流量为 481 m^3/s,该场洪水过程确定性系数为 82.7%,预报精度为乙等。

2)220627 场次洪水

2022 年 6 月 27 日,泰安市普降大暴雨,受本次降雨影响,2022 年 6 月 27 日 22 时 15 分大汶河南支楼德站洪峰流量为 1 240 m^3/s,根据本方案对本场次暴雨洪水进行检验,详见图 6.1-2。

经分析,2022 年 6 月 26 日 14 时至 6 月 27 日 23 时流域平均降雨 207.9 mm,前期影响雨量 P_a 为 66.3 mm,查询降雨径流关系线得到的径流深 R 为 59.4 mm,有效降雨历时 T_c 为 11 h,根据峰量关系查得净峰流量为 987 m^3/s,加上基流 82 m^3/s,预报洪峰流量为 1 069 m^3/s,预报误差为 -171 m^3/s,许可误差为 248 m^3/s,预报分级指标为 69.0%,达到合格等次;峰现时间为 2022 年 6 月 27 日 20 时,预报误差为 -2.3 h,许可误差为 5.2 h,峰现时间分级指标为 44.2%,达到良好等次。

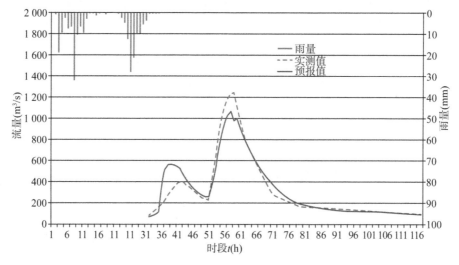

图 6.1-2 楼德站区间 220627 场次洪水对比分析图

该场洪水暴雨中心发生在中游,根据单位线分析出区间汇流过程,将上游水库放水按照马斯京根法演算到下游,与区间过程叠加,分析出楼德站洪水过程。经分析,预报洪水发生时间为 2022 年 6 月 27 日 22 时,洪峰流量为 1 062 m^3/s,该场洪水过程确定性系数为 92.0%,预报精度为甲等。

6.2　北望站洪水预报方案评定及使用说明

6.2.1　方案评定

1. 降雨径流关系曲线

精度评定：按许可误差＝20％实测值的标准，并当许可误差大于 20.0 mm 时以 20.0 mm 为上限，小于 3.0 mm 时以 3.0 mm 为下限，进行逐次洪水评定。

北望站 $P+P_a-R$ 相关图共选用实测点据 43 个，综合评定 35 个合格，合格率为 81.4％，属于乙级方案，详见附表 7。

$P-P_a-R$ 相关图共选用 43 个点据，综合评定 32 个合格，合格率为 74.4％，属于乙级方案，详见附表 8。

突出点分析：分析产流方案中 $P+P_a-R$ 相关图，共有 8 个点据不合格，其中 180820、190811 两场较大洪水偏离较多。180820 场次洪水偏小原因是本次降雨为入汛后首场大暴雨，且极不均匀，最大降水量为范家镇站的 269.0 mm，最小为泰安站的 112.0 mm，流域前期平均蓄水量小，致使本次初损较大、洪水偏小。190811 场次洪水偏小原因是本次降雨为入汛后首场大暴雨，且极不均匀，最大降水量为郑王庄站的 236.5 mm，最小为泰安站的 99.5 mm，流域前期平均蓄水量小，致使本次初损较大、洪水偏小。

2. 峰量关系曲线 $R-T_c-Q_{m净}$

精度评定：按许可误差＝20％实测值的标准进行逐次洪水评定。本方案共选用北望站 1964—2021 年实测点据 43 个，其中合格 31 个，合格率为 72.1％，属于乙级方案，详见附表 9。

3. 径流深与洪水总历时相关曲线 $R-T_c-T_洪$

精度评定：按许可误差＝30％实测值的标准，并当许可误差小于 3 h 时以 3 h 为下限，进行逐次洪水评定。本方案共选用北望站 1964—2021 年实测点据 43 个，其中合格 36 个，合格率为 83.7％，属于乙级方案，详见附表 10。

4. 洪峰流量与洪峰滞时相关曲线 $Q_{m净}-T_c-T_P$

精度评定：按许可误差＝30％实测值的标准，并当许可误差小于 3 h 时以 3 h 为下限，进行逐次洪水评定。本方案共选用 1964—2021 年 43 个点据，其中 32 个合格，合格率为 74.4％，属于乙级方案，详见附表 11。

6.2.2　方案使用说明

1. 径流深预报

首先计算出流域平均降雨量和流域平均前期影响雨量，再根据降雨径流关系图 $P+P_a-R$ 和 $P-P_a-R$ 的查算结果进行综合分析，最后确定地表径流深 R 的预报值。

2. 洪峰流量及洪水历时预报

1）查 $R-T_c-Q_{m净}$ 关系图

根据 R，T_c 查询 $R-T_c-Q_{m净}$ 关系曲线得到 $Q_{m净}$，当 T_c 介于两条关系曲线之间时，首先查出两条曲线中对应 $Q_{m净}$ 的数值，然后进行插补；当 T_c 大于 24 h 或者小于 6 h 时，使用最近的关系线。另外，还可参照 $R-P_\phi-Q_{m净}$ 关系曲线，查算对应 $Q_{m净}$ 的数值进行综合分析。

由北望站净峰流量预报值与基流计算洪峰流量，再查水位-流量关系曲线得出北望站洪峰水位。

2）查 $Q_{m净}-T_c-T_P$ 关系图

根据 $Q_{m净}$、T_c，查询 $Q_{m净}-T_c-T_P$ 关系曲线得到洪峰滞时 T_P，当 T_c 介于两条关系曲线之间时，首先查出两条曲线中对应 T_P 的数值，然后进行插补。当 T_c 大于 20 h 或者小于 6 h 时，使用最近的关系线。

3）单位线法

由次雨径流深 R、时段降雨量采用扣损法得到各时段净雨，然后根据暴雨中心位置选择相应单位线，各时段净雨错时段与 0.1 倍的单位线各时段流量相乘，同时段流量相加，再加上基流量即为洪水过程。最大洪峰流量及其出现时间即可得到。

3. 洪水总量预报

预报径流深 R 值乘以相应集水面积可得到北望站洪水总量 W。

6.3 大汶口站洪水预报方案评定及使用说明

6.3.1 方案评定

1. 降雨径流关系曲线

精度评定：大汶口站 $P+P_a-R$ 相关图共选用实测点据 70 个，绘制 2 条曲线。按许可误差＝20％实测值的标准，并当许可误差大于 20.0 mm 时以 20.0 mm 为上限，小于 3.0 mm 时以 3.0 mm 为下限，进行逐次洪水评定。综合评定有 57 个合格，合格率为 81.4％，属于乙级方案。其中，2000 年以后实测点据 21 个，合格 18 个，合格率为 85.7％，符合甲级方案；2000 年以前合格率为 79.6％，符合乙级方案。详见附表 13。

$P-P_a-R$ 相关图共选用 70 个点据，绘制了两组相关线。按许可误差＝20％实测值的标准，并当许可误差大于 20.0 mm 时以 20.0 mm 为上限，小于 3.0 mm 时以 3.0 mm 为下限，进行逐次洪水评定。综合评定有 54 个合格，合格率为 77.1％，属于乙级方案。其中，采用 2000—2020 年实测点据绘制的相关线合格率为 81.0％；1956—1999 年实测点据绘制的相关线合格率为 75.5％。详见附表 14。

突出点分析：900618 场次洪水偏小原因是降水分布极不均匀，主要分布在中上游，最大降雨量为杨家横站的 204.0 mm，最小为东周水库站的 51.3 mm。010804 场次洪水偏大原因是降水分布极不均匀，主要分布在南支柴汶河下游，最大降雨量为楼德站的 269.0 mm，最小降雨量在泰安站，仅为 1.5 mm。

2. 峰量关系曲线 $R - T_c - Q_{m净}$

精度评定：按许可误差＝20％实测值的标准进行逐次洪水评定。本方案共选用大汶口站1956—2020年实测点据70个，合格61个，合格率为87.1％，符合甲级方案。详见附表15。

突出点分析：040731场次洪水实测流量偏大，其主要原因是降雨集中在北支中游偏下，南北支洪水流量差别较大；130730场次洪水实测流量偏小，其主要原因是降雨集中在南支上游且分布不均匀，南北支洪水流量差别较大。

3. 径流深与洪水总历时相关曲线 $R - T_c - T_洪$

精度评定：按许可误差＝30％实测值的标准，并当许可误差小于3 h时以3 h为下限，进行逐次洪水评定。本方案共选用1956—2020年70个点据，58个合格，合格率为82.9％，属于乙级方案，详见附表16。

4. 洪峰流量与洪峰滞时相关曲线 $Q_{m净} - T_c - T_P$

精度评定：按许可误差＝30％实测值的标准，并当许可误差小于3 h时以3 h为下限，进行逐次洪水评定。本方案共选用1956—2020年70个点据，54个合格，合格率为77.1％，属于乙级方案，详见附表17。

5. 北望＋楼德合成流量-大汶口站洪峰流量关系曲线

本次仅选用自1987年以来的实测洪水流量点据35个，29个合格，合格率为82.9％，符合乙级方案，详见附表18。

6. 北望＋楼德合成流量-传播时间关系曲线

本次选用自1987年以来的实测洪水点据35个，32个合格，合格率为91.4％，符合甲级方案，详见附表18。

6.3.2 方案使用说明

1. 径流深预报

首先计算出流域平均降雨量和流域平均前期影响雨量，再根据降雨径流关系图 $P + P_a - R$ 和 $P - P_a - R$ 的查算结果进行综合分析，最后确定地表径流深 R 的预报值。

2. 洪峰流量及洪水历时预报

1）查 $R - T_c - Q_{m净}$ 关系图

根据 R、T_c 查询 $R - T_c - Q_{m净}$ 关系曲线得到 $Q_{m净}$，当 T_c 介于两条关系曲线之间时，首先查出两条曲线中对应 $Q_{m净}$ 的数值，然后进行插补；当 T_c 大于20 h或者小于4 h时，根据最近两条关系线插补外延。

由大汶口站洪峰流量预报值查大汶口站的水位流量关系曲线，得出大汶口站洪峰水位。

2）查 $Q_{m净} - T_c - T_P$ 关系图

根据 $Q_{m净}$、T_c，查询 $Q_{m净} - T_c - T_P$ 相关曲线得到 T_P。当 T_c 介于两条关系曲线之间时，首先查出两条曲线中对应 T_P 的数值，然后进行插补。另外，当北望站或楼德站出现洪峰时,还可查北望＋楼德合成流量-传播时间关系曲线推算大汶口站峰现时间。

3）单位线法

由次雨径流深 R、时段降雨量采用扣损法割除基流得到各时段净雨,然后根据暴雨中心位置选择相应单位线,各时段净雨错时段与 0.1 倍的单位线各时段流量相乘,同时段流量相加,再加上基流量即为洪水过程。最大洪峰流量及其出现时间即可得到。

3. 洪水总量预报

预报径流深 R 值乘以相应集水面积即可得到大汶口站洪水总量 W。

6.4 戴村坝站洪水预报方案评定及使用说明

6.4.1 方案评定

1. 戴村坝站净峰流量与净洪水总量相关

参照降雨径流关系曲线评价标准,按许可误差＝20％实测值的标准,对 46 个点据进行逐次评定,有 35 个合格,合格率为 76.1％,符合乙级方案,详见附表 20。

2. 大汶口站洪峰流量与戴村坝站洪峰流量相关

按许可误差＝20％实测值的标准进行逐次评定。本方案共选用 46 个点据,合格 37 个,合格率为 80.4％,符合乙级方案,详见附表 21。

3. 大汶口站洪峰流量与大汶口站至戴村坝站峰现传播时间相关

按许可误差＝30％实测值的标准,并当许可误差小于 3 h 时以 3 h 为下限,进行逐次洪水评定。本方案共选用 46 个点据,有 43 个合格,合格率为 93.5％,符合甲级方案,详见附表 21。

4. 以区间降雨量为参数的大汶口站净峰流量与戴村坝站净峰流量相关

按许可误差＝20％实测值的标准进行逐次评定。本方案共选用 46 个点据,合格 35 个,合格率为 76.1％,符合乙级方案,详见附表 22。

5. 大汶口站洪水总量与戴村坝站洪水总量相关

按照许可误差＝20％实测值的标准,对 46 个点据进行逐次评定,合格 34 个,合格率为 73.9％,符合乙级方案,详见附表 23。

6. 以区间降雨量为参数的大汶口站净洪水总量与戴村坝站净洪水总量相关

参照降雨径流关系曲线评价标准,按许可误差＝20％实测值的标准,对 46 个点据进行逐次评定,合格 33 个,合格率为 71.7％,符合乙级方案,详见附表 24。

6.4.2 方案使用说明

1. 戴村坝站洪峰流量预报

根据大汶口站洪峰流量,查大汶口站洪峰流量-戴村坝站洪峰流量相关图,即可求得戴村坝站洪峰流量。

另外,根据大汶口站净峰流量 $Q_{m净,大汶口}$ 及区间降雨量 $P_区$,查 $Q_{m净,大汶口} - P_区 - Q_{m净,戴村坝}$ 相关图,再加上戴村坝站基流,即可求得戴村坝站洪峰流量。

2. 戴村坝站洪水总量预报

1)根据大汶口站洪水总量预报

根据大汶口站洪水总量 $W_{净,大汶口}$ 和区间降雨量 $P_区$,查 $W_{净,大汶口} - P_区 - W_{净,戴村坝}$ 相关图,即可求得戴村坝站洪水总量。

2)根据戴村坝站洪峰流量预报

由戴村坝站净峰流量,查 $Q_{m净,戴村坝} - W_{净,戴村坝}$ 相关图,即可求得戴村坝站洪水总量。

3. 戴村坝站峰现时间预报

根据大汶口站洪峰流量,查 $Q_{m,大汶口} - \tau$ 相关图,取得大汶口站至戴村坝站洪峰流量传播时间,加上大汶口站峰现日期,即为戴村坝站峰现时间。

4. 戴村坝站流量过程预报

由次雨径流深 R、时段降雨量采用扣损法计算得到各时段净雨,然后根据暴雨中心位置选择相应单位线,各时段净雨错时段与 0.1 倍的单位线各时段流量相乘,同时段流量相加,再加上基流量即为戴村坝站洪水过程,最大洪峰流量及其出现时间即可得到。

6.5　东周水库站洪水预报方案评定及使用说明

6.5.1　方案评定

1. 降雨径流关系曲线 $P + P_a - R$、$P - P_a - R$

精度评定:按许可误差＝20％实测值的标准,并当许可误差大于 20.0 mm 时以 20.0 mm 为上限,小于 3.0 mm 时以 3.0 mm 为下限,进行逐次洪水评定。$P + P_a - R$ 相关图共选用 1978—2020 年 35 个点据,28 个合格,合格率为 80.0％,属于乙级方案,详见附表 26。$P - P_a - R$ 相关图共选用 35 个点据,27 个合格,合格率为 77.1％,属于乙级方案,详见附表 27。

突出点分析:910725 场次洪水实测径流深偏大,其主要原因是降水分布不均匀,雨强较大,且前期有较大降雨,土壤较湿润,P_a 值较大,降雨后损失较小,产流量较大。

2. 峰量关系曲线 $R - T_c - Q_{m净}$

按许可误差＝20％实测值的标准进行逐次洪水评定。本方案共选用 1978—2020 年 35 个点据,25 个合格,合格率为 71.4％,属于乙级方案,详见附表 28。

3. 径流深与洪水总历时相关曲线 $R - T_c - T_洪$

按许可误差＝30％实测值的标准,并当许可误差小于 3 h 时以 3 h 为下限,进行逐次洪水评定。本方案共选用 1978—2020 年 35 个点据,25 个合格,合格率为 71.4％,属于乙级方案,详见附表 29。

6.5.2 方案使用说明

对于产汇流计算,分析参数在洪水时的特性及变化规律时,参数率定方法与方案使用方法应保持一致。

1. 径流深预报

首先计算出流域平均降雨量和流域平均前期影响雨量,再根据降雨径流相关图 $P+P_a-R$ 和 $P-P_a-R$ 的查算结果进行综合分析,确定地表径流深 R 的预报值。

2. 洪峰流量及洪水历时预报

1)查 $R-T_c-Q_{m净}$ 关系图

根据 R,T_c 查询 $R-T_c-Q_{m净}$ 关系曲线得到 $Q_{m净}$,当 T_c 介于两条关系曲线之间时,首先查出两条曲线中对应 $Q_{m净}$ 的数值,然后进行插补;当 T_c 大于 7 h 或者小于 2 h 时,根据最近两条关系线插补外延。

2)查 $R-T_c-T_{洪}$ 关系图

根据 R,T_c 查询 $R-T_c-T_{洪}$ 关系曲线得到 $T_{洪}$,当 T_c 介于两条关系曲线之间时,首先查出两条曲线中对应 $T_{洪}$ 的数值,然后进行插补;当 T_c 大于 16 h 或者小于 2 h 时,根据最近两条关系线插补外延。

3)经验单位线法

由次雨径流深 R、时段降雨量采用扣损法割除基流得到各时段净雨,然后根据暴雨中心位置选择相应单位线,各时段净雨错时段与 0.1 倍的单位线各时段流量相乘,同时段流量相加,再加上基流量即为入库流量过程。最大入库洪峰流量及其出现时间即可得到。

6.6 光明水库站洪水预报方案评定及使用说明

6.6.1 方案评定

1. 降雨径流关系曲线

按许可误差=20%实测值的标准,并当许可误差大于 20.0 mm 时以 20.0 mm 为上限,小于 3.0 mm 时以 3.0 mm 为下限,进行逐次洪水评定。$P+P_a-R$ 相关图共选用 51 个点据,44 个合格,合格率为 86.3%,属于甲级方案,详见附表 31;$P-P_a-R$ 相关图共选用 51 个点据,44 个合格,合格率为 86.3%,属于甲级方案,详见附表 32。

2. 峰量关系曲线 $R-T_c-Q_m$

按许可误差=20%实测值的标准进行逐次洪水评定。本方案共选用 1963—2020 年 51 个点据,40 个合格,合格率为 78.4%,属于乙级方案,详见附表 33。

3. 径流深与洪水历时相关曲线 $R-T_c-T_{洪}$

按许可误差=30%实测值的标准,并当许可误差小于 3 h 时以 3 h 为下限,进行逐次洪水评定。本方案共选用 1963—2020 年 51 个点据,49 个合格,合格率为 96.1%,属于甲级方案,详见附表 34。

6.6.2 方案使用说明

1. 径流深预报

首先计算出流域平均降雨量和流域平均前期影响雨量,再根据降雨径流关系图 $P+P_a-R$ 和 $P-P_a-R$ 的查算结果进行综合分析,并考虑一次暴雨的有效降雨历时(或暴雨中心位置),确定地表径流深 R 的预报值。

2. 最大入库洪峰流量及洪水历时预报

1)查 R-T_c-Q_m 关系图

根据 R、T_c,查询 R-T_c-Q_m 关系曲线得到 Q_m,当 T_c 介于两条关系曲线之间时,首先查出两条曲线中对应 Q_m 的数值,然后进行插补;当 T_c 大于 14 h 或者小于 2 h 时,根据最近两条关系线插补外延。

2)查 R-T_c-$T_洪$ 关系图

根据 R、T_c,查询 R-T_c-$T_洪$ 关系曲线得到 $T_洪$,当 T_c 介于两条关系曲线之间时,首先查出两条曲线中对应 $T_洪$ 的数值,然后进行插补;当 T_c 大于 16 h 或者小于 3 h 时,根据最近两条关系线插补外延。

3)经验单位线法

由累积降雨量 $\sum P$,在降雨径流关系图中查出累积径流深 $\sum R$,相隔 Δt 的两个累积径流深相减即得时段径流深 R,然后根据暴雨中心位置选择相应单位线,各时段净雨深错时段与 0.1 倍的单位线各时段流量相乘,同时段流量相加,再加上基流量即为入库流量过程,最大入库洪峰流量即可得到。

3. 最高水库水情预报

1)当起涨水位低于溢洪道底时

(1)当 $W<V_拦$ 时

当起涨水位低于溢洪道底且入库洪水总量 W 小于水库拦蓄水量时,洪水全部入库后不溢洪。此时由起涨库容加入库洪水总量 W 得到水库最大库容,查水位-库容曲线得到水库最高水位,由洪水总历时加上起涨时间即为最高水位出现时间。

(2)当 $W>V_拦$ 时

调洪库容 $V_调=V_起+W-V_拦$,若最大入库流量 Q_m 出现在溢洪之前且 $V_拦/W>0.33$,需查 Q_m-$V_拦/W$-Q'_m(见附图 50),对最大入库流量进行改正再进行调洪演算。查 V-e-q 图(见附图 51),得到最大库容和最大泄洪流量,查水位-库容曲线得到水库最高水位,最高水位、最大泄洪流量出现时间 $=$ 起涨时间 $+(1-0.67q_m/Q_m)\times T_洪$。

2)当起涨水位高于溢洪道底时

查 W-q_0/Q_m-ΔW 得到 ΔW(见附图 52),则调洪库容 $V_调=V_起+W-\Delta W$,根据闸门开启高度查相应 V-e-q 关系图时需移坐标,以 $V_起$ 和 $q_起$ 为原点绘制与原坐标平行的新坐标系,得到最大库容和最大泄洪流量,查水位-库容曲线得到水库最高水位,最高水位、最大泄洪流量出现时间 $=$ 起涨时间 $+(1-0.67q_m/Q_m)\times T_洪$。

3）当起涨水位与溢洪道底齐平时

根据 Q_m 及调洪库容 $V_调＝V_起＋W$，查 $V\text{-}e\text{-}q$ 关系图，得到最大库容和最大泄洪流量，查水位-库容曲线得到水库最高水位，最高水位、最大泄洪流量出现时间＝起涨时间＋$(1-0.67q_m/Q_m)\times T_洪$。

4. 入库洪水总量预报

根据公式 $W＝0.1FR$，得到入库洪水总量 W。

6.7 黄前水库站洪水预报方案评定及使用说明

6.7.1 方案评定

1. 降雨径流关系曲线

按许可误差＝20%实测值的标准，并当许可误差大于 20.0 mm 时以 20.0 mm 为上限，小于 3.0 mm 时以 3.0 mm 为下限，进行逐次洪水评定。$P＋P_a\text{-}R$ 相关图共选用 92 个点据，74 个合格，合格率为 80.4%，属于乙级方案，详见附表 36；$P\text{-}P_a\text{-}R$ 相关图共选用 92 个点据，73 个合格，合格率为 79.3%，属于乙级方案，详见附表 37。

2. 峰量关系曲线 $R\text{-}T_c\text{-}Q_m$

按许可误差＝20%实测值的标准进行逐次洪水评定。本方案共选用 1964—2020 年 92 个点据，69 个合格，合格率为 75.0%，属于乙级方案，详见附表 38。

3. 径流深与洪水历时相关曲线 $R\text{-}T_c\text{-}T_洪$

按许可误差＝30%实测值的标准，并当许可误差小于 3 h 时以 3 h 为下限，进行逐次洪水评定。本方案共选用 1964—2020 年 92 个点据，80 个合格，合格率为 87.0%，属于甲级方案，详见附表 39。

6.7.2 方案使用说明

1. 径流深预报

计算出流域平均降雨量和流域平均前期影响雨量，再根据降雨径流关系图 $P＋P_a\text{-}R$ 和 $P\text{-}P_a\text{-}R$ 的查算结果进行综合分析，确定地表径流深 R 的预报值。首先判断洪水是否为入汛以来第一场较大降雨洪水，如果是第一场洪水，流域面积 182.6 km^2，第二场之后流域面积为 271.2 km^2。

2. 最大入库洪峰流量及洪水历时预报

1）查 $R\text{-}T_c\text{-}Q_m$ 关系图

根据 R,T_c 查询 $R\text{-}T_c\text{-}Q_m$ 关系曲线得到 Q_m，当 T_c 介于两条关系曲线之间时，首先查出两条曲线中对应 Q_m 的数值，然后进行插补；当 T_c 大于 16 h 或者小于 2 h 时，根据最近两条关系线插补外延。

2）查 $R\text{-}T_c\text{-}T_洪$ 关系图

根据 R,T_c 查询 $R\text{-}T_c\text{-}T_洪$ 关系曲线得到 $T_洪$，当 T_c 介于两条关系曲线之间时，首先查出两条曲线中对应 $T_洪$ 的数值，然后进行插补；当 T_c 大于 16 h 或者小于 4 h 时，根据最近两条关系线插补外延。

3）经验单位线法

由次雨径流深 R、时段降雨量采用扣损法割除基流得到各时段净雨,然后根据暴雨中心位置选择相应单位线,各时段净雨错时段与 0.1 倍的单位线各时段流量相乘,同时段流量相加,再加上基流量即为入库流量过程。最大入库流量及其出现时间即可得到。

3. 入库洪水总量预报

根据公式 $W=0.1FR$ 得到入库洪水总量 W。

第七章

典型案例分析

　　新中国成立以来,水利网信工作不断发展,尤其是随着水利改革发展步伐的加快,加强了水文监测预警能力的建设,提高了雨情、汛情、旱情预报水平,洪水预报技术和作业预报精度得到了很大提高。近 70 年来,大汶河发生了如 1957 年、1964 年、1990 年以及 2001 年区域性较大洪水,大中型水库、河道梯级拦蓄等水利工程的兴建,对下游河道行洪调节效果较明显,洪水预报为防汛抗洪减灾提供着重要支撑和保障。

　　近年来,受全球气候变化影响,大汶河流域极端水灾害事件呈频率加快、强度加大、危害加重的趋势。水文部门根据灾害防御工作的新形势、新要求,不断加强雨水情监测和预测预报工作,着力为防汛抗旱指挥调度提供及时、准确的信息服务。现以 1964 年、1990 年和 2001 年大汶河区域性洪水作为典型案例进行分析。

7.1　640912 场次洪水及预报情况

　　1. 雨情及洪水特点

　　1) 雨情。1964 年汛期全流域普降大暴雨,流域平均降水量为 1 080.0 mm,与常年同期相比,偏多 500 mm 左右,9 月偏多 1~2 倍以上,为历年罕见。9 月 12 日 2 时至 13 日 22 时,历时 44 h,流域平均降雨量为 126.0 mm,暴雨中心位于中游纸房雨量站,最大点雨量为 186.0 mm,有效降雨历时 6 h,最大降雨强度为 71 mm/h,出现在大汶河两岸的雨量站,上游山区出现最大降雨强度的次数较少,这种现象历年来较为少见。

　　2) 洪水特点。本次洪水具有洪水涨势迅猛、流量涨差大、洪峰持续时间短等特点。涨水历时 20 h,落水历时约 110 h。峰量与降水特性密切相关,由于暴雨较集中,6 h 雨量占这次暴雨总量的 80%,故洪峰呈尖瘦型,且洪量大而集中。北望站以上降水量大,来水量占临汶站洪量的 67%;北望、谷里—临汶区间洪量模数较大,来水量占临汶站洪量的 33%;大汶河南支柴汶河谷里水文站以上和汇河杨郭水文站以上来水很少。洪水组成与暴雨分布是一致的。

　　2. 洪水预报

　　1964 年 9 月 12—13 日,大汶河流域普降短历时暴雨,临汶水文站以上流域平均雨量为 126.0 mm,暴雨中心纸房雨量站的最大点降雨量达 186.0 mm,泰安水文分站(现泰安市水文中心)根据上游雨情及大汶河南北两大支流谷里、北望水文站的实测洪峰流量,预报干流临汶水文站洪峰流量为 6 800 m³/s、下游戴村坝水文站洪峰流量为 7 000 m³/s。当时该河干流防洪标准为 7 000 m³/s,若超过此标准,则在下游东平县马口村破堤,利用稻屯洼滞洪区滞洪,一旦分洪滞洪,该滞洪区 66.2 km² 范围内将有 91 个村庄被淹,7 万人口需要马上转移。由于及时做出洪水预报,提出"大汶河洪峰到达临汶站,其后续洪水不大,洪峰停留时间不会很长。因此戴村坝的流量不会超过 7 000 m³/s,只要加强防守,就不至于出大问题。"泰安决定"加强防守、暂不分洪",经实测,临汶、戴村坝水文站最大洪峰流量分别为 6 780 m³/s、6 930 m³/s,这证明预报准确,保证了洪水的安全下泄,由于没有采取分洪措施,避免了一次稻屯洼蓄洪损失,经估算减少直接经济损失约 1 亿元。

7.2　900721 场次洪水及预报情况

受 500 hPa、700 hPa 切变线的影响,1990 年 7 月 21—22 日大汶河流域普降大暴雨,局部特大暴雨,干流临汶站以上流域平均降雨量为 124.0 mm,最大点雨量为 206.0 mm(泰安市山阳站)。7 月 22 日上午 10 时,山东省水文总站(现山东省水文中心)水情科与泰安水文分站会商,做出了临汶水文站 22 日 14—16 时将出现洪峰流量为 3 500～4 000 m³/s 的水情预报,考虑到这是近 20 年来的最大洪峰,而且传播到下游正是夜间,对河道堤防及东平湖威胁很大,因此,立即向省防指做了详细汇报。省防指立即下达命令:"泰安市防指紧急动员,沿河防汛队伍立即上堤防守,确保大汶河堤防万无一失。"22 日15 时 48 分,临汶水文站实测洪峰流量 3 780 m³/s,预报值与实测值完全相符。由于洪水预报准确及时,防汛指挥确当,部分险情及时排除,避免了下游 5 个村庄搬迁,4.2 亿 m³ 洪水总量安全泄入东平湖,夺取了大汶河抗洪斗争的胜利。为此,省、市防指多次对山东省水文总站和泰安水文分站提出表扬。国家防汛抗旱总指挥部办公室在1990 年 7 月 25 日编发的第 54 期《防汛简报》中,对山东省水文系统职工奋战大汶河洪水的拼搏和奉献精神给予了高度评价。

7.3　010804 场次洪水及预报情况

1. 雨情及洪水特点

1) 雨情。2001 年 8 月 4 日 4 时至 16 时,大汶河流域局部降大暴雨,大汶河干流临汶站以上平均降雨量为 89.2 mm。降雨在时空分布上极不均匀,从空间上看,暴雨中心在大汶河中下游的楼德、北望至大汶口一带,最大点雨量为楼德水文站的 269.0 mm,干流大部分地区降雨较小,黄前水库、泰安站在 2 mm 以下,仅上游郑王庄、蒙阴寨一带降雨量在 140～165 mm,南支柴汶河流域平均降雨量达 167.0 mm;时间上,主要集中在 4 日6 时至 10 时,流域时段平均降雨量为 55.4 mm。

2) 洪水特点。受本次暴雨影响,大汶河支流柴汶河楼德水文站从 8 月 4 日 6 时洪水起涨,4 日 15 时 30 分最大洪峰流量为 2 660 m³/s;干流北望水文站从 4 日 16 时洪水起涨,4 日 20 时最大洪峰流量为 1 360 m³/s,大汶口站 4 日 23 时 30 分最大洪峰流量为 2 720 m³/s。洪水主要来源于支流柴汶河,楼德站以上来水约占总量的 65%,干流北望站以上约占 30%,北望、楼德至临汶区间约占 5%。

2. 洪水预报

由于前期土壤含水量比较大,局部大暴雨、特大暴雨使大汶河产生了较大洪水,大汶口水文站发生了迁站以来最大洪水。水文中心水情科技术人员 24 小时昼夜值班,充分发挥上情下达、下情上呈的桥梁纽带作用,及时将水情信息传递到省、市防指和市委、市政府主要领导手中,并根据上游雨水情的变化,认真研究,科学计算,采用多种方案,考虑多种因素,综合分析,并与山东省水文局(中心)水情科(部)会商,做出了大汶口水文站将出现 2 750 m³/s 洪峰流量的预报,实测洪峰流量 2 720 m³/s,预报准确率达 99%,受到市防指的好评:"准确的洪水预测预报和有力的参谋,为抗洪抢险提供了重要的决策依据,赢得了抗洪抢险的主动权,为抗洪抢险的阶段性胜利奠定了基础。"

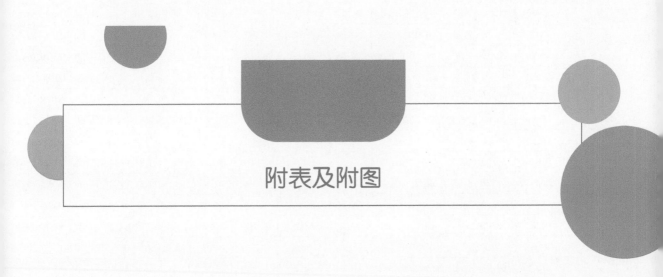

附表及附图

附表 1　柴汶河楼德站降雨径流分析成果表

序号	洪号	降雨起止时间 起	降雨起止时间 止	流域平均雨量 P(mm)	流域平均前期影响雨量 P_a(mm)	$P+P_a$ (mm)	降雨历时(h) 全部 T	降雨历时(h) 有效 T_c	暴雨中心位置或特点	洪水起止时间 起涨	洪水起止时间 峰顶
1	870711	07/10 01:00	07/10 16:00	36.0	65.2	101.2	15	2	下游	07/10 16:00	07/11 00:50
2	880716	07/15 13:00	07/16 06:00	134.4	44.8	179.2	17	7	下游	07/16 02:00	07/16 06:00
3	900722	07/21 04:00	07/22 08:00	149.3	71.4	220.7	28	14	下游	07/21 09:00	07/22 07:00
4	910724	07/23 18:00	07/24 13:00	141.5	59.8	201.3	19	7	上游	07/24 02:00	07/24 13:21
5	930716	07/15 10:00	07/16 01:00	81.3	78.7	160.0	15	4	中游	07/15 21:00	07/16 09:00
6	940808	08/07 12:00	08/08 16:00	86.9	25.0	111.9	28	7	中游	08/08 08:00	08/08 18:10
7	950822	08/21 17:00	08/22 13:00	64.1	75.7	139.8	20	6	中游	08/22 02:00	08/22 19:00
8	960725	07/24 22:00	07/25 18:00	146.5	16.2	162.7	20	6	中游	07/25 14:00	07/25 18:30
9	970820	08/19 12:00	08/20 11:00	86.8	40.0	126.8	23	9	下游	08/20 04:00	08/20 19:00
10	980804	08/04 00:00	08/04 09:00	104.3	45.6	149.9	9	6	上游	08/04 10:00	08/04 20:30
11	990909	09/09 01:00	09/09 10:00	102.2	18.4	120.6	9	5	中游	09/09 07:00	09/09 14:00
12	000810	08/09 16:00	08/10 14:00	71.0	12.9	83.9	22	3	中游	08/10 10:00	08/10 22:00
13	010804	08/03 16:00	08/04 16:00	158.6	72.6	231.2	24	7	下游	08/04 07:00	08/04 15:30
14	030904	09/03 12:00	09/04 16:00	79.3	90.7	170.0	28	6	下游	09/03 21:00	09/04 15:00
15	040828	08/26 18:00	08/28 06:00	112.5	38.8	151.3	36	7	中游	08/27 10:00	08/28 10:30
16	050702	07/01 20:00	07/02 09:00	134.9	93.8	228.7	13	6	中游	07/02 01:00	07/02 13:00
17	060829	08/28 22:00	08/29 19:00	64.7	51.0	115.7	21	4	中游	08/29 06:00	08/29 09:30
18	070817	08/17 01:00	08/17 15:00	111.1	106.1	217.2	14	7	上游	08/17 04:00	08/17 20:30
19	080718	07/18 03:00	07/19 01:00	80.8	54.2	135.0	22	7	中游	07/18 11:00	07/18 17:00
20	090709	07/08 10:00	07/09 00:00	88.2	54.0	142.2	14	6	上游	07/09 00:00	07/09 09:00
21	100825	08/23 20:00	08/25 08:00	55.5	74.9	130.4	36	2	中游	08/25 00:00	08/25 08:00
22	110914	09/12 17:00	09/14 19:00	104.0	45.7	149.7	50	4	下游	09/14 00:00	09/14 20:00
23	120710	07/09 12:00	07/10 04:00	56.5	97.9	154.4	16	6	上游	07/09 21:00	07/10 11:00
24	130704	07/04 00:00	07/04 21:00	67.5	11.0	78.5	21	8	上游	07/04 16:00	07/04 23:10
25	160720	07/19 19:00	07/20 18:00	109.0	35.7	144.7	23	6	下游	07/20 09:00	07/20 19:12
26	170728	07/26 14:00	07/27 14:00	70.2	27.7	97.9	24	4	中游	07/27 10:00	07/28 06:00
27	180819	08/18 05:00	08/19 21:00	226.1	63.1	289.2	40	17	下游	08/18 15:00	08/19 21:00
28	190811	08/10 10:00	08/11 15:00	168.7	79.1	247.8	29	9	上游	08/11 09:00	08/11 15:30
29	200814	08/13 17:00	08/14 03:00	89.8	60.9	150.7	10	4	上游	08/13 22:00	08/14 06:00

落平	起涨流量 Q_0 （m³/s）	洪水总历时 $T_{洪}$（h）	涨洪历时 $T_{涨洪}$（h）	净峰流量 $Q_{m净}$（m³/s）	径流深 R(mm)	径流系数 α	洪水总量 $W_{总}$（万m³）	地表径流总量 W（万m³）	洪峰滞时 T_P(h)	两小时雨强 I_{2h}（mm/h）	总雨强 $I_{总}$（mm/h）
07/13 04:00	15.6	60	8.8	130	7.4	0.21	1 278	905	9.8	15.3	2.4
07/18 19:00	12.2	65	4	740	30.0	0.22	4 172	3 646	9.0	28.6	10.1
07/24 22:00	45.6	85	22	1 868	101.2	0.68	14 690	12 301	14.0	12.6	5.3
07/26 16:00	34.2	62	11.3	1 761	81.0	0.57	10 918	9 850	10.4	24.2	7.4
07/19 00:00	55.8	75	12	844	40.7	0.50	6 531	4 951	11.0	21.9	5.4
08/11 01:00	28.4	65	10.2	162	9.2	0.11	1 937	1 115	19.2	7.9	3.1
08/25 07:00	10.3	77	17	391	28.9	0.45	4 352	3 515	13.0	11.3	3.2
07/28 06:00	28.2	64	4.5	1 300	35.1	0.24	5 136	4 264	7.5	31.6	7.3
08/23 12:00	6.9	80	15	151	10.6	0.12	1 698	1 293	17.0	9.4	3.5
08/07 02:00	39.1	64	10.5	617	27.3	0.26	4 368	3 324	16.5	23.0	7.0
09/12 03:00	6.1	68	7	451	20.9	0.20	2 921	2 539	10.0	27.4	11.4
08/12 20:00	4.2	58	12	207	5.1	0.07	755	616	20.0	17.7	3.2
08/06 22:00	81.9	63	8.5	2 569	120.4	0.76	17 296	14 644	8.5	26.6	6.6
09/07 04:00	54.5	79	18	705	37.7	0.48	6 319	4 579	12.0	13.9	3.7
08/31 03:00	34.8	89	24.5	561	36.8	0.33	5 852	4 474	19.5	12.3	3.1
07/04 14:00	9.6	61	12	1 055	43.5	0.32	6 037	5 288	8.0	25.8	10.4
09/02 01:00	14.4	91	3.5	210	12.0	0.19	1 965	1 455	6.5	16.2	3.1
08/20 08:00	0.7	76	16.5	1 938	86.2	0.78	11 210	10 486	12.5	16.0	3.9
07/21 04:00	44.4	65	6	281	15.5	0.19	3 091	1 881	13.0	11.0	3.7
07/11 22:00	14.6	70	9	396	15.9	0.18	2 612	1 931	17.0	15.4	6.3
08/27 03:00	34.9	51	8	134	6.8	0.12	1 466	830	22.0	5.8	1.5
09/17 06:00	129.2	78	20	538	39.7	0.38	8 482	4 829	21.0	16.0	2.1
07/13 03:00	3.1	78	14	404	17.7	0.31	2 661	2 148	13.0	8.2	3.5
07/06 03:00	8.9	35	7	312	8.8	0.13	1 183	1 069	14.2	9.5	3.2
07/23 13:00	4.0	76	10.2	275	12.5	0.11	1 771	1 526	16.2	12.4	4.7
07/30 19:00	12.6	81	20	79.5	6.8	0.10	1 297	822	27.0	15.4	2.9
08/22 14:00	14.2	95	30	877	67.0	0.30	9 535	8 143	20.0	15.8	5.7
08/13 23:00	35.1	62	6.5	1 093	50.6	0.30	7 177	6 159	13.5	15.5	5.8
08/16 12:00	49.6	62	8	938	32.3	0.36	5 073	3 932	11.0	22.0	9.0

附表2 柴汶河楼德站降雨径流预报精度评定表（$P+P_a-R$）

序号	洪号	流域平均雨量 P（mm）	前期影响雨量 P_a（mm）	$P+P_a$（mm）	实测径流深 $R_实$（mm）	预报径流深 $R_预$（mm）	预报误差（mm）	许可误差（mm）	评定结果 合格	评定结果 不合格
1	870711	36.0	65.2	101.2	7.4	10.4	3.0	3.0	√	
2	880716	134.4	44.8	179.2	30.0	25.4	−4.6	6.0	√	
3	900722	149.3	71.4	220.7	101.2	39.2	−62.0	20.0		√
4	910724	141.5	59.8	201.3	81.0	76.8	−4.2	16.2	√	
5	930716	81.3	78.7	160.0	40.7	39.0	−1.7	8.1	√	
6	940808	86.9	25.0	111.9	9.2	6.6	−2.6	3.0	√	
7	950822	64.1	75.7	139.8	28.9	25.8	−3.1	5.8	√	
8	960725	146.5	16.2	162.7	35.1	41.5	6.4	7.0	√	
9	970820	86.8	40.0	126.8	10.6	10.4	−0.2	3.0	√	
10	980804	104.3	45.6	149.9	27.3	32.0	4.7	5.5	√	
11	990909	102.2	18.4	120.6	20.9	8.8	−12.1	4.2		√
12	000810	71.0	12.9	83.9	5.1	7.6	2.5	3.0	√	
13	010804	158.6	72.6	231.2	120.4	106.7	−13.7	20.0	√	
14	030904	79.3	90.7	170.0	37.7	48.2	10.5	7.5		√
15	040828	112.5	38.8	151.3	36.8	33.0	−3.8	7.4	√	
16	050702	134.9	93.8	228.7	43.5	42.0	−1.5	8.7	√	
17	060829	64.7	51.0	115.7	12.0	14.7	2.7	3.0	√	
18	070817	111.1	106.1	217.2	86.2	92.7	6.5	17.2	√	
19	080718	80.8	54.2	135.0	15.5	12.5	−3.0	3.1	√	
20	090709	88.2	54.0	142.2	15.9	14.4	−1.5	3.2	√	
21	100825	55.5	74.9	130.4	6.8	20.9	14.1	3.0		√
22	110914	104.0	45.7	149.7	39.7	31.9	−7.8	7.9	√	
23	120710	56.5	97.9	154.4	17.7	17.8	0.1	3.5	√	
24	130704	67.5	11.0	78.5	8.8	2.1	−6.7	3.0		√
25	160720	109.0	35.7	144.7	12.5	15.1	2.6	3.0	√	
26	170728	70.2	27.7	97.9	6.8	9.7	2.9	3.0	√	
27	180819	226.1	63.1	289.2	67.0	65.5	−1.5	13.4	√	
28	190811	168.7	79.1	247.8	50.6	48.8	−1.8	10.1	√	
29	200814	89.8	60.9	150.7	32.3	16.8	−15.5	6.5		√

备注：1. 合格率=79.3%；2. 许可误差=实测值的20%，以20.0 mm为上限，以3.0 mm为下限；3. 本方案等级为乙等。

附表 3 柴汶河楼德站 R-T_c-$Q_{m净}$ 精度评定表

序号	洪号	实测径流深 $R_实$（mm）	有效降雨历时 T_c（h）	净峰流量		预报误差（m³/s）	许可误差（m³/s）	评定结果	
				实测 $Q_{m净实}$（m³/s）	预报 $Q_{m净预}$（m³/s）			合格	不合格
1	870711	7.4	2	130	148	18	26	√	
2	880716	30.0	7	740	621	−119	148	√	
3	900722	101.2	14	1 868	1 556	−312	374	√	
4	910724	81.0	7	1 761	1 690	−71	352	√	
5	930716	40.7	4	844	978	134	169	√	
6	940808	9.2	7	162	133	−29	32.4	√	
7	950822	28.9	6	391	640	249	78.2		√
8	960725	35.1	6	1 300	776	−524	260		√
9	970820	10.6	9	151	147	−4	30.2	√	
10	980804	27.3	6	617	605	−12	123	√	
11	990909	20.9	5	451	483	32	90.2	√	
12	000810	5.1	3	207	96	−111	41.4		√
13	010804	120.4	7	2 569	2 515	−54	514	√	
14	030904	37.7	6	705	833	128	141	√	
15	040828	36.8	7	561	763	202	112		√
16	050702	43.5	6	1055	960	−95	211	√	
17	060829	12.0	4	210	236	26	42	√	
18	070817	86.2	7	1 938	1 799	−139	388	√	
19	080718	15.5	7	281	291	10	56.2	√	
20	090709	15.9	6	396	324	−72	79.2	√	
21	100825	6.8	2	134	136	2	26.8	√	
22	110914	39.7	4	538	954	416	108		√
23	120710	17.7	6	404	377	−27	80.8	√	
24	130704	8.8	8	312	123	−189	62.4		√
25	160720	12.5	6	275	224	−51	55	√	
26	170728	6.8	4	79.5	119	39.5	15.9		√
27	180819	67.0	17	877	885	8	175	√	
28	190811	50.6	9	1 093	927	−166	219	√	
29	200814	32.3	4	938	776	−162	188	√	

备注：1. 合格率＝75.9%；2. 预报误差＝预报值−实测值；3. 许可误差＝实测值的20%；4. 本方案等级为乙等。

附表4 柴汶河楼德站 R-T_c-$T_洪$ 精度评定表

序号	洪号	实测径流深 $R_实$（mm）	有效降雨历时 T_c(h)	洪水总历时		预报误差（h）	许可误差（h）	评定结果	
				$T_洪实$（h）	$T_洪预$（h）			合格	不合格
1	870711	7.4	2	60	42	−18	18	√	
2	880716	30.0	7	65	62	−3	20	√	
3	900722	101.2	14	85	76	−9	26	√	
4	910724	81.0	7	62	64	2	19	√	
5	930716	40.7	4	75	58	−17	23	√	
6	940808	9.2	7	65	53	−12	20	√	
7	950822	28.9	6	77	60	−17	23	√	
8	960725	35.1	6	64	61	−3	19	√	
9	970820	10.6	9	80	57	−23	24	√	
10	980804	27.3	6	64	60	−4	19	√	
11	990909	20.9	5	68	57	−11	20	√	
12	000810	5.1	3	58	42	−16	17	√	
13	010804	120.4	7	63	64	1	19	√	
14	030904	37.7	6	79	61	−18	24	√	
15	040828	36.8	7	89	63	−26	27	√	
16	050702	43.5	6	61	61	0	18	√	
17	060829	12.0	4	91	50	−41	27		√
18	070817	86.2	7	76	64	−12	23	√	
19	080718	15.5	7	65	58	−7	20	√	
20	090709	15.9	6	70	56	−14	21	√	
21	100825	6.8	2	51	42	−9	15	√	
22	110914	39.7	4	78	58	−20	23	√	
23	120710	17.7	6	78	57	−21	23	√	
24	130704	8.8	8	35	54	19	11		√
25	160720	12.5	6	76	54	−22	23	√	
26	170728	6.8	4	81	45	−36	24		√
27	180819	67.0	17	95	80	−15	29	√	
28	190811	50.6	9	62	67	5	19	√	
29	200814	32.3	4	62	57	−5	19	√	

备注：1. 合格率=89.7%；2. 许可误差=实测值的30%，以3 h为下限；3. 本方案等级为甲等。

附表 5 柴汶河楼德站 $Q_{m净}$-T_c-T_P 精度评定表

序号	洪号	实测净峰流量 $Q_{m净实}$（m³/s）	有效降雨历时 T_c(h)	洪峰滞时 $T_{p实}$（h）	洪峰滞时 $T_{p预}$（h）	预报误差（h）	许可误差（h）	评定结果 合格	评定结果 不合格
1	870711	130	2	9.8	21	11.2	3.0		√
2	880716	740	7	9.0	12	3.0	3.0	√	
3	900722	1 868	14	14.0	16	2.0	4.2	√	
4	910724	1 761	7	10.4	10	-0.4	3.1	√	
5	930716	844	4	11.0	8	-3.0	3.3	√	
6	940808	162	7	19.2	27	7.8	5.8		√
7	950822	391	6	13.0	16	3.0	3.9	√	
8	960725	1 300	6	7.5	10	2.5	3.0	√	
9	970820	151	9	17.0	30	13.0	5.1		√
10	980804	617	6	16.5	12	-4.5	5.0	√	
11	990909	451	5	10.0	13	3.0	3.0	√	
12	000810	207	3	20.0	18	-2.0	6.0	√	
13	010804	2 569	7	8.5	10	1.5	3.0	√	
14	030904	705	6	12.0	11	-1.0	3.6	√	
15	040828	561	6	19.5	14	-5.5	5.9	√	
16	050702	1 055	6	8.0	10	2.0	3.0	√	
17	060829	210	4	6.5	19	12.5	3.0		√
18	070817	1 938	7	12.5	10	-2.5	3.8	√	
19	080718	281	7	13.0	21	8.0	3.9		√
20	090709	396	6	17.0	16	-1.0	5.1	√	
21	100825	134	2	22.0	21.0	-1.0	6.6	√	
22	110914	538	4	21.0	10	-11.0	6.3		√
23	120710	404	6	13.0	15	2.0	3.9	√	
24	130704	312	8	14.2	21	6.8	4.3		√
25	160720	275	6	16.2	20	3.8	4.9	√	
26	170728	79.5	4	27.0	27	0.0	8.1	√	
27	180819	877	17	20.0	24	4.0	6.0	√	
28	190811	1 093	9	13.5	13	-0.5	4.1	√	
29	200814	938	4	11.0	8	-3.0	3.3	√	

备注:1. 合格率=75.9%;2. 许可误差=实测值的30%,以3 h为下限;3. 本方案等级为乙等。

附表6 大汶河北望站降雨径流分析成果表

序号	洪号	降雨开始时间	降雨重心时间	降雨结束时间	流域平均雨量 P（mm）	前期影响雨量 P_a（mm）	$P+P_a$（mm）	降雨历时（h）全部	降雨历时（h）有效	暴雨中心位置	洪水发生时间 起涨	洪水发生时间 峰顶
1	640728	7月27日 12:00	7月28日 2:00	7月29日 0:00	125.1	71.3	196.4	36	20	上游	7月28日 2:00	7月28日 16:36
2	640831	8月30日 2:00	8月30日 10:00	8月31日 8:00	114.9	67.4	182.3	30	20	下游	8月30日 8:00	8月31日 6:30
3	640912	9月12日 2:00	9月12日 8:00	9月12日 18:00	121.1	68.8	189.9	16	6	中下游	9月12日 6:00	9月12日 12:40
4	660715	7月14日 0:00	7月14日 4:00	7月15日 6:00	179.2	30.1	209.3	30	23	中上游	7月14日 3:00	7月15日 3:36
5	700730	7月29日 2:00	7月29日 18:00	7月29日 20:00	108.9	81.7	190.6	18	9	中上游	7月29日 2:00	7月30日 0:38
6	720902	9月1日 14:00	9月1日 22:00	9月2日 8:00	127.5	65.7	193.2	18	10	上游	9月1日 20:00	9月2日 12:30
7	750901	8月31日 18:00	9月1日 0:00	9月1日 14:00	144.1	38.3	182.4	20	12	中下游	8月31日 20:00	9月1日 12:00
8	760813	8月12日 2:00	8月13日 0:00	8月13日 8:00	144.2	32.5	176.7	30	23	中下游	8月12日 5:00	8月13日 8:00
9	790626	6月25日 16:00	6月25日 20:00	6月26日 4:00	42.4	48.1	90.5	12	7	上游	6月26日 0:00	6月26日 16:45
10	800630	6月29日 2:00	6月29日 22:00	6月30日 4:00	122.2	22.0	144.2	26	11	中游	6月29日 21:00	6月30日 8:00
11	840712	7月11日 0:00	7月12日 0:00	7月12日 6:00	147.6	53.9	201.5	30	8	上游	7月11日 2:00	7月12日 9:24
12	840812	8月12日 2:00	8月12日 6:00	8月12日 14:00	64.7	64.3	129	12	6	中下游	8月12日 6:00	8月12日 16:30
13	850710	7月8日 22:00	7月9日 10:00	7月9日 22:00	74.9	19.2	94.1	24	12	上游	7月9日 4:00	7月10日 2:00
14	850712	7月11日 4:00	7月11日 16:00	7月11日 20:00	54.8	75.2	130	16	10	上游	7月11日 20:00	7月12日 9:30

落平	洪水历时 $T_洪$ (h)	洪峰流量 Q_m (m³/s)	净峰流量 $Q'_{m净}$ (m³/s)	改正后净峰流量 $Q_{m净}$ (m³/s)	次洪径流总量 W (万 m³)	集水面积 F (km²)	径流深 R (mm)	洪峰滞时 T_p' (h)	传播时间修正 (h)	修正后的洪峰滞时 T_p (h)	备注
月1日 8:00	102	3 665	3 431	3 623	21 440	2 868	74.8	14.6	0.4	15	黄前、雪野水库放水共 6 600万 m³，其他水库面积加入区间
月3日 8:00	96	3 770	3 635	3 838	20 982	3 269	64.2	20.5	0.4	20.9	大河、黄前、雪野水库共放水 6 000万 m³，其他水库面积加入区间
月15日 20:00	86	6 600	6 416	6 775	17 184	2 454	70.0	4.7	0.2	4.9	经调查分析实测洪峰8 640 m³/s存疑，分析采用 6 600 m³/s
月17日 8:00	77	5 600	5 600	5 785	15 885	2 138	74.3	23.6	0.2	23.8	
月2日 8:00	102	3 300	3 200	3 306	14 159	2 138	66.2	6.6	0.4	7	
月7日 14:00	138	1 710	1 680	1 736	12 952	2 138	60.6	14.5	0.7	15.2	
月4日 20:00	96	1 950	1 930	1 994	15 372	2 138	71.9	12	0.7	12.7	
月16日 8:00	99	1 120	1 110	1 147	11 518	2 138	53.9	8	0.7	8.7	
月29日 20:00	92	432	400	414	2 801	2 044	13.7	20.8	1	21.8	
月3日 8:00	83	915	893	924	8 137	2 044	39.8	10	0.9	10.9	
月15日 8:00	102	3 000	2 940	3 043	13 367	2 044	65.4	9.4	0.4	9.8	
月15日 20:00	86	765	703	728	5 190	2 044	25.4	10.5	0.9	11.4	
月12日 4:00	72	539	530	549	2 763	2 044	13.5	16	0.9	16.9	
月16日 8:00	108	631	540	559	3 121	2 044	15.3	17.5	0.9	18.4	

序号	洪号	降雨开始时间	降雨重心时间	降雨结束时间	流域平均雨量 P（mm）	前期影响雨量 P_a（mm）	$P+P_a$（mm）	降雨历时（h） 全部	降雨历时（h） 有效	暴雨中心位置	洪水发生时间 起涨	洪水发生时间 峰顶
15	870904	9月3日 12:00	9月4日 0:00	9月4日 2:00	56.2	46.4	102.6	14	10	中游	9月3日 20:00	9月4日 12:30
16	900717	7月16日 22:00	7月17日 4:00	7月17日 8:00	61.5	93.2	154.7	10	4	中游	7月17日 6:00	7月17日 11:42
17	900722	7月21日 4:00	7月22日 2:00	7月22日 6:00	113.3	73.8	187.1	26	18	中上游	7月21日 10:00	7月22日 10:30
18	900816	8月15日 14:00	8月16日 4:00	8月16日 12:00	88.8	63.9	152.7	22	8	下游	8月16日 0:00	8月16日 14:00
19	950731	7月30日 16:00	7月30日 22:00	7月31日 2:00	102.0	45.2	147.2	10	4	中下游	7月30日 20:00	7月31日 8:00
20	950903	9月2日 20:00	9月3日 4:00	9月3日 22:00	79.1	51.5	130.6	26	10	上游	9月3日 8:00	9月3日 19:00
21	960725	7月24日 20:00	7月25日 2:00	7月25日 16:00	205.2	25.1	230.3	20	12	上游	7月25日 6:00	7月25日 16:30
22	960731	7月29日 22:00	7月30日 18:00	7月31日 14:00	132.0	69.4	201.4	40	24	下游	7月30日 0:00	7月31日 2:30
23	990909	9月9日 0:00	9月9日 4:00	9月9日 10:00	125.0	5.4	130.4	10	7	中下游	9月9日 6:00	9月9日 13:00
24	000810	8月9日 2:00	8月9日 18:00	8月10日 14:00	148.2	22.6	170.8	36	20	中上游	8月9日 8:00	8月10日 18:48
25	030904	9月3日 22:00	9月4日 6:00	9月4日 10:00	123.7	69.2	192.9	12	8	下游	9月4日 2:00	9月4日 13:30
26	040718	7月16日 14:00	7月17日 10:00	7月17日 20:00	93.3	47.8	141.1	30	16	中游	7月16日 20:00	7月18日 0:00
27	040731	7月29日 20:00	7月30日 20:00	7月31日 10:00	97.9	68.1	166.0	38	28	中游	7月30日 8:00	7月31日 6:00
28	040828	8月26日 18:00	8月28日 0:00	8月28日 2:00	115.6	36.4	152.0	32	12	中下游	8月27日 6:00	8月28日 13:00
29	050702	7月2日 0:00	7月2日 6:00	7月2日 12:00	89.2	85.5	174.7	12	6	下游	7月2日 2:00	7月2日 13:18
30	050806	8月6日 4:00	8月6日 12:00	8月6日 16:00	68.5	57.3	125.8	12	6	上游	8月6日 9:40	8月6日 22:00

落平	洪水历时 $T_洪$ (h)	洪峰流量 Q_m (m³/s)	净峰流量 $Q'_{m净}$ (m³/s)	改正后净峰流量 $Q_{m净}$ (m³/s)	次洪径流总量 W (万 m³)	集水面积 F (km²)	径流深 R (mm)	洪峰滞时 T_p' (h)	传播时间修正 (h)	修正后的洪峰滞时 T_p (h)	备注
月6日 8:00	60	653	620	642	3 725	2 044	18.2	12.5	0.9	13.4	
月20日 18:00	84	1 940	1 760	1 822	8 954	2 044	43.8	7.7	0.7	8.4	
月25日 20:00	106	2 420	2 120	2 195	15 256	2 044	74.6	8.5	0.5	9	
月19日 20:00	92	1 330	1 238	1 282	11 121	2 722	40.9	10	0.7	10.7	除雪野、黄前水库外,其他水库面积加入区间
月3日 20:00	96	1 120	1 111	1 150	5 372	2 044	26.3	10	0.7	10.7	
月6日 14:00	78	1 040	993	1 028	7 045	2 044	34.5	15	0.7	15.7	
月30日 2:00	114	3 480	3 463	3 585	19 435	2 044	95.1	14.5	0.4	14.9	
月3日 20:00	116	2 140	2 050	2 122	22 496	2 722	82.6	8.5	0.5	9	除雪野、黄前水库外,其他水库面积加入区间
月12日 20:00	86	620	614	636	4 584	2 044	22.4	9	0.9	9.9	
月14日 8:00	120	1 580	1 563	1 618	8 809	2 044	43.1	24.8	0.7	25.5	
月7日 20:00	90	1 900	1 708	1 768	12 976	2 044	63.5	7.5	0.7	8.2	
月21日 0:00	100	839	810	839	7 675	2 044	37.5	14	0.9	14.9	
月3日 6:00	94	1 720	1 630	1 687	10 405	2 044	50.9	10	0.7	10.7	
月31日 20:00	110	1 070	1 000	1 035	11 634	2 722	42.7	13	0.7	13.7	除雪野、黄前水库外,其他水库面积加入区间
月6日 8:00	102	1 180	1 130	1 170	9 821	2 044	48.0	7.3	0.7	8	
月10日 2:00	88.3	737	660	683	4 880	2 044	23.9	10	0.9	10.9	

序号	洪号	降雨开始时间	降雨重心时间	降雨结束时间	流域平均雨量 P（mm）	前期影响雨量 P_a（mm）	$P+P_a$（mm）	降雨历时（h）全部	降雨历时（h）有效	暴雨中心位置	洪水发生时间 起涨	洪水发生时间 峰顶
31	050921	9月18日22:00	9月19日8:00	9月21日8:00	133.6	56.3	189.9	58	48	中游	9月19日8:00	9月21日12:00
32	070810	8月9日20:00	8月10日8:00	8月10日14:00	77.2	52.6	129.8	18	12	上游	8月10日9:30	8月10日19:30
33	070818	8月16日0:00	8月18日2:00	8月18日4:00	123.1	62.6	185.7	52	40	上游	8月16日8:00	8月18日9:30
34	110915	9月11日20:00	9月14日10:00	9月14日14:00	124.5	15.9	140.4	66	48	上游	9月12日10:30	9月15日0:00
35	120708	7月7日16:00	7月8日4:00	7月8日12:00	143.7	29.7	173.4	20	8	上游	7月7日10:20	7月8日20:50
36	160722	7月21日14:00	7月22日2:00	7月22日10:00	73.9	96.9	170.8	20	7	中游	7月21日20:00	7月22日12:00
37	160817	8月16日6:00	8月16日12:00	8月17日8:00	102.1	52.9	155.0	26	21	下游	8月16日8:00	8月17日10:30
38	180820	8月18日6:00	8月19日14:00	8月19日22:00	189.0	45.7	234.7	40	24	中下游	8月18日16:00	8月20日1:00
39	190811	8月10日10:00	8月11日6:00	8月11日20:00	160.8	67.0	227.8	34	18	上游	8月10日20:00	8月11日21:00
40	200813	8月13日10:00	8月13日17:00	8月13日22:00	74.9	60.5	135.4	12	4	中下游	8月13日15:00	8月13日22:30
41	210714	7月11日22:00	7月13日2:00	7月13日2:00	59.6	37.6	97.2	28	22	上游	7月13日20:00	7月14日13:28
42	210729	7月28日8:00	7月28日20:00	7月29日18:00	77.6	26.7	104.3	34	16	下游	7月27日15:55	7月29日10:32
43	210920	9月18日22:00	9月19日22:00	9月20日4:00	135.6	24.4	160.0	30	12	中游	9月19日14:00	9月20日6:08

落平	洪水历时 $T_洪$（h）	洪峰流量 Q_m（m³/s）	净峰流量 $Q'_{m净}$（m³/s）	改正后净峰流量 $Q_{m净}$（m³/s）	次洪径流总量 W（万 m³）	集水面积 F（km²）	径流深 R（mm）	洪峰滞时 T_p'（h）	传播时间修正（h）	修正后的洪峰滞时 T_p（h）	备注
月 23 日 8：00	96	894	817	846	16 438	2 044	80.4	52	0.9	52.9	
月 12 日 20：00	58.5	767	687	807	5 689	2 044	27.8	11.5	2	13.5	
月 21 日 8：00	120	2 060	2 030	2 385	15 213	2 044	74.4	7.5	1.3	8.8	雪野、黄前、大河、乔店、角峪、杨家横水库累计放水 7 449 万 m³
月 17 日 8：00	117.5	595	565	664	6 517	2 044	31.9	14	2	16	
月 11 日 20：00	105.7	509	504	592	4 009	2 044	19.6	16.8	2	18.8	
月 26 日 8：00	108	1 470	1 360	1 360	5 697	2 044	27.9	10	0	10	
月 20 日 8：00	96	709	570	570	8 361	2 044	40.9	22.5	0	22.5	
月 23 日 8：00	112	1 290	1 269	1 269	12 804	2 044	62.6	11	0	11	
月 15 日 6：00	106	1 220	1 110	1 110	11 101	2 044	54.3	15	0	15	
月 16 日 14：00	71	855	800	800	5 717	2 044	28.0	5.5	0	5.5	
月 17 日 6：00	82	531	501	501	2 761	2 044	13.5	35.5	0	35.5	
月 31 日 8：00	88.1	445	395	395	3 596	2 044	17.6	14.5	0	14.5	
月 23 日 8：00	90	1 840	1 731	1 731	9 605	2 044	47.0	8.1	0	8.1	水库累计放水 10 365 万 m³

附表7 大汶河北望站 $P+P_a$-R 精度评定表

序号	洪号	$P+P_a$（mm）	径流深 R（mm） 实测	径流深 R（mm） 预报	预报误差（mm）	许可误差（mm）	评定结果 合格	评定结果 不合格
1	640728	196.4	74.8	71.3	-3.5	15.0	√	
2	640831	182.3	64.2	60.8	-3.4	12.8	√	
3	640912	189.9	70.0	66.4	-3.6	14.0	√	
4	660715	209.3	74.3	81.4	7.1	14.9	√	
5	700730	190.6	66.2	67.0	0.8	13.2	√	
6	720902	193.2	60.6	68.9	8.3	12.1	√	
7	750901	182.4	71.9	60.9	-11.0	14.4	√	
8	760813	176.7	53.9	56.7	2.8	10.8	√	
9	790626	90.5	13.7	13.2	-0.5	3.0	√	
10	800630	144.2	39.8	35.0	-4.8	8.0	√	
11	840712	201.5	65.4	75.2	9.8	13.1	√	
12	840812	129.0	25.4	26.9	1.5	5.1	√	
13	850710	94.1	13.5	14.2	0.7	3.0	√	
14	850712	130.0	15.3	27.3	12.0	3.1		√
15	870904	102.6	18.2	16.7	-1.5	3.6	√	
16	900717	154.7	43.8	41.3	-2.5	8.8	√	
17	900722	187.1	74.6	64.4	-10.2	14.9	√	
18	900816	152.7	40.9	40.1	-0.8	8.2	√	
19	950731	147.2	26.3	36.8	10.5	5.3		√
20	950903	130.6	34.5	27.6	-6.9	6.9	√	
21	960725	230.3	95.1	98.3	3.2	19.0	√	
22	960731	201.4	82.6	75.1	-7.5	16.5	√	
23	990909	130.4	22.4	27.5	5.1	4.5		√
24	000810	170.8	43.1	52.4	9.3	8.6		√
25	030904	192.9	63.5	68.7	5.2	12.7	√	
26	040718	141.1	37.5	33.2	-4.3	7.5	√	
27	040731	166.0	50.9	48.9	-2.0	10.2	√	
28	040828	152.0	42.7	39.6	-3.1	8.5	√	
29	050702	174.7	48.0	55.2	7.2	9.6	√	
30	050806	125.8	23.9	25.5	1.6	4.8	√	
31	050921	189.9	80.4	66.4	-14.0	16.1	√	
32	070810	129.8	27.8	27.2	-0.6	5.6	√	
33	070818	185.7	74.4	63.3	-11.1	14.9	√	
34	110915	140.4	31.9	32.8	0.9	6.4	√	
35	120708	173.4	19.6	54.3	34.7	3.9		√
36	160722	170.8	27.9	52.4	24.5	5.6		√
37	160817	155.0	40.9	41.5	0.6	8.2	√	
38	180820	234.7	62.6	102.2	39.6	12.5		√
39	190811	227.8	54.3	96.2	41.9	10.9		√
40	200813	135.4	28.0	30.2	2.2	5.6	√	
41	210714	97.2	13.5	15.1	1.6	3.0	√	
42	210729	104.3	17.6	17.2	-0.4	3.5	√	
43	210920	160.0	47.0	44.6	-2.4	9.4	√	

备注:共选用北望站 1964—2021 年实测点据 43 个,35 个合格,合格率为 81.4%,属乙级方案。

附表 8　大汶河北望站 P-P_a-R 精度评定表

序号	洪号	降雨量 P(mm)	前期影响雨量 P_a(mm)	径流深 R(mm)		预报误差 (mm)	许可误差 (mm)	评定结果	
				实测	预报			合格	不合格
1	640728	125.1	71.3	74.8	68.1	−6.7	15.0	√	
2	640831	114.9	67.4	64.2	57.7	−6.5	12.8	√	
3	640912	121.1	68.8	70.0	63.0	−7.0	14.0	√	
4	660715	179.2	30.1	74.3	63.9	−10.4	14.9	√	
5	700730	108.9	81.7	66.2	65.5	−0.7	13.2	√	
6	720902	127.5	65.7	60.6	64.2	3.6	12.1	√	
7	750901	144.1	38.3	71.9	51.6	−20.3	14.4		√
8	760813	144.2	32.5	53.9	47.0	−6.9	10.8	√	
9	790626	42.4	48.1	13.7	11.8	−1.9	3.0	√	
10	800630	122.2	22.0	39.8	30.9	−8.9	8.0		√
11	840712	147.6	53.9	65.4	66.3	0.9	13.1	√	
12	840812	64.7	64.3	25.4	26.1	0.7	5.1	√	
13	850710	74.9	19.2	13.5	16.0	2.5	3.0	√	
14	850712	54.8	75.2	15.3	24.4	9.1	3.1		√
15	870904	56.2	46.4	18.2	17.1	−1.1	3.6	√	
16	900717	61.5	93.2	43.8	35.6	−8.2	8.8	√	
17	900722	113.3	73.8	74.6	62.1	−12.5	14.9	√	
18	900816	88.8	63.9	40.9	39.2	−1.7	8.2	√	
19	950731	102.0	45.2	26.3	36.4	10.1	5.3		√
20	950903	79.1	51.5	34.5	28.6	−5.9	6.9	√	
21	960725	205.2	25.1	95.1	76.6	−18.5	19.0	√	
22	960731	132.0	69.4	82.6	71.0	−11.6	16.5	√	
23	990909	125.0	5.4	22.4	23.0	0.6	4.5	√	
24	000810	148.2	22.6	43.1	40.6	−2.5	8.6	√	
25	030904	123.7	69.2	63.5	65.1	1.6	12.7	√	
26	040718	93.3	47.8	37.5	33.7	−3.8	7.5	√	
27	040731	97.9	68.1	50.9	47.4	−3.5	10.2	√	
28	040828	115.6	36.4	42.7	37.5	−5.2	8.5	√	
29	050702	89.2	85.5	48.0	53.1	5.1	9.6	√	
30	050806	68.5	57.3	23.9	25.5	1.6	4.8	√	
31	050921	133.6	56.3	80.4	59.6	−20.8	16.1		√
32	070810	77.2	52.6	27.8	28.1	0.3	5.6	√	
33	070818	123.1	62.6	74.4	58.4	−16.0	14.9		√
34	110915	124.5	15.9	31.9	28.2	−3.7	6.4	√	
35	120708	143.7	29.7	19.6	44.6	25.0	3.9		√
36	160722	73.9	96.9	27.9	47.4	19.5	5.6		√
37	160817	102.1	52.9	40.9	40.3	−0.6	8.2	√	
38	180820	189.0	45.7	62.6	89.5	26.9	12.5		√
39	190811	160.8	67.0	54.3	89.8	35.5	10.9		√
40	200813	74.9	60.5	28.0	29.8	1.8	5.6	√	
41	210714	59.6	37.6	13.5	16.5	3.0	3.0	√	
42	210729	77.6	26.7	17.6	19.3	1.7	3.5	√	
43	210920	135.6	24.4	47.0	37.2	−9.8	9.4		√

备注:共选用北望站 1964—2021 年实测点据 43 个,32 个合格,合格率为 74.4%,属乙级方案。

附表9　大汶河北望站 $R\text{-}T_c\text{-}Q_{m净}$ 精度评定表

序号	洪号	$R_实$（mm）	T_c（h）	净峰流量（m³/s）		预报误差（m³/s）	许可误差（m³/s）	评定结果	
				实测	预报			合格	不合格
1	640728	74.8	20	3 623	2 228	−1 395	725		√
2	640831	64.2	20	3 838	1 671	−2 167	768		√
3	640912	70.0	6	6 775	3 522	−3 253	1 355		√
4	660715	74.3	23	5 785	1 883	−3 902	1 157		√
5	700730	66.2	9	3 306	2 765	−541	661	√	
6	720902	60.6	10	1 736	2 071	335	347	√	
7	750901	71.9	12	1 994	2 878	884	399		√
8	760813	53.9	23	1 147	959	−188	229	√	
9	790626	13.7	7	414	482	68	82.8	√	
10	800630	39.8	11	924	1 069	145	185	√	
11	840712	65.4	8	3 043	2 796	−247	609	√	
12	840812	25.4	6	728	828	100	146	√	
13	850710	13.5	12	549	450	−99	110	√	
14	850712	15.3	10	559	542	−17	112	√	
15	870904	18.2	10	642	597	−45	128	√	
16	900717	43.8	4	1 822	1 659	−163	364	√	
17	900722	74.6	18	2 195	2 217	22	439	√	
18	900816	40.9	8	1 282	1 307	25	256	√	
19	950731	26.3	4	1 150	1 004	−146	230	√	
20	950903	34.5	10	1 028	995	−33	206	√	
21	960725	95.1	12	3 585	4 223	638	717	√	
22	960731	82.6	24	2 122	2 154	32	424	√	
23	990909	22.4	7	636	759	123	127	√	
24	000810	43.1	20	1 618	1 308	−310	324	√	
25	030904	63.5	8	1 768	2 657	889	354		√
26	040718	37.5	16	839	847	8	168	√	
27	040731	50.9	28	1 687	1 414	−273	337	√	
28	040828	42.7	12	1 035	1 187	152	207	√	
29	050702	48.0	6	1 170	1 888	718	234		√
30	050806	23.9	6	683	944	261	137		√
31	050921	80.4	48	846	2 058	1 212	169		√
32	070810	27.8	12	807	724	−83	161	√	
33	070818	74.4	40	2 385	1 782	−603	477		√
34	110915	31.9	48	664	324	−340	133		√
35	120708	19.6	8	592	695	103	118	√	
36	160722	27.9	7	1 360	1 044	−316	272		√
37	160817	40.9	21	570	675	105	114	√	
38	180820	62.6	24	1 269	1 254	−15	254	√	
39	190811	54.3	18	1 110	1 326	216	222	√	
40	200813	28.0	4	800	887	87	160	√	
41	210714	13.5	22	501	410	−91	100	√	
42	210729	17.6	16	395	430	35	79	√	
43	210920	47.0	12	1 731	1 424	−307	346	√	

备注:共选用北望站 1964—2021 年实测点据 43 个,合格 31 个,合格率为 72.1%,属乙级方案。

附表 10 大汶河北望站 R-T_c-$T_{洪}$ 精度评定表

序号	洪号	$R_实$ (mm)	T_c (h)	$T_{洪}$（h）		预报误差 (h)	许可误差 (h)	评定结果	
				实测	预报			合格	不合格
1	640728	74.8	20	102	127	25	30.6	√	
2	640831	64.2	20	96	125	29	28.8		√
3	640912	70.0	6	86	88	2	25.8	√	
4	660715	74.3	23	77	127	50	23.1		√
5	700730	66.2	9	102	97	−5	30.6	√	
6	720902	60.6	10	138	99	−39	41.4	√	
7	750901	71.9	12	96	107	11	28.8	√	
8	760813	53.9	23	99	123	24	29.7	√	
9	790626	13.7	7	92	50	−42	27.6		√
10	800630	39.8	11	83	97	14	24.9	√	
11	840712	65.4	8	102	93	−9	30.6	√	
12	840812	25.4	6	86	70	−16	25.8	√	
13	850710	13.5	12	72	71	−1	21.6	√	
14	850712	15.3	10	108	68	−40	32.4		√
15	870904	18.2	10	60	74	14	18	√	
16	900717	43.8	4	84	82	−2	25.2	√	
17	900722	74.6	18	106	127	−21	31.8	√	
18	900816	40.9	8	92	87	−5	27.6	√	
19	950731	26.3	4	96	71	−25	28.8	√	
20	950903	34.5	10	78	91	13	23.4	√	
21	960725	95.1	12	114	112	−2	34.2	√	
22	960731	82.6	24	116	129	13	34.8	√	
23	990909	22.4	7	86	70	−16	25.5	√	
24	000810	43.1	20	120	121	1	36	√	
25	030904	63.5	8	90	93	3	27	√	
26	040718	37.5	16	100	119	19	30	√	
27	040731	50.9	28	94	122	28	28.2	√	
28	040828	42.7	12	110	101	−9	33	√	
29	050702	48.0	6	102	83	−19	30.6	√	
30	050806	23.9	6	88.3	68	−20.3	26.5	√	
31	050921	80.4	48	96	128	32	28.8		√
32	070810	27.8	12	58.5	94	35.5	17.6		√
33	070818	74.4	40	120	127	7	36	√	
34	110915	31.9	48	117.5	117	−0.5	35.3	√	
35	120708	19.6	8	105.7	69	−36.7	31.7		√
36	160722	27.9	7	108	76	−32	32.4	√	
37	160817	40.9	21	96	120	24	28.8	√	
38	180820	62.6	24	112	125	13	33.6	√	
39	190811	54.3	18	106	123	17	31.8	√	
40	200813	28.0	4	71	73	2	21.3	√	
41	210714	13.5	22	82	97	15	24.6	√	
42	210729	17.6	16	88.1	106	17.9	26.4	√	
43	210920	47.0	12	90	102	12	27	√	

备注：共选用北望站 1964—2021 年实测点据 43 个，合格 36 个，合格率为 83.7%，属乙级方案。

附表11 大汶河北望站 $Q_{m\text{净}}$-T_c-T_p 精度评定表

序号	洪号	$Q_{m\text{净}}$ (m^3/s)	T_c (h)	T_p(h) 实测	T_p(h) 预报	预报误差 (h)	许可误差 (h)	评定结果 合格	评定结果 不合格
1	640728	3 623	20	15	17.7	2.7	4.5	√	
2	640831	3 838	20	20.9	17.6	−3.3	6.3	√	
3	640912	6 775	6	4.9	4.2	−0.7	3	√	
4	660715	5 785	23	23.8	16.9	−6.9	7.1	√	
5	700730	3 306	9	7	9	2	3	√	
6	720902	1 736	10	15.2	12.5	−2.7	4.6	√	
7	750901	1 994	12	12.7	11.7	−1	3.8	√	
8	760813	1 147	23	8.7	19.1	10.4	3		√
9	790626	414	7	21.8	17.6	−4.2	6.5	√	
10	800630	924	11	10.9	13.5	2.6	3.3	√	
11	840712	3 043	8	9.8	8.6	−1.2	3	√	
12	840812	728	6	11.4	12.9	1.5	3.4	√	
13	850710	549	12	16.9	15.6	−1.3	5.1	√	
14	850712	559	10	18.4	15	−3.4	5.5	√	
15	870904	642	10	13.4	14.1	0.7	4	√	
16	900717	1 822	4	8.4	6.5	−1.9	3	√	
17	900722	2 195	18	9	18.4	9.4	3		√
18	900816	1 282	8	10.7	11	0.3	3.2	√	
19	950731	1 150	4	10.7	7.7	−3	3.2	√	
20	950903	1 028	10	15.7	12.4	−3.3	4.7	√	
21	960725	3 585	12	14.9	12.1	−2.8	4.5	√	
22	960731	2 122	24	9	18.4	9.4	3		√
23	990909	636	7	9.9	13.5	3.6	3		√
24	810	1 618	20	25.5	11.3	−14.2	7.7		√
25	30904	1 768	8	8.2	10	1.8	3	√	
26	40718	839	16	14.9	16.3	1.4	4.5	√	
27	40731	1 687	28	10.7	13.6	2.9	3.2	√	
28	40828	1 035	12	13.7	13.2	−0.5	4.1	√	
29	50702	1 170	6	8	7.7	−0.3	3	√	
30	50806	683	6	10.9	9.4	−1.5	3.3	√	
31	50921	846	48	52.9	19.6	−33.3	15.9		√
32	70810	807	12	13.5	13.9	0.4	4.1	√	
33	70818	2 385	40	8.8	18.2	9.4	3		√
34	110915	664	48	16	20.3	4.3	4.8	√	
35	120708	592	8	18.8	13.9	−4.9	5.6	√	
36	160722	1 360	7	10	7.3	−2.7	3	√	
37	160817	570	21	22.5	22	−0.5	6.8	√	
38	180820	1 269	24	11	19	8	3.3		√
39	190811	1 110	18	15	18	3	4.5	√	
40	200813	800	4	5.5	12.5	7	3		√
41	210714	501	22	35.5	16.6	−18.9	10.7		√
42	210729	395	16	14.5	18.7	4.2	4.4	√	
43	210920	1 731	12	8.1	11.6	3.5	3		√

备注:共选用北望站 1964—2021 年 43 个点据,32 个合格,合格率为 74.4%,属乙级方案。

附表 12　大汶河大汶口站降雨径流分析成果表

| 序号 | 洪号 | 降雨起止时间 | | 主雨时间 | 流域平均雨量 P（mm） | 前期影响雨量 P_a（mm） | $P+P_a$（mm） | 降雨历时（h） | | 暴雨中心位置或特点 | 起 |
		起	止					全部 T	有效 T_c		
1	560705	7月4日2:00	7月4日14:00	7月4日14:00	73.3	46.3	119.6	12	6	上游	7月4日
2	570707	7月6日8:00	7月7日8:00	7月7日4:00	108.7	23.1	131.8	24	6	中游	7月6日
3	570711	7月10日12:00	7月11日8:00	7月11日0:00	83.6	78.8	162.4	20	6	上游	7月10日
4	570713	7月12日12:00	7月13日8:00	7月12日20:00	76.3	79.6	155.9	20	4	中下游	7月12日
5	570719	7月18日4:00	7月19日16:00	7月18日12:00	133.6	82.5	216.1	36	12	普雨	7月18日
6	570724	7月23日8:00	7月24日8:00	7月24日0:00	87.4	68.7	156.1	24	6	下游	7月23日
7	580707	7月6日8:00	7月7日4:00	7月6日20:00	57.1	55.2	112.3	20	6	上游	7月6日
8	580805	8月4日20:00	8月5日8:00	8月5日4:00	48.2	49.8	98.0	12	4	中上游	8月4日
9	610715	7月14日0:00	7月14日14:00	7月14日10:00	37.2	39.4	76.6	14	6	上游	7月15日
10	610811	8月10日6:00	8月11日12:00	8月11日4:00	96.4	37.4	133.8	30	10	中游	8月10日
11	610815	8月14日4:00	8月14日18:00	8月14日14:00	42.6	74.3	116.9	14	8	中下游	8月14日
12	620714	7月13日6:00	7月14日0:00	7月13日20:00	72.4	20.3	92.7	18	6	中下游	7月13日
13	620719	7月18日18:00	7月19日12:00	7月19日0:00	61.2	56.1	117.3	18	8	南支下游	7月18日
14	630728	7月27日20:00	7月28日14:00	7月28日0:00	69.4	76.0	145.4	18	8	下游	7月27日
15	630830	8月28日14:00	8月30日10:00	8月29日10:00	80.8	15.3	96.1	44	6	上游	8月29日
16	640718	7月16日12:00	7月18日6:00	7月17日18:00	136.3	62.1	198.4	42	16	中游	7月17日
17	640728	7月27日10:00	7月29日8:00	7月28日6:00	121.9	72.8	194.7	46	14	上游	7月27日
18	640801	7月31日14:00	8月1日8:00	8月1日6:00	40.6	72.2	112.8	18	6	中游	7月31日
19	640828	8月27日8:00	8月28日8:00	8月28日0:00	47.8	31.0	78.8	24	6	中游	8月27日
20	640831	8月30日2:00	8月31日18:00	8月31日0:00	125.3	62.1	187.4	40	12	中游	8月30日
21	640912	9月12日2:00	9月13日22:00	9月12日8:00	122.2	62.3	184.5	44	6	中上游	9月12日
22	650710	7月9日6:00	7月10日0:00	7月9日16:00	90.9	17.3	108.2	18	8	上中游	7月9日
23	660715	7月14日0:00	7月15日6:00	7月15日0:00	143.6	35.6	179.2	30	6	上中游	7月14日
24	690903	9月2日4:00	9月2日18:00	9月2日14:00	69.6	26.3	95.9	14	8	普雨	9月2日
25	700723	7月22日20:00	7月23日6:00	7月23日0:00	53.3	54.3	107.6	10	6	南支中游	7月22日
26	700730	7月29日0:00	7月29日20:00	7月29日18:00	86.9	82.4	169.3	20	10	上中游	7月29日

洪水起止时间			洪水总历时 $T_洪$ (h)	涨洪历时 $T_{涨洪}$ (h)	起涨流量 (m³/s)	净峰流量 $Q_{m净}$ (m³/s)	径流深 R (mm)	径流系数 α	洪水总量 $W_总$ (万 m³)	地表径流总量 W (万 m³)	洪峰滞时 T_p (h)
涨	峰顶	落平									
2:00	7月5日1:00	7月10日0:00	142	23	76.8	2 180	30.0	0.41	22 189	17 090	19
16:00	7月7日14:36	7月10日18:00	98	22.6	26.7	3 410	32.7	0.30	21 408	18 643	11
15:00	7月11日10:53	7月14日9:00	90	19.9	240	2 980	44.1	0.53	32 552	25098	14
16:00	7月13日0:48	7月18日10:00	138	8.8	240	4 070	48.3	0.63	39 072	27 513	7
10:00	7月19日11:36	7月23日12:00	122	25.6	300	6 230	96.9	0.73	67 975	55 202	5.5
12:00	7月24日4:30	7月27日0:00	84	16.5	355	5 790	48.8	0.56	38 230	27 824	6.5
18:00	7月7日18:00	7月11日9:00	111	24	42	631	12.7	0.22	8 549	6 871	22
8:00	8月5日18:00	8月9日15:00	127	34	63.3	1 090	17.4	0.36	13 058	9 411	17
0:00	7月15日7:00	7月17日18:00	66	7	38.9	467	8.5	0.23	4 943	4 034	22
12:00	8月11日18:00	8月16日0:00	132	30	63	1 410	30.5	0.32	17 299	14 397	14
13:00	8月15日2:00	8月19日23:00	130	13	166	889	21.9	0.51	17 858	10 327	11
6:00	7月14日10:00	7月17日18:00	108	28	36.2	1 030	14.8	0.20	9 456	7 002	15
18:00	7月19日16:00	7月23日10:00	112	22	92.7	892	18.7	0.31	13 514	8 830	16
21:00	7月28日11:30	8月2日7:00	130	14.5	312	2 040	39.4	0.57	29 756	18 596	12
0:00	8月30日6:00	9月3日10:00	130	30	40.5	1 220	19.4	0.24	11 118	9 156	20
0:00	7月18日0:30	7月22日8:00	128	24.5	179	3 460	73.7	0.54	44 041	34 817	11
12:00	7月28日20:36	7月31日20:00	104	32.6	174	3 960	74.4	0.61	46 087	35 158	15
20:00	8月1日23:30	8月5日8:00	108	27.5	174	1 180	19.3	0.48	21 271	9 121	18.5
20:00	8月28日14:30	8月30日8:00	60	18.5	137	718	9.2	0.19	7 540	4 362	13.5
8:00	8月31日11:30	9月4日12:00	124	27.5	137	5 600	87.5	0.70	55 335	41 304	7
8:00	9月12日16:00	9月17日6:00	118	8	295	6 490	65.7	0.54	53 009	31 010	8
12:00	7月10日13:00	7月14日8:00	116	25	1.97	920	19.9	0.22	10 262	8 939	21
16:00	7月15日8:48	7月19日18:00	122	16.8	11.2	4 940	48.8	0.34	24 325	21 719	9
20:00	9月3日7:00	9月8日2:00	126	11	38.4	700	17.8	0.26	9 714	7 153	17
20:00	7月23日12:00	7月26日2:00	78	16	56.3	1 720	24.2	0.45	11 389	9 699	10
6:00	7月30日4:30	8月3日8:00	122	22.5	62.1	3 780	56.9	0.65	27 113	22 810	11.5

序号	洪号	降雨起止时间		主雨时间	流域平均雨量 P （mm）	前期影响雨量 P_a （mm）	$P+P_a$ （mm）	降雨历时（h）		暴雨中心位置或特点	起
		起	止					全部 T	有效 T_c		
27	700807	8月5日 12:00	8月6日 20:00	8月5日 18:00	46.2	51.7	97.9	32	10	上中游	8月5日
28	710707	7月6日 16:00	7月7日 12:00	7月6日 20:00	61.8	70.0	131.8	20	8	上游	7月6日
29	710822	8月21日 0:00	8月22日 4:00	8月21日 14:00	73.4	55.0	128.4	28	10	中游	8月21日
30	720902	9月1日 10:00	9月2日 8:00	9月2日 0:00	115.7	65.0	180.7	22	12	中上游	9月1日
31	740802	7月31日 22:00	8月1日 12:00	8月1日 10:00	52.6	79.9	132.5	14	12	南支中游	8月1日
32	740814	8月13日 0:00	8月14日 8:00	8月13日 12:00	50.6	84.1	134.7	32	14	上游	8月13日
33	750723	7月23日 0:00	7月23日 14:00	7月23日 4:00	52.2	66.0	118.2	14	8	中下游	7月23日
34	750730	7月29日 22:00	7月30日 12:00	7月30日 6:00	57.2	84.8	142.0	14	10	上中游	7月30日
35	760814	8月11日 16:00	8月13日 16:00	8月13日 0:00	127.1	34.0	161.1	48	14	中游	8月12日
36	770706	7月5日 4:00	7月6日 2:00	7月5日 20:00	57.6	34.7	92.3	22	10	下游	7月5日
37	800630	6月29日 0:00	6月30日 6:00	6月29日 22:00	107.9	23.3	131.2	30	8	中游	6月30日
38	840712	7月11日 20:00	7月12日 6:00	7月12日 0:00	85.1	65.8	150.9	10	8	上游	7月11日
39	840813	8月12日 4:00	8月12日 14:00	8月12日 6:00	54.7	63.2	117.9	10	8	中游	8月12日
40	850712	7月8日 22:00	7月9日 22:00	7月9日 10:00	79.1	17.3	96.4	24	8	上游	7月11日
41	900618	6月17日 16:00	6月18日 14:00	6月18日 2:00	116.0	51.9	167.9	22	8	中上游	6月18日
42	900717	7月16日 22:00	7月17日 8:00	7月17日 2:00	62.5	68.0	130.5	10	4	上游	7月17日
43	900722	7月21日 4:00	7月22日 6:00	7月22日 2:00	129.0	83.8	212.8	26	16	中上游	7月21日
44	900803	8月2日 14:00	8月3日 2:00	8月2日 16:00	69.4	52.4	121.8	12	8	中下游	8月2日
45	900816	8月15日 14:00	8月16日 12:00	8月16日 4:00	93.8	56.3	150.1	22	10	中下游	8月16日
46	950731	7月30日 16:00	7月31日 2:00	7月30日 22:00	58.1	39.9	98.0	10	4	上中游	7月31日
47	960726	7月24日 20:00	7月25日 18:00	7月25日 12:00	171.8	20.3	192.1	22	14	上游	7月25日
48	960731	7月29日 22:00	7月31日 14:00	7月30日 18:00	109.4	61.1	170.5	40	12	中上游	7月31日
49	990910	9月9日 0:00	9月9日 10:00	9月9日 4:00	113.2	9.5	122.7	10	8	中游	9月9日
50	000811	8月9日 2:00	8月10日 14:00	8月9日 18:00	106.4	18.4	124.8	36	10	上中游	8月10日
51	010804	8月4日 4:00	8月4日 16:00	8月4日 8:00	89.2	71.5	160.7	12	8	中下游	8月4日
52	030904	9月3日 20:00	9月5日 6:00	9月4日 6:00	110.0	75.8	185.8	34	10	中上游	9月3日

续表

洪水起止时间			洪水总历时 $T_洪$（h）	涨洪历时 $T_{涨洪}$（h）	起涨流量（m³/s）	净峰流量 $Q_{m净}$（m³/s）	径流深 R（mm）	径流系数 α	洪水总量 $W_总$（万 m³）	地表径流总量 W（万 m³）	洪峰滞时 T_p（h）
涨	峰顶	落平									
17:00	8月7日6:00	8月9日18:00	97	37	140	651	19.2	0.41	13 401	7 680	20
20:00	7月7日19:00	7月11日12:00	112	23	125	915	26.3	0.43	15 424	10 538	23
12:00	8月22日10:15	8月25日10:00	94	22.2	95	1 150	29.4	0.40	16 212	11 784	18
20:00	9月2日17:00	9月6日20:00	120	21	68	2 600	50.7	0.44	23 344	20 328	16
0:00	8月2日4:00	8月4日20:00	92	28	70	768	23.5	0.45	11 648	9 401	19
10:00	8月14日12:00	8月18日8:00	118	26	221	1 230	36.2	0.72	23 610	14 509	24
5:00	7月23日14:30	7月27日16:00	107	9.5	82	746	19.8	0.38	11 059	7 920	11
0:00	7月30日19:00	8月4日0:00	120	19	130	1 380	36.1	0.63	20 881	14 453	14
20:00	8月14日0:00	8月18日8:00	132	28	13.1	1 170	37.6	0.30	17 166	15 084	24
14:00	7月6日5:00	7月9日1:00	83	15	0	551	11.7	0.20	5 198	4 691	18
0:00	6月30日22:00	7月4日8:00	104	22	16.5	1 130	25.9	0.24	11 580	95 53	26
22:00	7月12日15:30	7月17日0:00	122	17.5	55	2 410	39.6	0.47	18 363	14 595	15
16:00	8月13日2:30	8月16日20:00	100	10.5	90	815	17.2	0.31	12 179	6 324	19.5
12:00	7月12日19:36	7月15日6:00	90	31.6	135	626	14.7	0.19	9 644	5 404	26
5:00	6月18日17:30	6月23日20:00	135	12.5	18.4	2 140	38.4	0.33	15 010	14 143	16
2:00	7月17日18:06	7月21日8:00	102	16.1	93.1	2 140	32.8	0.52	18 418	13 023	17
8:00	7月22日14:30	7月25日20:00	108	30.5	223	3 610	74.7	0.58	40 430	30 762	13
14:00	8月3日8:53	8月6日20:00	102	18.9	163	1 290	23.8	0.34	18 668	9 778	15
2:00	8月16日18:40	8月21日8:00	126	16.7	225	2 530	51.2	0.55	37 683	21 987	15
8:00	7月31日17:42	8月4日8:00	96	9.7	24	750	12.8	0.22	6 482	4 703	20
8:00	7月26日0:00	7月29日20:00	108	16	16.3	3 690	68.2	0.40	29 344	25 136	12.5
8:00	7月31日17:42	8月4日8:00	120	23.5	201	2 690	56.1	0.51	43 466	23 451	13
20:00	9月10日2:00	9月13日20:00	96	6	12.5	844	15.9	0.14	7 164	5 869	23
20:00	8月11日1:30	8月13日22:00	74	5.5	74	938	20.0	0.19	8 091	7 359	32
8:00	8月4日23:30	8月8日10:00	98	15.5	98	2 560	45.9	0.51	27 700	18 880	15.5
20:00	9月4日17:09	9月9日4:00	128	21.2	128	1 840	39.7	0.36	30 216	15 777	11

序号	洪号	降雨起止时间		主雨时间	流域平均雨量 P（mm）	前期影响雨量 P_a（mm）	$P+P_a$（mm）	降雨历时（h）		暴雨中心位置或特点	起
		起	止					全部 T	有效 T_c		
53	040718	7月16日12:00	7月17日22:00	7月17日8:00	85.9	44.6	130.5	34	14	中上游	7月16日
54	040731	7月29日20:00	7月31日10:00	7月30日20:00	73.3	61.5	134.8	38	10	中游	7月30日
55	040828	8月26日16:00	8月28日4:00	8月28日0:00	117.4	36.0	153.4	36	12	中上游	8月26日
56	040915	9月14日2:00	9月14日20:00	9月14日10:00	85.5	18.0	103.5	18	10	中上游	9月14日
57	050702	7月1日20:00	7月3日12:00	7月2日6:00	126.8	93.8	220.6	40	14	中游	7月2日
58	050921	9月18日20:00	9月21日10:00	9月20日4:00	140.7	48.8	189.5	62	18	上游	9月19日
59	070818	8月16日0:00	8月18日6:00	8月18日2:00	151.3	63.4	214.7	54	18	上游	8月16日
60	110703	7月2日12:00	7月3日16:00	7月3日4:00	96.0	27.2	123.2	28	10	上游	7月2日
61	110915	9月11日20:00	9月15日14:00	9月14日10:00	159.7	17.2	176.9	90	14	中下游	9月13日
62	120709	7月7日16:00	7月8日12:00	7月8日4:00	114.4	41.9	156.3	20	12	中上游	7月8日
63	120710	7月9日14:00	7月10日8:00	7月10日0:00	74.1	97.9	172.0	18	14	中上游	7月10日
64	130730	7月29日12:00	7月30日6:00	7月29日16:00	52.1	86.3	138.4	18	8	中上游	7月29日
65	160722	7月19日20:00	7月21日2:00	7月20日4:00	108.9	35.1	144.0	30	10	中游	7月20日
66	180820	8月18日6:00	8月19日22:00	8月19日12:00	200.7	51.1	251.8	40	24	中上游	8月18日
67	190812	8月10日10:00	8月11日20:00	8月11日6:00	174.1	72.7	246.8	34	20	上游	8月10日
68	200807	8月6日14:00	8月7日18:00	8月6日20:00	81.5	75.7	157.2	28	16	中下游	8月6日
69	200814	8月12日22:00	8月15日6:00	8月13日18:00	113.9	58.0	171.9	56	12	南支，先上游/后下游	8月13日
70	200820	8月19日20:00	8月20日18:00	8月20日2:00	54.9	66.7	121.6	22	10	上游	8月20日

洪水起止时间			洪水总历时 $T_{洪}$ (h)	涨洪历时 $T_{涨洪}$ (h)	起涨流量 (m³/s)	净峰流量 $Q_{m净}$ (m³/s)	径流深 R (mm)	径流系数 α	洪水总量 $W_{总}$ (万 m³)	地表径流总量 W (万 m³)	洪峰滞时 T_p (h)
涨	峰顶	落平									
12:00	7 月 18 日 7:00	7 月 24 日 14:00	194	43	194	650	22.8	0.27	18 436	8 411	21
8:00	7 月 31 日 10:00	8 月 3 日 10:00	98	26	98	1 450	16.8	0.23	20 618	6 677	14
22:00	8 月 28 日 17:00	9 月 1 日 20:00	142	43	142	1 480	37.8	0.32	30 671	15 562	17
9:00	9 月 15 日 12:00	9 月 19 日 20:00	131	27	131	504	14.8	0.17	12 867	6 076	8
4:00	7 月 2 日 17:00	7 月 7 日 8:00	124	13	124	2 070	53.2	0.42	22 498	19 604	11
16:00	9 月 21 日 18:10	9 月 25 日 8:00	136	50.2	136	1 420	47.5	0.34	36 424	18 850	38
14:00	8 月 18 日 15:00	8 月 23 日 0:00	154	49	154	2320	64.8	0.43	49 728	25 801	13
20:00	7 月 3 日 18:50	7 月 6 日 20:00	96	22.8	96	647	15.2	0.16	7 247	5 599	15
20:00	9 月 15 日 7:00	9 月 19 日 0:00	124	35	124	1 560	40.6	0.25	32 769	14 968	21
14:00	7 月 9 日 6:10	7 月 12 日 20:00	102	16.2	102	996	27.0	0.24	11 983	9 941	26
6:00	7 月 10 日 20:00	7 月 14 日 20:00	110	14	110	878	29.3	0.40	20 895	10 806	26
14:00	7 月 30 日 9:30	8 月 2 日 8:00	90	19.5	90	684	24.2	0.46	17 671	8 923	15
14:00	7 月 22 日 16:00	7 月 25 日 20:00	126	50	126	1 230	26.9	0.25	13 951	9 918	60
8:00	8 月 20 日 4:00	8 月 25 日 6:00	166	44	166	2 100	79.8	0.40	33 542	29 421	14
12:00	8 月 12 日 1:00	8 月 17 日 10:00	166	37	166	2 060	66.9	0.38	35 927	24 652	21
08:00	8 月 7 日 12:00	8 月 12 日 08:00	144	28	144	772	31.0	0.38	17 438	11 420	16
16:00	8 月 14 日 09:00	8 月 19 日 02:00	130	17	130	1 450	36.9	0.32	29 420	13 594	15
08:00	8 月 20 日 18:00	8 月 25 日 08:00	120	10	120	641	18.0	0.33	11 128	6 644	16

附表 13 大汶河大汶口站 $P+P_a-R$ 精度评定表

序号	洪号	流域平均雨量 P（mm）	前期影响雨量 P_a（mm）	$P+P_a$（mm）	实测径流深 $R_{实}$（mm）	预报径流深 $R_{预}$（mm）	预报误差（mm）	许可误差（mm）	评定结果 合格	不合格
1	560705	73.3	46.3	119.6	30	24.2	-5.8	6.0	√	
2	570707	108.7	23.1	131.8	32.7	30.2	-2.5	6.5	√	
3	570711	83.6	78.8	162.4	44.1	47.5	3.4	8.8	√	
4	570713	76.3	79.6	155.9	48.3	43.5	-4.8	9.7	√	
5	570719	133.6	82.5	216.1	96.9	87.5	-9.4	19.4	√	
6	570724	87.4	68.7	156.1	48.8	43.7	-5.1	9.8	√	
7	580707	57.1	55.2	112.3	12.7	21.4	8.7	3.0		√
8	580805	48.2	49.8	98	17.4	16.2	-1.2	3.5	√	
9	610715	37.2	39.4	76.6	8.5	8.7	0.2	3.0	√	
10	610811	96.4	37.4	133.8	30.5	31.2	0.7	6.1	√	
11	610815	42.6	74.3	116.9	21.9	23.2	1.3	4.4	√	
12	620714	72.4	20.3	92.7	14.8	14.3	-0.5	3.0	√	
13	620719	61.2	56.1	117.3	18.7	23.3	4.6	3.7		√
14	630728	69.4	76	145.4	39.4	37.5	-1.9	7.9	√	
15	630830	80.8	15.3	96.1	19.4	15.5	-3.9	3.9	√	
16	640718	136.3	62.1	198.4	73.7	72.8	-0.9	14.7	√	
17	640728	121.9	72.8	194.7	74.4	69.9	-4.5	14.9	√	
18	640801	40.6	72.2	112.8	19.3	21.6	2.3	3.9	√	
19	640828	47.8	31	78.8	9.2	9.5	0.3	3.0	√	
20	640831	125.3	62.1	187.4	87.5	64.4	-23.1	17.5		√
21	640912	122.2	62.3	184.5	65.7	62.3	-3.4	13.1	√	
22	650710	90.9	17.3	108.2	19.9	19.9	0.0	4.0	√	
23	660715	143.6	35.6	179.2	48.8	58.5	9.7	9.8	√	
24	690903	69.6	26.3	95.9	17.8	15.5	-2.3	3.6	√	
25	700723	53.3	54.3	107.6	24.2	19.6	-4.6	4.8	√	
26	700730	86.9	82.4	169.3	56.9	51.9	-5.0	11.4	√	
27	700807	46.2	51.7	97.9	19.2	16.2	-3.0	3.8	√	
28	710707	61.8	70	131.8	26.3	30.2	3.9	5.3	√	
29	710822	73.4	55	128.4	29.4	28.4	-1.0	5.9	√	
30	720902	115.7	65	180.7	50.7	59.5	8.8	10.1	√	
31	740802	52.6	79.9	132.5	23.5	30.5	7.0	4.7		√
32	740814	50.6	84.1	134.7	36.2	31.7	-4.5	7.2	√	
33	750723	52.2	66	118.2	19.8	23.7	3.9	4.0	√	
34	750730	57.2	84.8	142	36.1	35.6	-0.5	7.2	√	
35	760814	127.1	34	161.1	37.6	46.7	9.1	7.5		√
36	770706	57.6	34.7	92.3	11.7	14.2	2.5	3.0	√	
37	800630	107.9	23.3	131.2	25.9	29.8	3.9	5.2	√	

序号	洪号	流域平均雨量 P（mm）	前期影响雨量 P_a（mm）	$P+P_a$（mm）	实测径流深 $R_实$（mm）	预报径流深 $R_预$（mm）	预报误差（mm）	许可误差（mm）	评定结果	不合格
38	840712	85.1	65.8	150.9	39.6	40.5	0.9	7.9	√	
39	840813	54.7	63.2	117.9	17.2	23.6	6.4	3.4		√
40	850712	79.1	17.3	96.4	14.7	15.6	0.9	3.0	√	
41	900618	116	51.9	167.9	38.4	51	12.6	7.7		√
42	900717	62.5	68	130.5	32.8	29.5	-3.3	6.6	√	
43	900722	129	83.8	212.8	74.7	84.6	9.9	14.9	√	
44	900803	69.4	52.4	121.8	23.8	25.3	1.5	4.8	√	
45	900816	93.8	56.3	150.1	51.2	40.1	-11.1	10.2		√
46	950731	58.1	39.9	98	12.8	16.2	3.4	3.0		√
47	960726	171.8	20.3	192.1	68.2	67.9	-0.3	13.6	√	
48	960731	109.4	61.1	170.5	56.1	52.6	-3.5	11.2	√	
49	990910	113.2	9.5	122.7	15.9	25.7	9.8	3.2		√
50	000811	106.4	18.4	124.8	20	17.4	-2.6	4.0	√	
51	010804	89.2	71.5	160.7	45.9	29.5	-16.4	9.2		√
52	030904	110	75.8	185.8	39.7	39.6	-0.1	7.9	√	
53	040718	85.9	44.6	130.5	22.8	19.2	-3.6	4.6	√	
54	040731	73.3	61.5	134.8	16.8	20.5	3.7	3.4		√
55	040828	117.4	36	153.4	37.8	26.9	-10.9	7.6		√
56	040915	85.5	18	103.5	14.8	11.8	-3.0	3.0	√	
57	050702	126.8	93.8	220.6	53.2	59	5.8	10.6	√	
58	050921	140.7	48.8	189.5	47.5	41.3	-6.2	9.5	√	
59	070818	151.3	63.4	214.7	64.8	55.5	-9.3	13.0	√	
60	110703	96	27.2	123.2	15.2	17	1.8	3.0	√	
61	110915	159.7	17.2	176.9	40.6	35.7	-4.9	8.1	√	
62	120709	114.4	41.9	156.3	27	27.9	0.9	5.4	√	
63	120710	74.1	97.9	172	29.3	33.8	4.5	5.9	√	
64	130730	52.1	86.3	138.4	24.2	21.7	-2.5	4.8	√	
65	160722	108.9	35.1	144	26.9	23.6	-3.3	5.4	√	
66	180820	200.7	51.1	251.8	79.8	78.3	-1.5	16.0	√	
67	190812	174.1	72.7	246.8	66.9	74.9	8.0	13.4	√	
68	200807	81.5	75.7	157.2	31	28.2	-2.8	6.2	√	
69	200814	113.9	58	171.9	36.9	33.7	-3.2	7.4	√	
70	200820	54.9	66.7	121.6	18	16.5	-1.5	3.6	√	

备注：大汶口站实测点据共 70 个，绘制 2 条曲线，有 57 个合格，合格率为 81.4%。其中，2000 年以后实测点据 21 个，合格 18 个，合格率为 85.7%。综合评定为乙级方案。2000 年 1 月 1 日，大汶口站由其下游临汶站上迁而来。自 2000 年以来，随着大中型水库陆续除险加固（中型水库全部建有闸门）、大汶河干支流修建拦河闸坝，流域内下垫面条件发生明显改变。通过系统分析流域最大损失量发现，近 20 年也 I_m 有所增大，本次 P_a 采用：1999 年前仍沿用 90 mm，2000 年以后采用 100 mm。

附表 14 大汶河大汶口站 $P-P_a-R$ 精度评定表

序号	洪号	流域平均雨量 P（mm）	前期影响雨量 P_a（mm）	径流深 R（mm） 实测	径流深 R（mm） 预报	预报误差（mm）	许可误差（mm）	评定结果 合格	评定结果 不合格
1	560705	73.3	46.3	30.0	24.0	-6.0	6.0	√	
2	570707	108.7	23.1	32.7	30.6	-2.1	6.5	√	
3	570711	83.6	78.8	44.1	50.3	6.2	8.8	√	
4	570713	76.3	79.6	48.3	45.7	-2.6	9.7	√	
5	570719	133.6	82.5	96.9	99.1	2.1	19.4	√	
6	570724	87.4	68.7	48.8	45.1	-3.7	9.8	√	
7	580707	57.1	55.2	12.7	20.9	8.2	3.0		√
8	580805	48.2	49.8	17.4	15.2	-2.2	3.5	√	
9	610715	37.2	39.4	8.5	9.7	1.2	3.0	√	
10	610811	96.4	37.4	30.5	31.3	0.8	6.1	√	
11	610815	42.6	74.3	21.9	21.7	-0.2	4.4	√	
12	620714	72.4	20.3	14.8	16.6	2.2	3.0	√	
13	620719	61.2	56.1	18.7	23.2	4.5	3.7		√
14	630728	69.4	76.0	39.4	38.6	-0.8	7.9	√	
15	630830	80.8	15.3	19.4	17.3	-2.1	3.9	√	
16	640718	136.3	62.1	73.7	81.3	7.6	14.7	√	
17	640728	121.9	72.8	74.7	77.6	2.9	14.9	√	
18	640801	40.6	72.2	19.3	19.8	0.5	3.9	√	
19	640828	47.8	31.0	9.2	11.3	2.1	3.0	√	
20	640831	125.3	62.1	87.5	71.1	-16.4	17.5	√	
21	640912	122.2	62.3	65.7	68.3	2.6	13.1	√	
22	650710	90.9	17.3	19.9	21.2	1.3	4.0	√	
23	660715	143.6	35.6	48.8	63.4	14.6	9.8		√
24	690903	69.6	26.3	17.8	17.5	-0.3	3.6	√	
25	700723	53.3	54.3	24.2	18.9	-5.3	4.8		√
26	700730	86.9	82.4	56.9	55.5	-1.4	11.4	√	
27	700807	46.2	51.7	19.2	15.1	-4.1	3.8		√
28	710707	61.8	70.0	26.3	29.8	3.5	5.3	√	
29	710822	73.4	55.0	29.4	28.5	-0.9	5.9	√	
30	720902	115.7	65.0	50.7	64.7	14.0	10.1		√
31	740802	52.6	79.9	23.5	30.5	7.0	4.7		√
32	740814	50.6	84.1	36.2	31.3	-4.9	7.2	√	
33	750723	52.2	66.0	19.8	22.8	3.0	4.0	√	
34	750730	57.2	84.8	36.1	35.9	-0.1	7.2	√	
35	760814	127.1	34.0	37.6	48.6	10.9	7.5		√
36	770706	57.6	34.7	11.7	14.9	3.2	3.0		√

续表

序号	洪号	流域平均雨量 P（mm）	前期影响雨量 P_a（mm）	径流深 R（mm）		预报误差（mm）	许可误差（mm）	评定结果	
				实测	预报			合格	不合格
37	800630	107.9	23.3	25.9	30.4	4.4	5.2	√	
38	840712	85.1	65.8	39.6	42.6	3.0	7.9	√	
39	840813	54.7	63.2	17.2	22.9	5.8	3.4		√
40	850712	79.1	17.3	14.7	17.6	2.9	3.0	√	
41	900618	116.0	51.9	38.4	53.6	15.2	7.7		√
42	900717	62.5	68.0	32.8	29.3	-3.5	6.6	√	
43	900722	129.0	83.8	74.7	95.5	20.8	14.9		√
44	900803	69.4	52.4	23.8	25.1	1.4	4.8	√	
45	900816	93.8	56.3	51.2	41.0	-10.2	10.2	√	
46	950731	58.1	39.9	12.8	15.2	2.5	3.0	√	
47	960726	171.8	20.3	68.2	74.9	6.7	13.6	√	
48	960731	109.4	61.1	56.1	56.3	0.3	11.2	√	
49	990910	113.2	9.5	15.9	26.0	10.1	3.2		√
50	000811	106.4	18.4	20.0	20.0	0.0	4.0	√	
51	010804	89.2	71.5	45.9	30.8	-15.1	9.2		√
52	030904	110.0	75.8	39.7	41.7	2.0	7.9	√	
53	040718	85.9	44.6	22.8	20.6	-2.2	4.6	√	
54	040731	73.3	61.5	16.8	21.3	4.5	3.4		√
55	040828	117.4	36.0	37.8	28.8	-9.0	7.6		√
56	040915	85.5	18.0	14.8	13.5	-1.3	3.0	√	
57	050702	126.8	93.8	53.2	56.1	2.9	10.7	√	
58	050921	140.7	48.8	47.5	44.6	-2.8	9.5	√	
59	070818	151.3	63.4	64.8	56.9	-7.9	13.0	√	
60	110703	96.0	27.2	15.2	18.3	3.1	3.0		√
61	110915	159.7	17.2	40.6	40.1	-0.5	8.1	√	
62	120709	114.4	41.9	27.0	30.0	3.0	5.4	√	
63	120710	74.1	97.9	29.3	30.8	1.5	5.9	√	
64	130730	52.1	86.3	24.2	20.8	-3.4	4.9	√	
65	160722	108.9	35.1	26.9	25.2	-1.7	5.4	√	
66	180820	200.7	51.1	79.8	79.4	-0.4	16.0	√	
67	190812	174.1	72.7	66.9	74.4	7.5	13.4	√	
68	200807	81.5	75.7	31.0	29.1	-1.9	6.2	√	
69	200814	113.9	58.0	36.9	36.3	-0.6	7.4	√	
70	200820	54.9	66.7	18.0	16.3	-1.7	3.6	√	

备注：大汶口站 1956—2020 年实测点据共 70 个，合格 54 个，综合合格率为 77.1%。其中，1956—1999 年实测点据共 49 个，合格 37 个，合格率 75.5%；2000—2020 年实测点据 21 个，合格 17 个，合格率 81.0%。

附表15 大汶河大汶口站 R-T_c-$Q_{m净}$ 精度评定表

序号	洪号	$R_实$（mm）	T_c（h）	净峰流量（m³/s）		预报误差（m³/s）	许可误差（m³/s）	评定结果	
				实测	预报			合格	不合格
1	560705	30.0	6	2 180	1 925	-255	436	√	
2	570707	32.7	6	3 410	2 161	-1 249	682		√
3	570711	44.1	8	2 980	2 640	-340	596	√	
4	570713	48.3	4	4 070	4 139	69	814	√	
5	570719	96.9	12	6 230	6 775	545	1 246	√	
6	570724	48.8	6	5 790	3 636	-2 154	1 158		√
7	580707	12.7	6	631	731	100	126	√	
8	580805	17.4	4	1 090	1 259	169	218	√	
9	610715	8.5	6	467	483	16	93.4	√	
10	610811	30.5	10	1 410	1 324	-86	282	√	
11	610815	21.9	8	889	988	99	178	√	
12	620714	14.8	6	1 030	860	-170	206	√	
13	620719	18.7	8	892	831	-61	178	√	
14	630728	39.4	8	2 040	2 202	162	408	√	
15	630830	19.4	6	1 220	1 143	-77	244	√	
16	640718	73.7	16	3 460	3 315	-145	692	√	
17	640728	74.4	14	3 960	3 932	-28	792	√	
18	640801	19.3	6	1 180	1137	-43	236	√	
19	640828	9.2	6	718	520	-198	144		√
20	640831	87.5	12	5 600	5 800	200	1 120	√	
21	640912	65.7	6	6 490	5 281	-1209	1 298	√	
22	650710	19.9	8	920	876	-44	184	√	
23	660715	48.8	6	4 940	3 636	-1 304	988		√
24	690903	17.8	8	700	796	96	140	√	
25	700723	24.2	6	1 720	1 493	-227	344	√	
26	700730	56.9	10	3 780	3 371	-409	756	√	
27	700807	19.2	10	651	738	87	130	√	
28	710707	26.3	8	915	1 239	324	183		√
29	710822	29.4	10	1 150	1 259	109	230	√	
30	720902	50.7	12	2 600	2 363	-237	520	√	
31	740802	23.5	12	768	818	50	154	√	
32	740814	36.2	14	1 230	1 246	16	246	√	
33	750723	19.8	8	746	872	126	149	√	
34	750730	36.1	10	1 380	1 708	328	276		√
35	760814	37.6	14	1 170	1 312	142	234	√	
36	770706	11.7	10	551	483	-68	110	√	

序号	洪号	$R_实$ （mm）	T_c （h）	净峰流量（m³/s）		预报 误差 （m³/s）	许可 误差 （m³/s）	评定结果	
				实测	预报			合格	不合格
37	800630	25.9	8	1 130	1 216	108	226	√	
38	840712	39.6	8	2 410	2 218	-141	482	√	
39	840813	17.2	8	815	774	-36	163	√	
40	850712	14.7	8	626	679	64	125	√	
41	900618	38.4	8	2 140	2 122	20	428	√	
42	900717	32.8	4	2 140	2 666	566	428		√
43	900722	74.7	16	3 610	3 400	-129	722	√	
44	900803	23.8	8	1 290	1 097	-166	258	√	
45	900816	51.2	10	2 530	2 858	381	506	√	
46	950731	12.8	4	750	868	130	150	√	
47	960726	68.2	14	3 690	3 372	-277	738	√	
48	960731	56.1	12	2 690	2 849	208	538	√	
49	990910	15.9	8	844	724	-102	169	√	
50	000811	20.0	10	938	765	-174	188	√	
51	010804	45.9	8	2 560	2 811	247	512	√	
52	030904	39.7	10	1 840	1 954	117	368	√	
53	040718	22.8	14	650	663	14	130	√	
54	040731	16.8	10	1 450	656	-793	290		√
55	040828	37.8	12	1 480	1 575	95	296	√	
56	040915	14.8	10	504	588	83	101	√	
57	050702	53.2	14	2 070	2 165	95	414	√	
58	050921	47.5	18	1 420	1 306	-114	284	√	
59	070818	64.8	18	2 320	2 292	-27	464	√	
60	110703	15.2	10	647	602	-45	129	√	
61	110915	40.6	14	1 560	1 455	-104	312	√	
62	120709	27.0	12	996	986	-11	199	√	
63	120710	29.3	14	878	927	50	176	√	
64	130730	24.2	8	684	1 119	436	137		√
65	160722	26.9	10	1 230	1 127	-102	246	√	
66	180820	79.8	24	2 100	2 239	141	420	√	
67	190812	66.9	20	2 060	2 156	96	412	√	
68	200807	31.0	16	772	817	45	154	√	
69	200814	36.9	12	1 450	1 523	73	290	√	
70	200820	18.0	10	641	697	57	128	√	

备注：大汶口站 1956—2020 年实测点据共 70 个，合格 61 个，合格率为 87.1%，为甲级方案。

附表16 大汶河大汶口站 R–T_c–$T_洪$ 精度评定表

序号	洪号	实测径流深 $R_实$（mm）	有效降雨历时 T_c（h）	$T_洪$（h） 实测	$T_洪$（h） 预报	预报误差（h）	许可误差（h）	评定结果 合格	评定结果 不合格
1	560705	30	6	142	98	-44	42.6		√
2	570707	32.7	6	98	100	2	29.4	√	
3	570711	44.1	8	90	114	24	27.0	√	
4	570713	48.3	4	138	103	-35	41.4	√	
5	570719	96.9	12	122	137	15	36.6	√	
6	570724	48.8	6	84	110	26	25.2		√
7	580707	12.7	6	111	66	-45	33.3		√
8	580805	17.4	4	127	71	-56	38.1		√
9	610715	8.54	6	66	53	-13	19.8	√	
10	610811	30.5	10	132	110	-22	39.6	√	
11	610815	21.9	8	130	93	-37	39.0	√	
12	620714	14.8	6	108	71	-37	32.4		√
13	620719	18.7	8	112	87	-25	33.6	√	
14	630728	39.4	8	130	111	-19	39.0	√	
15	630830	19.4	6	130	82	-48	39.0		√
16	640718	73.7	16	128	146	18	38.4	√	
17	640728	74.4	14	104	139	35	31.2		√
18	640801	19.3	6	108	81	-27	32.4	√	
19	640828	9.2	6	60	55	-5	18.0	√	
20	640831	87.5	12	124	136	12	37.2	√	
21	640912	65.7	6	118	113	-5	35.4	√	
22	650710	19.9	8	116	89	-27	34.8	√	
23	660715	48.8	6	122	110	-12	36.6	√	
24	690903	17.8	8	126	85	-41	37.8		√
25	700723	24.2	6	78	91	13	23.4	√	
26	700730	56.9	10	122	123	1	36.6	√	
27	700807	19.2	10	97	94	-3	29.1	√	
28	710707	26.3	8	112	100	-12	33.6	√	
29	710822	29.4	10	94	109	15	28.2	√	
30	720902	50.7	12	120	128	8	36.0	√	
31	740802	23.5	12	92	108	16	27.6	√	
32	740814	36.2	14	118	127	9	35.4	√	
33	750723	19.8	8	107	89	-18	32.1	√	
34	750730	36.1	10	120	115	-5	36.0	√	
35	760814	37.6	14	132	128	-4	39.6	√	
36	770706	11.7	10	83	76	-7	24.9	√	

序号	洪号	实测径流深 $R_实$（mm）	有效降雨历时 T_c（h）	$T_洪$（h）		预报误差（h）	许可误差（h）	评定结果	
				实测	预报			合格	不合格
37	800630	25.9	8	104	99	-5	31.2	√	
38	840712	39.6	8	122	111	-11	36.6	√	
39	840813	17.2	8	100	83	-17	30.0	√	
40	850712	14.7	8	90	78	-12	27.0	√	
41	900618	38.4	8	135	110	-25	40.5	√	
42	900717	32.8	4	102	94	-8	30.6	√	
43	900722	74.7	16	108	146	38	32.4		√
44	900803	23.8	8	102	96	-6	30.6	√	
45	900816	51.2	10	126	122	-4	37.8	√	
46	950731	12.8	4	96	59	-37	28.8		√
47	960726	68.2	14	108	138	30	32.4	√	
48	960731	56.1	12	120	129	9	36.0	√	
49	990910	15.9	8	96	81	-15	28.8	√	
50	000811	20	10	74	96	22	22.2	√	
51	010804	45.9	8	98	114	16	29.4	√	
52	030904	39.7	10	128	117	-11	38.4	√	
53	040718	22.8	14	194	113	-81	58.2		√
54	040731	16.8	10	98	89	-9	29.4	√	
55	040828	37.8	12	142	122	-20	42.6	√	
56	040915	14.8	10	131	85	-46	39.3		√
57	050702	53.2	14	124	135	11	37.2	√	
58	050921	47.5	18	136	146	10	40.8	√	
59	070818	64.8	18	154	150	-4	46.2	√	
60	110703	15.2	10	96	86	-10	28.8	√	
61	110915	40.6	14	124	130	6	37.2	√	
62	120709	27	12	102	112	10	30.6	√	
63	120710	29.3	14	110	121	11	33.0	√	
64	130730	24.2	8	90	97	7	27.0	√	
65	160722	26.9	10	126	106	-20	37.8	√	
66	180820	79.8	24	166	173	7	49.8	√	
67	190812	66.9	20	166	157	-9	49.8	√	
68	200807	31	16	144	129	-15	43.2	√	
69	200814	36.9	12	130	121	-9	39.0	√	
70	200820	18	10	120	92	-28	36.0	√	

备注：大汶口站 1956—2020 年实测点据共 70 个，合格 58 个，合格率为 82.9%，为乙级方案。

附表 17　大汶河大汶口站 $Q_{m净}-T_c-t_p$ 精度评定表

序号	洪号	净峰流量 $Q_{m净}$（m³/s）	有效降雨历时 T_c（h）	实测洪峰滞时 $t_{p实}$（h）	预报洪峰滞时 $t_{p预}$（h）	预报误差（h）	许可误差（h）	评定结果	
								合格	不合格
1	560705	2 180	6	19	11.1	-7.9	5.7		√
2	570707	3 410	6	11	9.1	-1.9	3.3	√	
3	570711	2 980	8	14	10.2	-3.8	4.2	√	
4	570713	4 070	4	7	7.7	0.7	3.0	√	
5	570719	6 230	12	5.5	8.4	2.9	3.0	√	
6	570724	5 790	6	6.5	7	0.5	3.0	√	
7	580707	631	6	22	17.2	-4.8	6.6	√	
8	580805	1 090	4	17	13.7	-3.3	5.1	√	
9	610715	467	6	22	18.8	-3.2	6.6	√	
10	610811	1 410	10	14	14.2	0.2	4.2	√	
11	610815	889	8	11	16.1	5.1	3.3		√
12	620714	1 030	6	15	14.6	-0.4	4.5	√	
13	620719	892	8	16	16	0.0	4.8	√	
14	630728	2 040	8	12	11.9	-0.1	3.6	√	
15	630830	1 220	6	20	13.8	-6.2	6.0		√
16	640718	3 460	16	11	11.8	0.8	3.3	√	
17	640728	3 960	14	15	10.6	-4.4	4.5	√	
18	640801	1 180	6	18.5	14	-4.5	5.6	√	
19	640828	718	6	13.5	16.6	3.1	4.1	√	
20	640831	5 600	12	7	8.8	1.8	3.0	√	
21	640912	6 490	6	8	6.5	-1.5	3.0	√	
22	650710	920	8	21	15.8	-5.2	6.3	√	
23	660715	4 940	6	9	7.5	-1.5	3.0	√	
24	690903	700	8	17	17.4	0.4	5.1	√	
25	700723	1 720	6	10	12.1	2.1	3.0	√	
26	700730	3 780	10	11.5	9.7	-1.8	3.5	√	
27	700807	651	10	20	18.5	-1.5	6.0	√	
28	710707	915	8	23	15.9	-7.1	6.9		√
29	710822	1 150	10	18	15.3	-2.7	5.4	√	
30	720902	2 600	12	16	12	-4.0	4.8	√	
31	740802	768	12	19	18.1	-0.9	5.7	√	
32	740814	1 230	14	24	16.1	-7.9	7.2		√
33	750723	731	8	11	17.2	6.2	3.3		√
34	750730	1 380	10	14	14.3	0.3	4.2	√	
35	760814	1 170	14	24	16.4	-7.6	7.2		√
36	770706	551	10	18	19.4	1.4	5.4	√	
37	800630	1 130	8	26	14.8	-11.2	7.8		√

序号	洪号	净峰流量 $Q_{m净}$ （m³/s）	有效降雨历时 T_c（h）	实测洪峰滞时 $t_{p实}$（h）	预报洪峰滞时 $t_{p预}$（h）	预报误差（h）	许可误差（h）	评定结果	
								合格	不合格
38	840712	2 410	8	15	11.2	-3.8	4.5	√	
39	840813	815	8	19.5	16.6	-2.9	5.9	√	
40	850712	626	8	26	18	-8.0	7.8		√
41	900618	2 140	8	16	11.7	-4.3	4.8	√	
42	900717	2 140	4	17	10.6	-6.4	5.1		√
43	900722	3 610	16	13	11.6	-1.4	3.9	√	
44	900803	1 290	8	15	14.1	-0.9	4.5	√	
45	900816	2 530	10	15	11.5	-3.5	4.5	√	
46	950731	750	4	20	15.8	-4.2	6.0	√	
47	960726	3 690	14	12.5	11	-1.5	3.8	√	
48	960731	2 690	12	13	11.8	-1.2	3.9	√	
49	990910	844	8	23	16.4	-6.6	6.9	√	
50	000811	938	10	32	16.3	-15.7	9.6		√
51	010804	2 560	8	15.5	10.9	-4.6	4.7	√	
52	030904	1 840	10	11	13	2.0	3.3	√	
53	040718	650	14	21	19.9	-1.1	6.3	√	
54	040731	1 450	10	14	14	0.0	4.2	√	
55	040828	1 480	12	17	14.5	-2.5	5.1	√	
56	040915	504	10	8	19.8	11.8	3.0		√
57	050702	2 070	14	11	13.5	2.5	3.3	√	
58	050921	1 420	18	38	16.5	-21.5	11.4		√
59	070818	2 320	18	13	14.2	1.2	3.9	√	
60	110703	647	10	15	18.5	3.5	4.5	√	
61	110915	1 560	14	21	14.8	-6.2	6.3	√	
62	120709	996	12	26	16.5	-9.5	7.8		√
63	120710	878	14	26	17.9	-8.1	7.8		√
64	130730	684	8	15	17.5	2.5	4.5	√	
65	160722	1 230	10	60	14.9	-45.1	18.0		√
66	180820	2 100	24	14	16.3	2.3	4.2	√	
67	190812	2 060	20	21	15.3	-5.7	6.3	√	
68	200807	772	16	16	19.3	3.3	4.8	√	
69	200814	1 450	12	15	14.6	-0.4	4.5	√	
70	200820	641	10	16	18.6	2.6	4.8	√	

备注：大汶口站 1956—2020 年实测点据共 70 个，合格 54 个，合格率为 77.1%，为乙级方案。

附表18 大汶河北望＋楼德合成流量－大汶口站洪峰和传播时间预报精度评定表

序号	洪号	北望洪峰		楼德洪峰		北望＋楼德合成流量	大汶口洪峰	
		洪峰出现时间	实测洪峰流量 $Q_{m北,实}$ （m³/s）	洪峰出现时间	实测洪峰流量 $Q_{m楼,实}$ （m³/s）		洪峰出现时间	实测洪峰流量 $Q_{m大,实}$ （m³/s）
1	880716	7月16日8:00	26	7月16日6:00	753	779	7月16日14:30	545
2	900618	6月18日11:30	1 710	6月18日8:42	820	2 464	6月18日16:00	2 120
3	900717	7月17日11:42	1 940	7月17日11:00	907	2 820	7月17日16:45	2 200
4	900722	7月22日10:30	2 420	7月22日7:00	1 930	4 157	7月22日13:30	3 770
5	900803	8月3日7:00	809	8月3日1:00	665	1 408	8月3日11:00	1 430
6	900816	8月16日14:00	1 330	8月16日16:00	1 360	2 624	8月16日17:00	2 700
7	910724	7月24日8:00	19	7月24日13:21	1 800	1 819	7月24日20:30	1 800
8	930716	7月16日10:53	661	7月16日9:00	901	1 562	7月16日16:30	1 550
9	940809	8月8日21:00	1 050	8月8日18:10	193	1 243	8月9日5:00	1 190
10	950731	7月31日8:00	1 120	7月31日14:00	4	1 124	7月31日15:42	780
11	950904	9月3日19:00	1 040	9月3日23:00	129	1 156	9月4日2:00	1 120
12	960725	7月25日16:30	3 480	7月25日18:30	1 330	3 820	7月25日22:00	3 650
13	960731	7月31日2:30	2 140	7月31日0:00	390	2 530	7月31日6:30	2 850
14	990910	9月9日12:30	620	9月9日14:00	459	987	9月10日0:00	842
15	000811	8月10日18:48	1 580	8月10日22:00	214	1 708	8月11日1:30	948
16	010804	8月4日17:06	307	8月4日15:30	2 660	2 967	8月4日23:30	2 720
17	030904	9月4日13:30	1 900	9月4日12:00	662	2 562	9月4日17:09	2 010
18	040718	7月18日0:00	839	7月18日1:00	114	953	7月18日7:00	713
19	040731	7月31日6:00	1 720	7月31日0:00	38	1 758	7月31日10:00	1 630
20	040828	8月28日13:00	1 070	8月28日10:30	600	1 670	8月28日17:00	1 660
21	040915	9月15日10:00	474	9月15日0:00	247	659	9月15日12:00	608
22	050702	7月2日13:18	1 180	7月2日13:00	1 120	2 300	7月2日17:00	2 220
23	050921	9月21日12:00	894	9月21日15:00	617	1 449	9月21日18:10	1 580
24	070818	8月17日19:30	767	8月17日20:30	1 950	2 640	8月18日15:00	2 490
25	110703	7月3日8:50	42	7月3日10:00	668	700	7月3日18:50	659
26	110915	9月15日0:00	595	9月14日20:00	879	1 474	9月15日7:00	1 680
27	120709	7月8日20:00	509	7月8日21:50	410	919	7月9日6:10	1 020
28	120710	7月10日14:00	373	7月10日11:00	825	1 198	7月10日20:00	1 330
29	130730	7月30日5:00	1 080	7月30日3:00	173	1 253	7月30日9:30	1 120
30	160722	7月22日11:30	1 470	7月22日8:00	28	1 470	7月22日16:00	1 370
31	180820	8月20日1:00	1 290	8月19日21:00	909	2 154	8月20日4:00	2 130
32	190812	8月11日20:00	1 200	8月11日15:30	1 130	2 161	8月12日1:00	2 100
33	200807	8月7日1:30	348	8月7日6:00	485	833	8月7日12:00	928
34	200814	8月13日22:30	855	8月14日6:00	1 010	1 737	8月14日9:00	1 600
35	200820	8月20日15:20	117	8月20日12:30	534	651	8月20日18:00	763

备注：1. 迁站前（1956—1999年）临汶站峰现时间统一处理到上游大汶口站断面。根据临汶站洪峰流量大小，将洪峰成流量为北望洪峰流量叠加峰前1 h楼德流量；当来水以楼德为主时，合成流量为楼德洪峰流量叠加峰后1 h北望流

预报洪峰流量 $Q_{m大,预}$（m³/s）	洪峰流量评定结果				传播时间评定结果					
	预报误差（m³/s）	许可误差（m³/s）	合格	不合格	实测传播时间 $\tau_实$（h）	预报传播时间 $\tau_预$（h）	预报误差（h）	许可误差（h）	合格	不合格
721	176	109		√	8.5	8.8	0.3	3	√	
2 344	224	424	√		4.5	4.8	0.3	3	√	
2 635	435	440	√		5.1	4.5	-0.6	3	√	
4 025	255	754	√		3	3.3	0.3	3	√	
1 367	-63	286	√		4	6.5	2.5	3	√	
2 491	-209	540	√		3	4.7	1.7	3	√	
1 687	-113	360	√		7.2	5.8	-1.4	3	√	
1 446	-104	310	√		7.5	6.3	-1.2	3	√	
1 151	-39	238	√		8	7	-1	3	√	
1 040	260	156		√	7.7	7.3	-0.4	3	√	
1 081	-39	224	√		7	7.2	0.2	3	√	
4 449	799	730		√	3.5	3.1	-0.4	3	√	
2 344	-507	570	√		4	4.8	0.8	3	√	
999	157	168	√		6.7	7.5	0.8	3	√	
1 664	716	190		√	6.7	5.8	-0.9	3	√	
2 749	29	544	√		8	4.4	-3.6	3		√
2 374	364	402	√		3.6	4.8	1.1	3	√	
882	169	143		√	7	8	1	3	√	
1 630	0	326	√		4	5.9	1.9	3	√	
1 547	-114	332	√		4	6.1	2.1	3	√	
668	60	122	√		12	9.2	-2.8	3.6	√	
2 130	-90	444	√		3.7	5.1	1.4	3	√	
1 400	-180	316	√		6.2	6.4	0.2	3	√	
2 515	25	498	√		18.5	4.6	-13.9	5.5		√
658	-1	132	√		8.8	9.2	0.4	3	√	
1 366	-314	336	√		7	6.5	-0.5	3	√	
851	-169	204	√		10.2	8.1	-2.1	3	√	
1 108	-222	266	√		9	7.1	-1.9	3	√	
1 160	40	224	√		4.5	7	2.5	3	√	
1 388	18	274	√		4.5	6.4	1.9	3	√	
2 039	-91	426	√		3	5.2	2.2	3	√	
2 157	57	420	√		5	5	0	3	√	
771	-157	186	√		6	8.5	2.5	3	√	
1 729	129	320	√		3	5.7	2.7	3	√	
603	-160	153		√	5.5	9.6	4.1	3		√

传播历时提前 1.5~2 h，得到大汶口站的洪峰时间。2.北望＋楼德合成流量的计算方法：当来水以北望为主时，合量。3.洪峰流量评定：合格率为82.9%，为乙级方案；洪峰传播时间评定：合格率为91.4%，为甲级方案。

附表 19 大汶河戴村坝站（含区间）降雨径流关系分析成果表

序号	洪号	降雨起讫时间							大汶口—戴村坝区间平均雨量 $P_区$（mm）	大汶口—戴村坝区间前期影响雨量 $P_{a区}$（mm）	流域（不含大中型水库）平均雨量 P（mm）	流域（不含大中型水库）前期影响雨量 P_a（mm）	降雨历时（h）		起		
		起			讫								全部	有效	月	日	时
		年	月	日	时	月	日	时									
1	570713	1957	7	12	12	7	13	8	89.5	81.0	89.5	79.6	20	6	7	12	20
2	570719	1957	7	18	6	7	19	16	103.9	82.5	103.9	82.5	34	16	7	18	12
3	580806	1958	8	4	20	8	5	4	6.3	31.6	48.2	49.8	24	8	8	5	2
4	610812	1961	8	10	6	8	11	10	85.9	46.2	83.6	59.2	28	8	8	10	18
5	610815	1961	8	14	4	8	14	18	46.9	74.5	35.6	82.1	14	8	8	14	6
6	620715	1962	7	13	6	7	14	0	12.3	18.5	45.9	16.8	18	4	7	14	12
7	620720	1962	7	18	18	7	19	12	34.8	19.0	38.1	39.1	18	4	7	18	18
8	630728	1963	7	27	20	7	28	14	81.3	41.0	71.8	72.5	18	6	7	27	20
9	630830	1963	8	29	2	8	30	2	75.0	22.4	72.6	13.7	30	12	8	29	2
10	640718	1964	7	16	18	7	17	20	74.0	68.2	111.2	59.3	26	16	7	17	0
11	640729	1964	7	27	12	7	28	14	96.1	54.1	120.4	64.2	26	12	7	27	14
12	640802	1964	7	31	12	8	1	16	64.5	71.7	40.8	79.3	28	10	8	1	2
13	640829	1964	8	27	8	8	28	8	28.8	53.7	51.6	39.8	24	8	8	27	16
14	640831	1964	8	30	2	8	31	18	133.8	65.8	121.1	65.4	40	16	8	30	8
15	640913	1964	9	12	2	9	13	14	92.7	51.2	110.1	66.9	36	8	9	12	4
16	700724	1970	7	22	0	7	23	6	15.5	18.1	49.4	54.3	30	6	7	23	18
17	700730	1970	7	29	0	7	29	20	100.6	70.1	95.2	81.1	20	14	7	29	0
18	700807	1970	8	5	12	8	6	18	39.8	49.7	43.6	51.7	30	14	8	5	14
19	710708	1971	7	6	16	7	7	12	42.3	66.3	57.1	77.7	24	10	7	6	20
20	710823	1971	8	21	2	8	22	2	76.5	68.2	73.7	54.6	24	10	8	21	20
21	720903	1972	9	1	8	9	2	8	85.4	54.7	104.4	62.4	24	14	9	1	17
22	740815	1974	8	13	0	8	14	8	13.4	77.7	50.2	84.1	32	12	8	14	0
23	750724	1975	7	23	0	7	24	10	36.3	54.7	65.6	47.2	34	6	7	23	0
24	750731	1975	7	29	20	7	30	8	31.2	75.5	51.1	88.6	12	6	7	30	4

洪水发生时间			洪峰流量 $Q_{m,戴村坝}$（m³/s）	净峰流量 $Q_{m净,戴村坝}$（m³/s）	洪水总量 $W_{总,戴村坝}$	径流量 $W_{净,戴村坝}$	两站区间径流量 $W_{净区}$	两站区间集水面积 $F_区$（km²）	戴村坝站以上面积 F（km²）	径流深（mm）	
讫		峰现时间								两站区间 $R_区$	R
月	日	时			（万 m³）						
7	19	8	1957/7/13 7:12	4 200	3 580	40 307	31 883	4 370	2 568	8 264	17.0	38.6
7	24	12	1957/7/19 18:48	5 030	4 170	84 802	76 248	21 046	2 568	8 264	82.0	92.3
8	11	6	1958/8/6 8:30	957	916	14 050	13 574	4 163	2 568	7 967	16.2	17.0
8	16	14	1961/8/12 4:00	1 890	1 800	26 879	20 673	6 276	2 427	7 586	25.9	27.3
8	20	20	1961/8/15 18:00	1 320	969	26 936	17 835	7 508	2 427	7 586	30.9	23.5
7	18	18	1962/7/15 0:00	796	763	10 028	7 665	663	2 427	7 586	2.7	10.1
7	24	12	1962/7/20 5:10	869	764	15 275	10 058	1 228	2 427	7 586	5.1	13.3
8	2	20	1963/7/28 22:00	2 540	2 180	40 300	31 487	12 891	2 427	7 586	53.1	41.5
9	3	20	1963/8/30 18:00	1 150	1 060	20 114	14 127	4 971	2 427	7 586	20.5	18.6
7	23	12	1964/7/18 10:09	3 480	3 310	50 988	41 441	6 624	2 427	7 586	27.3	54.6
8	1	8	1964/7/29 5:00	4 660	4 420	55 414	44 744	9 586	2 427	7 586	39.5	59.0
8	6	8	1964/8/2 8:30	1 650	1 350	35 272	21 664	12 543	2 427	7 586	51.7	28.6
8	30	20	1964/8/29 4:30	697	536	10 138	5 733	1 371	2 427	7 586	5.6	7.6
9	4	8	1964/8/31 18:00	6 600	6 230	77 310	60 203	18 899	2 427	7 586	77.9	79.4
9	17	12	1964/9/13 0:06	6 930	6 500	73 734	52 767	21 757	2 427	7 586	89.6	69.6
7	27	16	1970/7/24 2:00	1 290	1 250	13 341	11 070	1 371	2 427	64 33	5.6	17.2
8	3	20	1970/7/30 15:00	3 490	3 110	40 830	32 514	9 704	2 427	6 433	40.0	50.5
8	10	8	1970/8/7 18:00	818	638	19 594	11 207	3 527	2 427	64 33	14.5	17.4
7	12	8	1971/7/8 0:00	987	764	20 128	9 531	-1 007	2 427	6 433	-4.1	14.8
8	26	8	1971/8/23 0:00	1 290	1 160	18 898	12 990	1 206	2 427	6 433	5.0	20.2
9	7	4	1972/9/3 5:15	2 290	2 210	25 755	21 813	1 485	2 427	6 433	6.1	33.9
8	18	20	1974/8/15 1:00	1 370	1 020	25 834	15 895	1 386	2 427	6 433	5.7	24.7
7	28	6	1975/7/24 5:00	860	797	12 576	9 058	1 410	2 427	6 433	5.8	14.1
8	4	20	1975/7/31 7:00	1 390	1 240	22 944	15 062	609	2 427	6 433	2.5	23.4

序号	洪号	降雨起讫时间							大汶口—戴村坝区间平均雨量 $P_区$（mm）	大汶口—戴村坝区间前期影响雨量 $P_{a区}$（mm）	流域（不含大中型水库）平均雨量 P（mm）	流域（不含大中型水库）前期影响雨量 P_a（mm）	降雨历时（h）		起		
		起				讫							全部	有效	月	日	时
		年	月	日	时	月	日	时									
25	840813	1984	8	12	2	8	13	10	54.7	65.8	57.8	63.9	32	12	8	12	8
26	900722	1990	7	21	6	7	22	8	72.8	63.3	111.9	75.9	26	10	7	21	6
27	900803	1990	8	2	14	8	2	20	40.3	59.2	67.9	61.7	6	6	8	2	14
28	900817	1990	8	15	14	8	16	10	59.3	52.4	84.0	56.0	20	8	8	16	0
29	960731	1996	7	30	14	7	31	14	79.8	53.4	87.0	88.4	24	4	7	30	16
30	980808	1998	8	7	4	8	7	14	59.8	70.2	61.8	82.2	10	6	8	7	20
31	010805	2001	8	4	7	8	4	15	24.7	62.5	68.6	67.6	8	4	8	4	18
32	030905	2003	9	3	21	9	4	8	116.2	71.8	110.4	73.6	11	8	9	3	12
33	040718	2004	7	17	0	7	17	17	111.4	35.8	99.5	43.0	17	10	7	16	12
34	040731	2004	7	29	20	7	31	6	129	82.5	93.7	75.9	34	13	7	29	20
35	040829	2004	8	26	17	8	27	23	89.7	31.8	106.2	35.3	30	14	8	27	6
36	040916	2004	9	14	4	9	14	15	34.3	16.7	67.2	18.2	11	7	9	14	8
37	050703	2005	7	2	0	7	2	8	47.0	55.5	106.1	81.5	8	4	7	2	0
38	050922	2005	9	19	22	9	21	8	73.3	73.2	114.7	51.5	34	14	9	20	8
39	070819	2007	8	16	0	8	16	20	23.6	47.0	104.1	63.4	20	10	8	17	8
40	110915	2011	9	13	10	9	14	14	60.2	37.0	140.7	17.2	28	16	9	14	8
41	120711	2012	7	7	14	7	10	7	111.9	24.6	114.4	41.9	65	13	7	9	12
42	130731	2013	7	29	15	7	29	18	16.3	57.5	35.2	74.9	3	2	7	29	8
43	160723	2016	7	19	19	7	20	10	96.8	40.2	102.5	37.0	15	9	7	21	8
44	180820	2018	8	18	6	8	19	22	180.5	68.5	192.8	54.5	40	18	8	19	4
45	190812	2019	8	10	13	8	11	22	72.3	57.7	147.0	65.9	33	19	8	12	5
46	200807	2020	8	6	15	8	7	10	81.3	78.7	89.3	76.5	19	8	8	6	6

续表

洪水发生时间				洪峰流量 $Q_{m,戴村坝}$（m³/s）	净峰流量 $Q_{m净,戴村坝}$（m³/s）	洪水总量 $W_{总,戴村坝}$	径流量 $W_{净,戴村坝}$	两站区间径流量 $W_{净区}$	两站区间集水面积 $F_区$（km²）	戴村坝站以上面积 F（km²）	径流深（mm）	
汔			峰现时间								两站区间 $R_区$	R
月	日	时				（万 m³）						
8	17	20	1984/8/13 18:00	835	649	15 186	9 816	3 492	2 381	6 064	14.7	16.2
7	28	2	1990/7/22 22:30	3 250	3 130	41 931	32 780	2 018	2 381	6 496	8.5	50.5
8	7	20	1990/8/3 23:00	1 190	1 060	19 333	10 510	732	2 381	6 496	3.1	16.2
8	22	20	1990/8/17 5:00	2 280	2 053	43 469	24 794	2 623	2 381	6 679	11.0	37.1
8	6	14	1996/7/31 19:30	2 340	2 140	48 297	26 700	3 249	2 381	6 560	13.6	40.7
8	12	20	1998/8/8 23:00	804	704	14 203	9 883	994	2 381	6 064	4.2	16.3
8	9	20	2001/8/5 9:00	2 610	2 440	33 588	25 902	7 022	2 381	6 064	29.5	42.7
9	10	20	2003/9/5 6:00	2 060	1 973	43 134	29 280	12 919	2 381	6 064	54.3	48.3
7	24	8	2004/7/18 20:09	1 040	1 015	24 366	12 745	4 334	2 381	6 064	18.2	21.0
8	4	0	2004/7/31 21:00	2 380	2 092	35 605	14 673	7 996	2 381	6 064	33.6	24.2
9	3	8	2004/8/29 2:00	1 680	1 480	38 050	21 560	5 998	2 381	6 064	25.2	35.6
9	20	20	2004/9/16 4:00	600	511	15 109	8 370	2 294	2 381	6 504	9.6	12.9
7	8	20	2005/7/3 5:00	1 450	1 428	20 570	19 271	137	2 381	6 064	0.6	31.8
9	26	20	2005/9/22 5:48	1 370	1 270	32 066	19 266	-1 212	2 381	6 064	-5.1	31.8
8	26	8	2007/8/19 0:00	2 260	2 147	50 107	29 909	4 108	2 381	6 064	17.3	49.3
9	21	20	2011/9/15 22:00	1 190	1 107	33 524	18 820	3 852	2 381	6 064	16.2	31.0
7	16	8	2012/7/11 7:30	1 170	1 140	31 608	23 178	12 454	2 381	6 064	52.3	38.2
8	3	8	2013/7/31 2:00	945	715	22 365	7 800	-1 123	2 381	6 064	-4.7	12.9
7	27	8	2016/7/23 12:00	805	783	19 266	13 611	3 693	2 381	6 064	15.5	22.4
8	28	20	2018/8/20 13:00	2 000	1 980	34 158	29 717	296	2 381	6 064	1.2	49.0
8	20	8	2019/8/12 10:09	1 710	1 709	29 425	19 336	-5 316	2 381	6 064	-22.3	31.9
8	12	20	2020/8/7 23:28	905	795	20 505	13 097	1 677	2 381	6 064	7.0	21.6

附表 20　戴村坝站净峰流量与净洪水总量相关（$Q_{m净，戴村坝}-W_{净，戴村坝}$）预报精度评定表

序号	洪号	洪峰时间	戴村坝站净峰流量 $Q_{m净，戴村坝}$（m^3/s）	戴村坝站净洪水总量（万 m^3）$W_{净实，戴村坝}$	戴村坝站净洪水总量（万 m^3）$W_{净预，戴村坝}$	预报误差（万 m^3）	许可误差（万 m^3）	评定结果 合格	评定结果 不合格
1	570713	1957/7/13 7:12	3 580	31 883	36 560	4 677	6 377	√	
2	570719	1957/7/19 18:48	4 170	76 248	40 690	-35 558	15 250		√
3	580806	1958/8/6 8:30	916	13 574	12 875	-699	2 715	√	
4	610812	1961/8/12 4:00	1 800	20 673	22 380	1 707	4 135	√	
5	610815	1961/8/15 18:00	969	17 835	13 522	-4 314	3 567		√
6	620715	1962/7/15 0:00	763	7 665	11 009	3 344	1 533		√
7	620720	1962/7/20 5:10	764	10 058	11 021	962	2 012	√	
8	630728	1963/7/28 22:00	2 180	31 487	25 812	-5 675	6 297	√	
9	630830	1963/8/30 18:00	1 060	14 127	14 572	445	2 825	√	
10	640718	1964/7/18 10:09	3 310	41 441	34 632	-6 809	8 288	√	
11	640729	1964/7/29 5:00	4 420	44 744	42 440	-2 304	8 949	√	
12	640802	1964/8/2 8:30	1 350	21 664	17 820	-3 844	4 333	√	
13	640829	1964/8/29 4:30	536	5733	8 239	2 506	1 147		√
14	640831	1964/8/31 18:00	6 230	60 203	55 110	-5 093	12 041	√	
15	640913	1964/9/13 0:06	6 500	52 767	57 000	4 233	10 553	√	
16	700724	1970/7/24 2:00	1 250	11 070	16 700	5 630	2 214		√
17	700730	1970/7/30 15:00	3 110	32 514	33 192	678	6 503	√	
18	700807	1970/8/7 18:00	638	11 207	9 484	-1 723	2 241	√	
19	710708	1971/7/8 0:00	764	9 531	11 021	1 490	1 906	√	
20	710823	1971/8/23 0:00	1 160	12 990	15 692	2 702	2 598		√
21	720903	1972/9/3 5:15	2 210	21 813	26 064	4 251	4 363	√	
22	740815	1974/8/15 1:00	1 020	15 895	14 124	-1 771	3 179	√	
23	750724	1975/7/24 5:00	797	9 058	11 423	2 365	1 812		√
24	750731	1975/7/31 7:00	1 240	15 062	16 588	1 526	3 012	√	
25	840813	1984/8/13 18:00	649	9 816	9 618	-198	1 963	√	
26	900722	1990/7/22 22:30	3 130	33 380	33 336	-44	6 576	√	

序号	洪号	洪峰时间	戴村坝站净峰流量 $Q_{m净,戴村坝}$（m³/s）	戴村坝站净洪水总量（万 m³）		预报误差（万 m³）	许可误差（万 m³）	评定结果	
				$W_{净实,戴村坝}$	$W_{净预,戴村坝}$			合格	不合格
27	900803	1990/8/3 23:00	1 060	10 510	14 572	4 062	2 102		√
28	900817	1990/8/17 5:00	2 053	24 794	24 745	-49	4 959	√	
29	960731	1996/7/31 19:30	2 140	26 700	25 476	-1 224	5 340	√	
30	980808	1998/8/8 23:00	704	9 883	10 289	406	1 977	√	
31	010805	2001/8/5 9:00	2 440	25 902	27 996	2 094	5 180	√	
32	030905	2003/9/5 6:00	1 973	29 280	24 041	-5 239	5 856	√	
33	040718	2004/7/18 20:09	1 015	12 745	14 068	1 323	2 549	√	
34	040731	2004/7/31 21:00	2 092	14 673	25 070	10 397	2 935		√
35	040829	2004/8/29 2:00	1 480	21 560	19 276	-2 284	4 312	√	
36	040916	2004/9/16 4:00	511	8 370	7 934	-436	1 674	√	
37	050703	2005/7/3 5:00	1 428	19 271	18 694	-577	3 854	√	
38	050922	2005/9/22 5:48	1 270	19 266	16 922	-2 344	3 853	√	
39	070819	2007/8/19 0:00	2 147	29 909	25 535	-4 374	5 982	√	
40	110915	2011/9/15 22:00	1 107	18 820	15 098	-3 722	3 764	√	
41	120711	2012/7/11 7:30	1 140	23 178	15 468	-7 710	4 636		√
42	130731	2013/7/31 2:00	715	7 800	10 423	2 623	1 560		√
43	160723	2016/7/23 12:00	783	13 611	11 253	-2 358	2 722	√	
44	180820	2018/8/20 13:00	1 980	29 717	24 108	-5 609	5 943	√	
45	190812	2019/8/12 10:09	1 709	19 336	21 506	2 170	3 867	√	
46	200807	2020/8/7 23:28	795	13 097	11 399	-1 698	2 619	√	

备注：选用戴村坝站 1956—2020 年实测洪水资料，共 46 个点据，其中 35 个合格，合格率为 76.1%，属乙级方案。

附表 21　大汶河大汶口站 – 戴村坝站洪峰流量相关成果及精度评定表

序号	洪号	大汶口站		戴村坝站		
		洪峰出现时间	实测洪峰流量 $Q_{m,\text{大汶口}}$（m³/s）	洪峰出现时间	实测洪峰流量 $Q_{m\text{实},\text{戴村坝}}$（m³/s）	戴村坝预报洪峰流量 $Q_{m\text{预},\text{戴村坝}}$（m³/s）
1	570713	7 月 13 日 0:48	4 574	7 月 13 日 7:12	4 200	4 117
2	570719	7 月 19 日 11:36	6 670	7 月 19 日 18:48	5 030	6 003
3	580805	8 月 5 日 18:00	1 136	8 月 6 日 8:30	957	1 014
4	610812	8 月 11 日 18:00	1 440	8 月 12 日 4:00	1 890	1 269
5	610815	8 月 15 日 2:00	1 097	8 月 15 日 18:00	1 320	982
6	620714	7 月 14 日 10:00	1 058	7 月 15 日 0:00	796	949
7	620719	7 月 19 日 16:00	975	7 月 20 日 5:10	869	877
8	630728	7 月 28 日 11:30	2 292	7 月 28 日 22:00	2 540	2 055
9	630830	8 月 30 日 6:00	1 234	8 月 30 日 18:00	1 150	1 097
10	640718	7 月 18 日 0:30	3 575	7 月 18 日 10:09	3 480	3 218
11	640728	7 月 28 日 20:36	4 045	7 月 29 日 5:00	4 660	3 641
12	640801	8 月 1 日 23:30	1 528	8 月 2 日 8:30	1 650	1 346
13	640828	8 月 28 日 14:30	837	8 月 29 日 4:30	697	754
14	640831	8 月 31 日 11:30	5 632	8 月 31 日 18:00	6 600	5 069
15	640912	9 月 12 日 16:00	6 641	9 月 13 日 0:06	6 930	5 977
16	700723	7 月 23 日 12:00	1 744	7 月 24 日 2:00	1 290	1 544
17	700730	7 月 30 日 4:30	3 996	7 月 30 日 15:00	3 490	3 597
18	700807	8 月 7 日 6:00	796	8 月 7 日 18:00	818	717
19	710707	7 月 7 日 19:00	1 019	7 月 8 日 0:00	987	916
20	710822	8 月 22 日 10:15	1 234	8 月 23 日 0:00	1 290	1 097
21	720902	9 月 2 日 17:00	2 615	9 月 3 日 5:15	2 290	2 354
22	740814	8 月 14 日 12:00	1 567	8 月 15 日 1:00	1 370	1 382
23	750723	7 月 23 日 14:30	999	7 月 24 日 5:00	860	899
24	750730	7 月 30 日 19:00	1 606	7 月 31 日 7:00	1 390	1 418
25	840813	8 月 13 日 2:30	896	8 月 13 日 18:00	835	807
26	900722	7 月 22 日 14:30	3 771	7 月 22 日 22:30	3 250	3 394
27	900803	8 月 3 日 8:53	1 430	8 月 3 日 23:00	1 190	1 261
28	900816	8 月 16 日 18:40	2 703	8 月 17 日 5:00	2 280	2 433
29	960731	7 月 31 日 7:30	2 850	7 月 31 日 19:30	2 340	2 565
30	980808	8 月 8 日 11:00	861	8 月 8 日 23:00	804	775

| 洪峰流量评定结果 | | | | 传播时间评定结果 | | | | | |
预报误差 （m³/s）	许可误差 （m³/s）	合格	不合格	实测传播时间 $\tau_{实}$（h）	预报传播时间 $\tau_{预}$（h）	预报误差 （h）	许可误差 （h）	合格	不合格
-83	840	√		7.9	9.0	1.1	3.0	√	
973	1 006	√		8.7	8.2	-0.5	3.0	√	
57	191	√		16.5	13.9	-2.6	5.0	√	
-621	378		√	12.0	12.5	0.5	3.6	√	
-338	264		√	18.0	15.1	-2.9	5.4	√	
153	159	√		16.0	14.2	-1.8	4.8	√	
8	174	√		15.2	15.1	-0.1	4.5	√	
-485	508	√		12.0	11.0	-1.0	3.6	√	
-53	230	√		14.0	13.4	-0.6	4.2	√	
-262	696	√		11.2	9.4	-1.7	3.3	√	
-1 019	932		√	9.9	9.1	-0.8	3.0	√	
-304	330	√		11.0	13.5	2.5	3.3	√	
57	139	√		16.0	16.5	0.5	4.8	√	
-1 531	1 320		√	8.0	8.4	0.4	3.0	√	
-953	1 386	√		9.6	8.2	-1.4	3.0	√	
254	258	√		16.0	11.6	-4.4	4.8	√	
107	698	√		12.0	9.2	-2.8	3.6	√	
-101	164	√		14.0	17.1	3.1	4.2	√	
-71	197	√		13.0	14.9	1.9	3.9	√	
-193	258	√		15.7	13.7	-2.1	4.7	√	
64	458	√		13.8	10.2	-3.5	4.1	√	
12	274	√		15.0	13.3	-1.7	4.5	√	
39	172	√		16.5	16.2	-0.3	4.9	√	
28	278	√		14.0	12.7	-1.3	4.2	√	
-28	167	√		17.5	15.5	-2.0	5.2	√	
144	650	√		9.5	9.3	-0.2	3.0	√	
71	238	√		16.1	13.1	-3.1	4.8	√	
153	456	√		11.8	10.3	-1.5	3.5	√	
225	468	√		13.5	10.1	-3.4	4.1	√	
-29	161	√		14.0	16.5	2.5	4.2	√	

序号	洪号	大汶口站		戴村坝站		戴村坝预报洪峰流量 $Q_{m预,戴村坝}$（m³/s）
		洪峰出现时间	实测洪峰流量 $Q_{m,大汶口}$（m³/s）	洪峰出现时间	实测洪峰流量 $Q_{m实,戴村坝}$（m³/s）	
31	010804	8 月 4 日 23:30	2 720	8 月 5 日 9:00	2 610	2 448
32	030904	9 月 4 日 17:09	2 010	9 月 5 日 6:00	2 060	1 789
33	040718	7 月 18 日 7:00	713	7 月 18 日 20:09	1 040	642
34	040731	7 月 31 日 10:00	1 630	7 月 31 日 21:00	2 380	1 440
35	040828	8 月 28 日 17:00	1 660	8 月 29 日 2:00	1 680	1 467
36	040915	9 月 15 日 12:00	608	9 月 16 日 4:00	600	547
37	050702	7 月 2 日 17:00	2 220	7 月 3 日 5:00	1 450	1 987
38	050921	9 月 21 日 18:10	1 580	9 月 22 日 5:48	1 370	1 394
39	070818	8 月 18 日 15:00	2 490	8 月 19 日 0:00	2 260	2 241
40	110915	9 月 15 日 7:00	1 680	9 月 15 日 22:00	1 190	1 486
41	120710	7 月 10 日 20:00	1 330	7 月 11 日 7:30	1 170	1 177
42	130730	7 月 30 日 9:30	1 120	7 月 31 日 2:00	945	1 001
43	160722	7 月 22 日 16:00	1 370	7 月 23 日 12:00	805	1 211
44	180820	8 月 20 日 4:00	2 130	8 月 20 日 13:00	2 000	1 902
45	190812	8 月 12 日 1:00	2 100	8 月 12 日 10:09	1 710	1 874
46	200807	8 月 7 日 12:00	928	8 月 7 日 23:28	905	835

备注：1. 迁站前（1956—1999 年）临汶站峰现时间统一处理到上游大汶口站断面。根据临汶站洪峰流量大小，将洪峰传合格率 93.5%，为甲级方案。

| 洪峰流量评定结果 | | | | 传播时间评定结果 | | | | | |
预报误差（m³/s）	许可误差（m³/s）	合格	不合格	实测传播时间 $\tau_{实}$（h）	预报传播时间 $\tau_{预}$（h）	预报误差（h）	许可误差（h）	合格	不合格
-162	522	√		9.5	10.2	0.7	3.0	√	
-271	412	√		12.9	11.3	-1.5	3.9	√	
-398	208		√	13.1	17.0	3.9	3.9	√	
-940	476		√	11.0	12.2	1.2	3.3	√	
-213	336	√		9.0	12.1	3.1	3.0		√
-53	120	√		16.0	18.7	2.7	4.8	√	
537	290		√	12.0	10.9	-1.1	3.6	√	
24	274	√		11.6	12.2	0.6	3.5	√	
-19	452	√		9.0	10.5	1.5	3.0	√	
296	238		√	15.0	11.9	-3.1	4.5	√	
7	234	√		11.5	15.1	3.6	3.5		√
56	189	√		16.5	16.7	0.2	5.0	√	
406	161		√	18.5	13.2	-5.3	5.6	√	
-98	400	√		9.0	10.9	1.9	3.0	√	
164	342	√		9.1	10.9	1.8	3.0	√	
-70	181	√		11.5	15.9	4.4	3.4		√

播历时提前 1.5～2 h，得到大汶口站的洪峰时间；2.洪峰流量评定：合格率 80.4%，为乙级方案；3.洪峰传播时间评定：

附表 22　以区间降雨量为参数的大汶口－戴村坝净峰流量相关（$Q_{m净,大汶口}$-$P_区$-$Q_{m净,戴村坝}$）精度评定表

序号	洪号	大汶口实测洪峰流量 $Q_{m净,大汶口}$（m³/s）	大汶口-戴村坝区间降雨量 $P_区$（mm）	戴村坝站 实测 $Q_{m净实,戴村坝}$（m³/s）	戴村坝站 预报 $Q_{m净预,戴村坝}$（m³/s）	预报误差（m³/s）	许可误差（m³/s）	评定结果 合格	评定结果 不合格
1	570713	3 980	89.5	3 580	3 576	-4	716	√	
2	570719	6 100	103.9	4 170	5 673	1 503	834		√
3	580806	1 060	6.3	916	735	-181	183	√	
4	610812	1 380	85.9	1 800	1 225	-575	360		√
5	610815	871	46.9	969	706	-263	194		√
6	620715	1 010	12.3	763	721	-42	153	√	
7	620720	873	34.8	764	695	-69	153	√	
8	630728	2 000	81.3	2 180	1 748	-432	436	√	
9	630830	1 190	75	1 060	1 017	-43	212	√	
10	640718	3 390	74	3 310	2 888	-422	662	√	
11	640729	3 880	96.1	4 420	3 563	-857	884	√	
12	640802	1 160	64.5	1 350	966	-384	270		√
13	640829	703	28.8	536	551	15	107	√	
14	640831	5 480	133.8	6 230	5 096	-1 134	1 250	√	
15	640913	6 350	92.7	6 500	5 766	-734	1 300	√	
16	700724	1 680	15.5	1 250	1 235	-15	250	√	
17	700730	3 700	100.6	3 110	3 441	331	622	√	
18	700807	638	39.8	638	512	-126	128	√	
19	710708	896	42.3	764	722	-42	153	√	
20	710823	1 120	76.5	1 160	963	-197	232	√	
21	720903	2 550	85.4	2 210	2 260	50	442	√	
22	740815	1 210	13.4	1 020	885	-135	204	√	
23	750724	730	36.3	797	582	-215	159		√
24	750731	1 350	31.2	1 240	1 069	-171	248	√	
25	840813	808	54.7	649	663	14	130	√	
26	900722	3 530	72.8	3 130	2 995	-135	626	√	

序号	洪号	大汶口实测洪峰流量 $Q_{m净,大汶口}$（m³/s）	大汶口 - 戴村坝区间降雨量 $P_区$（mm）	戴村坝站 实测 $Q_{m净实,戴村坝}$（m³/s）	戴村坝站 预报 $Q_{m净预,戴村坝}$（m³/s）	预报误差（m³/s）	许可误差（m³/s）	评定结果 合格	评定结果 不合格
27	900803	1 260	40.3	1 060	1 012	-48	212	√	
28	900817	2 480	59.3	2 053	2 050	-3	411	√	
29	960731	2 640	79.8	2 140	2 295	155	428	√	
30	980808	705	59.8	704	583	-121	141	√	
31	010805	2 560	24.7	2 440	1 958	-482	488	√	
32	030905	1 840	116.2	1 970	1 711	-259	394	√	
33	040718	650	111.4	1 015	605	-410	203		√
34	040731	1 450	129	2 092	1 349	-743	418		√
35	040829	1 480	89.7	1 480	1 331	-149	296	√	
36	040916	504	34.3	511	401	-110	102		√
37	050703	2 070	47	1 428	1 679	251	286	√	
38	050922	1 450	73.3	1 270	1 232	-38	254	√	
39	070819	2 320	23.6	2 150	1 766	-384	430	√	
40	110915	1 560	60.2	1 107	1 291	184	221	√	
41	120711	878	111.9	1 140	817	-323	228		√
42	130731	684	16.3	715	489	-226	143		√
43	160723	1 230	96.8	783	1 132	349	157		√
44	180820	2 100	180.5	1 980	1 953	-27	396	√	
45	190812	2 060	72.3	1 710	1 745	35	342	√	
46	200807	772	81.3	786	675	-111	157	√	

备注：选用大汶口站和戴村坝站 1956—2020 年实测洪水资料，共 46 个点据，其中 35 个合格，合格率为 76.1%，为乙级方案。

附表 23　大汶口 – 戴村坝洪水总量相关（ $W_{总,大汶口} - W_{总,戴村坝}$ ）预报精度评定表

序号	洪号	大汶口站净洪水总量 $W_{总,大汶口}$ （万 m^3 ）	戴村坝站洪水总量		预报误差 （万 m^3 ）	许可误差 （万 m^3 ）	评定结果	
			实测 $W_{总实,戴村坝}$ （万 m^3 ）	预报 $W_{总预,戴村坝}$ （万 m^3 ）			合格	不合格
1	570713	39 072	40 307	49 406	9 099	8 061		√
2	570719	67 975	84 802	85 968	1 166	16 960	√	
3	580806	13 058	14 050	16 498	2 448	2 810	√	
4	610812	17 299	26 879	21 863	-5 016	5 376	√	
5	610815	17 858	26 936	22 570	-4 366	5 387	√	
6	620715	9 456	10 028	11 942	1 914	2 006	√	
7	620720	13 514	15 275	17 075	1 800	3 055	√	
8	630728	29 756	40 300	37 621	-2 679	8 060	√	
9	630830	11 118	20 114	14 044	-6 070	4 023		√
10	640718	44 041	50 988	55 692	4 704	10 198	√	
11	640729	46 087	55 414	58 280	2 866	11 083	√	
12	640802	21 271	35 272	26 888	-8 385	7 054		√
13	640829	7 540	10 138	9 518	-620	2 028	√	
14	640831	55 335	77 310	69 979	-7 331	15 462	√	
15	640913	53 009	73 734	67 036	-6 698	14 747	√	
16	700724	11 389	13 341	14 387	1 046	2 668	√	
17	700730	27 113	40 830	34 278	-6 552	8 166	√	
18	700807	13 401	19 594	16 932	-2 662	3 919	√	
19	710708	15 424	20 128	19 491	-636	4 026	√	
20	710823	16 212	18 898	20 488	1 590	3 780	√	
21	720903	23 344	25 755	29 510	3 755	5 151	√	
22	740815	23 610	25 834	29 847	4 013	5 167	√	
23	750724	11 048	12 576	13 956	1 380	2 515	√	
24	750731	20 881	22 944	26 394	3 450	4 589	√	
25	840813	12 179	15 186	15 386	200	3 037	√	
26	900722	40 430	41 931	51 124	9 193	8 386		√

序号	洪号	大汶口站净洪水总量 $W_{总, 大汶口}$（万 m^3）	戴村坝站洪水总量		预报误差（万 m^3）	许可误差（万 m^3）	评定结果	
			实测 $W_{总实, 戴村坝}$（万 m^3）	预报 $W_{总预, 戴村坝}$（万 m^3）			合格	不合格
27	900803	18 668	19 333	23 595	4 262	3 867		√
28	900817	38 212	43 469	48 318	4 849	8 694	√	
29	960731	43 466	48 297	54 964	6 667	9 659	√	
30	980808	11 441	14 203	14 453	250	2 841	√	
31	010805	27 700	33 588	35 021	1 433	6 718	√	
32	030905	30 216	43 134	38 203	-4 931	8 627	√	
33	040718	18 436	24 366	23 302	-1 064	4 873	√	
34	040731	20 618	35 605	26 062	-9 543	7 121		√
35	040829	30 671	38 050	38 779	729	7 610	√	
36	040916	12 867	15 109	16 257	1 148	3 022	√	
37	050703	22 498	20 570	28 440	7 870	4 114		√
38	050922	36 424	32 066	46 056	13 990	6 413		√
39	070819	49 728	50 107	62 886	12 779	10 021		√
40	110915	32 769	33 524	41 433	7 909	6 705		√
41	120711	20 895	31 608	26 412	-5 196	6 322	√	
42	130731	17 671	22 365	22 334	-32	4 473	√	
43	160723	13 951	19 266	17 628	-1 638	3 853	√	
44	180820	33 542	34 158	42 411	8 253	6 832		√
45	190812	35 927	29 425	45 428	16 003	5 885		√
46	200807	17 438	20 505	22 039	1 534	4 101	√	

备注：选取大汶口站和戴村坝站 1956—2020 年实测配套洪水资料，共 46 个点据，合格 34 个，合格率为 73.9%，为乙级方案。

附表24 以区间降雨量为参数的大汶口 – 戴村坝洪水总量相关（$W_{净，大汶口} - P_区 - W_{净，戴村坝}$）预报精度评定表

序号	洪号	大汶口站实测净洪水总量 $W_{净，大汶口}$（万 m³）	大汶口 – 戴村坝区间降雨量 $P_区$（mm）	戴村坝站净洪水总量		预报误差（万 m³）	许可误差（万 m³）	评定结果	
				实测 $W_{净实，戴村坝}$（万 m³）	预报 $W_{净预，戴村坝}$（万 m³）			合格	不合格
1	570713	27 513	89.5	31 883	37 611	5 728	6 377	√	
2	570719	55 202	103.9	76 248	78 939	2 691	15 250	√	
3	580806	9 411	6.3	13 574	7 908	-5 666	2 715		√
4	610812	14 397	85.9	20 673	19 370	-1 303	4 135	√	
5	610815	10 327	46.9	17 835	12 709	-5 126	3 567		√
6	620715	7 002	12.3	7 665	6 486	-1 179	1 533	√	
7	620720	8 830	34.8	10 058	10 547	488	2 012	√	
8	630728	18 596	81.3	31 487	24 506	-6 982	6 297		√
9	630830	9 156	75	14 127	11 943	-2 185	2 825	√	
10	640718	34 817	74	41 441	45 123	3 682	8 288	√	
11	640729	35 158	96.1	44 744	49 453	4 709	8 949	√	
12	640802	9 121	64.5	21 664	11 650	-10 015	4 333		√
13	640829	4 362	28.8	5 733	5 072	-661	1 147	√	
14	640831	41 304	133.8	60 203	59065	-1 138	12 041	√	
15	640913	31 010	92.7	52 767	42 986	-9 781	10 553	√	
16	700724	9 699	15.5	11 070	9 429	-1641	2 214	√	
17	700730	22 810	100.6	32 514	32 618	104	6 503	√	
18	700807	7 680	39.8	11 207	9 288	-1 919	2 241	√	
19	710708	10 538	42.3	9 531	12 824	3 293	1 906		√
20	710823	11 784	76.5	12 990	15 515	2 524	2 598	√	
21	720903	20 328	85.4	21 813	27 288	5 475	4 363		√
22	740815	14 509	13.4	15 895	13 668	-2 227	3 179	√	
23	750724	7 648	36.3	9 058	9 169	111	1 812	√	
24	750731	14 453	31.2	15 062	17 107	2 045	3 012	√	
25	840813	6 324	54.7	9 816	7 912	-1 904	1 963	√	
26	900722	30 762	72.8	33 380	39 781	6 401	6 676	√	

序号	洪号	大汶口站实测净洪水总量 $W_{净，大汶口}$（万 m^3）	大汶口 - 戴村坝区间降雨量 $P_区$（mm）	戴村坝站净洪水总量		预报误差（万 m^3）	许可误差（万 m^3）	评定结果	
				实测 $W_{净实，戴村坝}$（万 m^3）	预报 $W_{净预，戴村坝}$（万 m^3）			合格	不合格
27	900803	9 778	40.3	10 510	11 840	1 330	2 102	√	
28	900817	22 171	59.3	24 794	27 973	3 179	4 959	√	
29	960731	23 451	79.8	26 700	30 710	4 010	5 340	√	
30	980808	8 889	59.8	9 883	11 244	1 361	1 977	√	
31	010805	18 880	24.7	25 902	20 844	-5 058	5 180	√	
32	030905	16 361	116.2	29 280	23 396	-5 884	5 856		√
33	040718	8 411	111.4	12 745	12 028	-717	2 549	√	
34	040731	6 677	129	14 673	9 548	-5 125	2 935		√
35	040829	15 562	89.7	21 560	21 292	-268	4 312	√	
36	040916	6 076	34.3	8 370	7 248	-1 122	1 674	√	
37	050703	19 134	47	19 271	23 554	4 283	3 854		√
38	050922	20 478	73.3	19 266	26 506	7 240	3 853		√
39	070819	25 801	23.6	29 909	28 078	-1 831	5 982	√	
40	110915	14 968	60.2	18 820	18 917	97	3 764	√	
41	120711	10 724	111.9	23 178	15 335	-7 843	4 636		√
42	130731	8 923	16.3	7 800	8 777	977	1 560	√	
43	160723	9 918	96.8	13 611	14 008	397	2 722	√	
44	180820	29 421	180.5	29 717	42 072	12 355	5 943		√
45	190812	24 652	72.3	19 336	31 851	12 515	3 867		√
46	200807	11 420	81.3	13 097	15 213	2 116	2 619	√	

备注：选取大汶口站和戴村坝站 1956—2020 年实测配套洪水资料，共 46 个点据，合格 33 个，合格率为 71.7%，为乙级方案。

附表 25　柴汶河东周水库站降雨径流分析成果表

序号	洪号	降雨起止时间			流域平均雨量 P(mm)	前期影响雨量 P_a(mm)	$P+P_a$ (mm)	降雨历时(h)		暴雨中心位置
		年	起	止				全部 T	有效 T_c	
1	780625	1978	6月25日 7:00	6月25日 20:00	59.9	6.6	66.5	13	7	下游
2	790624	1979	6月23日 19:00	6月24日 5:00	92.9	12.5	105.4	10	6	上游古石官庄
3	790921	1979	9月20日 16:00	9月21日 7:00	58.8	16.7	75.5	15	6	下游
4	800606	1980	6月6日 15:00	6月7日 0:00	64.4	6.9	71.3	9	3	中游龙廷，偏中下游
5	800706	1980	7月6日 18:00	7月6日 23:00	88.6	32.1	120.7	5	2	下游
6	810725	1981	7月25日 7:00	7月26日 4:00	77.8	16.9	94.7	21	7	下游
7	830831	1983	8月31日 9:00	8月31日 23:00	101.0	33.5	134.5	14	3	下游
8	850709	1985	7月8日 23:00	7月9日 14:00	152.0	12.7	164.7	15	6	上游保安庄
9	850715	1985	7月15日 15:00	7月15日 19:00	52.1	60.6	112.7	4	2	中游
10	870904	1987	9月3日 13:00	9月4日 6:00	76.6	13.4	90.0	17	8	下游
11	880716	1988	7月15日 16:00	7月16日 6:00	100.6	46.1	146.7	14	4	下游
12	890710	1989	7月10日 15:00	7月11日 3:00	50.6	14.6	65.2	12	4	上游保安庄
13	900614	1990	6月13日 18:00	6月14日 9:00	100.3	10.7	111.0	15	4	上游古石官庄
14	900717	1990	7月16日 23:00	7月17日 7:00	52.6	60.4	113.0	8	3	上游古石官庄
15	910725	1991	7月24日 18:00	7月25日 3:00	62.8	61.7	124.5	9	4	上游古石官庄
16	930713	1993	7月12日 17:00	7月13日 9:00	79.1	62	141.1	16	2	中游
17	930716	1993	7月15日 17:00	7月16日 1:00	67.2	50.3	117.5	8	4	下游

$I_m = 65.0$ $K = 0.90$

洪水起止时间			洪水总历时 $T_洪$(h)	洪峰流量 Q_m（m³/s）	净峰流量 $Q_{m净}$（m³/s）	地表径流量 W（万 m³）	总集水面积 $F_总$（km²）	径流深 R(mm)	径流系数 α
起涨	峰顶	落平							
6月25日 9:00	6月25日 16:00	6月27日 8:00	47	37.5	36.9	153	189	8.1	0.14
6月23日 22:00	6月24日 4:00	6月25日 20:00	46	212.5	202.3	646	189	34.2	0.37
9月20日 16:00	9月21日 4:00	9月22日 8:00	40	70.8	66.3	249	189	13.2	0.22
6月6日 15:00	6月6日 23:00	6月7日 20:00	29	136.1	135.0	282	189	14.9	0.23
7月6日 19:00	7月6日 21:00	7月7日 8:00	13	577.8	565.6	552	189	29.2	0.33
7月25日 8:00	7月25日 18:00	7月27日 0:00	40	80.6	79.1	268	189	14.2	0.18
8月31日 9:00	8月31日 16:00	9月1日 2:00	17	500.0	493.1	675	189	35.7	0.35
7月9日 4:00	7月9日 11:00	7月10日 8:00	28	744.4	721.8	1070	189	56.6	0.37
7月15日 15:00	7月15日 18:00	7月16日 2:00	11	458.3	444.4	459	189	24.3	0.47
9月3日 14:00	9月4日 4:00	9月5日 20:00	54	55.6	53.3	297	189	15.7	0.20
7月15日 16:00	7月16日 4:00	7月17日 8:00	40	316.7	315.1	631	189	33.4	0.33
7月10日 16:00	7月10日 22:00	7月11日 20:00	28	18.9	18.0	51	189	2.7	0.05
6月13日 18:00	6月14日 7:00	6月15日 0:00	30	209.7	202.9	473	189	25.0	0.25
7月17日 0:00	7月17日 4:00	7月17日 20:00	20	315.6	298.6	524	189	27.7	0.53
7月24日 17:00	7月25日 1:00	7月26日 8:00	39	368.9	366.6	1019	189	53.9	0.86
7月12日 18:00	7月13日 3:00	7月14日 2:00	32	552.2	525.3	975	189	51.6	0.65
7月15日 18:00	7月16日 1:00	7月16日 14:00	20	249.7	235.8	501	189	26.5	0.39

序号	洪号	降雨起止时间			流域平均雨量 P(mm)	前期影响雨量 P_a(mm)	$P+P_a$ (mm)	降雨历时(h)		暴雨中心位置
		年	起	止				全部 T	有效 T_c	
18	940824	1994	8月23日 17:00	8月24日 4:00	52.0	16.3	68.3	11	4	下游
19	970803	1997	8月3日 17:00	8月3日 23:00	57.4	33.9	91.3	6	2	下游
20	990615	1999	6月15日 0:00	6月15日 8:00	76.1	4.5	80.6	8	2	中游龙廷,偏中上游
21	010629	2001	6月29日 1:00	6月29日 13:00	78.4	26.9	105.3	12	5	下游
22	010721	2001	7月21日 5:00	7月21日 14:00	120.2	23.4	143.6	9	3	下游
23	040914	2004	9月14日 0:00	9月14日 20:00	81.7	12.0	93.7	20	7	上游古石官庄
24	090619	2009	6月19日 13:00	6月19日 20:00	107.8	13.1	120.9	7	3	中游龙廷,偏中上游
25	090706	2009	7月6日 0:00	7月6日 14:00	96.8	26.8	123.6	14	7	下游
26	090709	2009	7月8日 16:00	7月9日 9:00	72.4	56.1	128.5	17	4	下游
27	110703	2011	7月2日 19:00	7月3日 13:00	153.8	26.1	179.9	18	9	上游保安庄
28	120705	2012	7月4日 22:00	7月5日 17:00	53.5	15.0	68.5	19	9	下游
29	120708	2012	7月7日 23:00	7月8日 12:00	80.0	50.9	130.9	13	5	下游
30	120710	2012	7月9日 12:00	7月10日 3:00	97.5	63.7	161.2	15	5	中游
31	180626	2018	6月25日 7:00	6月26日 11:00	172.2	5.4	177.6	28	7	上游保安庄
32	200722	2020	7月22日 8:00	7月23日 2:00	58.2	16.4	74.6	18	5	下游
33	200802	2020	8月1日 22:00	8月2日 8:00	111.2	46.7	157.9	10	5	下游
34	200807	2020	8月6日 15:00	8月7日 12:00	67.5	58.9	126.4	21	14	中游
35	200814	2020	8月13日 17:00	8月14日 3:00	120.7	39.9	160.6	10	3	上游保安庄

洪水起止时间			洪水总历时 $T_洪$(h)	洪峰流量 Q_m (m³/s)	净峰流量 $Q_{m净}$ (m³/s)	地表径流量 W (万 m³)	总集水面积 $F_总$ (km²)	径流深 R(mm)	径流系数 α
起涨	峰顶	落平							
8月23日 17:00	8月24日 0:00	8月25日 8:00	39	32.4	32.2	55	189	2.9	0.06
8月3日 17:00	8月3日 18:00	8月4日 15:00	22	322.2	320.9	282	189	14.9	0.26
6月15日 1:00	6月15日 6:00	6月15日 20:00	19	250.0	245.3	227	189	12	0.16
6月29日 2:00	6月29日 9:00	7月1日 8:00	54	111.7	107.6	361	189	19.1	0.24
7月21日 5:00	7月21日 10:00	7月22日 12:00	31	361.1	358.5	648	189	34.3	0.29
9月14日 1:00	9月14日 18:00	9月16日 6:00	53	78.6	75.0	304	189	16.1	0.2
6月19日 13:00	6月19日 19:00	6月21日 6:00	41	273.3	271.6	431	189	22.8	0.21
7月6日 0:00	7月6日 11:00	7月8日 8:00	56	112.2	111.2	423	189	22.4	0.23
7月8日 17:00	7月9日 1:00	7月10日 8:00	39	401.0	394.5	856	189	45.3	0.63
7月2日 20:00	7月3日 5:00	7月4日 20:00	48	365.8	360.8	1253	189	66.3	0.43
7月4日 22:00	7月5日 6:00	7月6日 10:00	36	24.1	24.0	72	189	3.8	0.07
7月8日 0:00	7月8日 14:00	7月9日 8:00	32	50.9	47.3	223	189	11.8	0.15
7月9日 13:00	7月10日 2:00	7月12日 2:00	61	342.1	335.0	1130	189	59.8	0.61
6月25日 8:00	6月26日 7:00	6月29日 8:00	96	283.6	281.3	988	189	52.3	0.3
7月22日 8:00	7月22日 20:00	7月25日 8:00	72	12.7	12.5	89	189	4.7	0.08
8月1日 22:00	8月2日 7:00	8月4日 8:00	58	171.2	170.7	748	189	39.6	0.36
8月6日 16:00	8月7日 8:00	8月10日 10:00	90	60.6	54.2	620	189	32.8	0.49
8月13日 17:00	8月14日 2:00	8月15日 8:00	39	300.6	265.4	956	189	50.6	0.42

附表 26 柴汶河东周水库站 $P+P_a$ - R 精度评定表

序号	洪号	$P+P_a$ (mm)	径流深(mm)		预报误差 (mm)	许可误差 (mm)	评定结果	
			实测 $R_实$	预报 $R_预$			合格	不合格
1	780625	66.5	8.1	5.3	-2.8	3.0	√	
2	790624	105.4	34.2	18.8	-15.4	6.8		√
3	790921	75.5	13.2	7.7	-5.6	3.0		√
4	800606	71.3	14.9	6.4	-8.5	3.0		√
5	800706	120.7	29.2	25.4	-3.9	5.8	√	
6	810725	94.7	14.2	14.5	0.3	3.0	√	
7	830831	134.5	35.7	32.2	-3.5	7.1	√	
8	850709	164.7	56.6	50.4	-6.3	11.3	√	
9	850715	112.7	24.3	22.1	-2.2	4.9	√	
10	870904	90.0	15.7	13.0	-2.7	3.1	√	
11	880716	146.7	33.4	38.4	5.0	6.7	√	
12	890710	65.2	2.7	5.0	2.3	3.0	√	
13	900614	111.0	25.0	21.4	-3.6	5.0	√	
14	900717	113.0	27.7	22.2	-5.5	5.5	√	
15	910725	124.5	53.9	27.3	-26.7	10.8		√
16	930713	141.1	51.6	35.6	-16.1	10.3		√
17	930716	117.5	26.5	24.0	-2.5	5.3	√	
18	940824	68.3	2.9	5.7	2.8	3.0	√	
19	970803	91.3	14.9	13.4	-1.5	3.0	√	
20	990615	80.6	12.0	9.2	-2.8	3.0	√	
21	010629	105.3	19.1	18.7	-0.4	3.8	√	
22	010721	143.6	34.3	36.8	2.5	6.9	√	
23	040914	93.7	16.1	14.2	-1.9	3.2	√	
24	090619	120.9	22.8	25.5	2.7	4.6	√	
25	090706	123.6	22.4	26.8	4.4	4.5	√	
26	090709	128.5	45.3	29.3	-16.0	9.1		√
27	110703	179.9	66.3	59.9	-6.4	13.3	√	
28	120705	68.5	3.8	5.7	1.9	3.0	√	
29	120708	130.9	11.8	30.5	18.7	3.0		√
30	120710	161.2	59.8	48.6	-11.2	12.0	√	
31	180626	177.6	52.3	58.3	6.0	10.5	√	
32	200722	74.6	4.7	7.4	2.7	3.0	√	
33	200802	157.9	39.6	46.3	6.7	7.9	√	
34	200807	126.4	32.8	28.2	-4.6	6.6	√	
35	200814	160.6	50.6	48.3	-2.3	10.1	√	

备注:共选取 1978—2020 年 35 个点据,合格 28 个,不合格 7 个,合格率为 80.0%,为乙级方案。

附表 27 柴汶河东周水库站 $P\text{-}P_a\text{-}R$ 精度评定表

序号	洪号	降雨量 P（mm）	前期影响雨量 P_a（mm）	径流深（mm） 实测 $R_{实}$	径流深（mm） 预报 $R_{预}$	预报误差 （mm）	许可误差 （mm）	评定结果 合格	评定结果 不合格
1	780625	59.9	6.6	8.1	5.3	-2.8	3.0	√	
2	790624	92.9	12.5	34.2	18.8	-15.4	6.8		√
3	790921	58.8	16.7	13.2	7.8	-5.4	3.0		√
4	800606	64.4	6.9	14.9	6.6	-8.3	3.0		√
5	800706	88.6	32.1	29.2	23.6	-5.6	5.8	√	
6	810725	77.8	16.9	14.2	14.2	0.0	3.0	√	
7	830831	101.0	33.5	35.7	31.3	-4.4	7.1	√	
8	850709	152.0	12.7	56.6	47.4	-9.2	11.3	√	
9	850715	52.1	60.6	24.3	19.8	-4.5	4.9	√	
10	870904	76.6	13.4	15.7	12.7	-3.0	3.1	√	
11	880716	100.6	46.1	33.4	39.5	6.1	6.7	√	
12	890710	50.6	14.6	2.7	4.6	1.9	3.0	√	
13	900614	100.3	10.7	25	20.9	-4.1	5.0	√	
14	900717	52.6	60.4	27.7	19.9	-7.8	5.5		√
15	910725	62.8	61.7	53.9	25.5	-28.4	10.8		√
16	930713	79.1	62.0	51.6	35.4	-16.2	10.3		√
17	930716	67.2	50.3	26.5	23.7	-2.8	5.3	√	
18	940824	52.0	16.3	2.9	5.5	2.6	3.0	√	
19	970803	57.4	33.9	14.9	13.2	-1.7	3.0	√	
20	990615	76.1	4.5	12	9.5	-2.5	3.0	√	
21	010629	78.4	26.9	19.1	17.5	-1.6	3.8	√	
22	010721	120.2	23.4	34.3	36.8	2.5	6.9	√	
23	040914	81.7	12.0	16.1	14.3	-1.8	3.2	√	
24	090619	107.8	13.1	22.8	25.2	2.4	4.6	√	
25	090706	96.8	26.8	22.4	25.2	2.8	4.5	√	
26	090709	72.4	56.1	45.3	28.2	-17.1	9.1		√
27	110703	153.8	26.1	66.3	56.8	-9.5	13.3	√	
28	120705	53.5	15.0	3.8	5.6	1.8	3.0	√	
29	120708	80.0	50.9	11.8	30.4	18.6	3.0		√
30	120710	97.5	63.7	59.8	50.5	-9.3	12.0	√	
31	180626	172.2	5.4	52.3	55.0	2.7	10.5	√	
32	200722	58.2	16.4	4.7	7.5	2.8	3.0	√	
33	200802	111.2	46.7	39.6	47.2	7.6	7.9	√	
34	200807	67.5	58.9	32.8	26.4	-6.4	6.6	√	
35	200814	120.7	39.9	50.6	49.2	-1.4	10.1	√	

备注：共选取 1978—2020 年 35 个点据，合格 27 个，不合格 8 个，合格率为 77.1%，为乙级方案。

附表28 柴汶河东周水库站 R-T_c-$Q_{m净}$ 精度评定表

序号	洪号	$R_实$（mm）	有效降雨历时 T_c(h)	实测净峰流量 $Q_{m净实}$（m³/s）	预报净峰流量 $Q_{m净预}$（m³/s）	预报误差（m³/s）	许可误差（m³/s）	评定结果 合格	评定结果 不合格
1	780625	8.1	7	36.9	34.8	−2.1	7.4	√	
2	790624	34.2	6	202.3	201.3	−1.0	40.5	√	
3	790921	13.2	6	66.3	60.4	−5.9	13.3	√	
4	800606	14.9	3	135.0	157.5	22.5	27.0	√	
5	800706	29.2	2	565.6	496.8	−68.8	113.1	√	
6	810725	14.2	7	79.1	66.1	−13.0	15.8	√	
7	830831	35.7	3	493.1	372.7	−120.4	98.6		√
8	850709	56.6	6	721.8	352.9	−368.9	144.4		√
9	850715	24.3	2	444.4	416.0	−28.4	88.9	√	
10	870904	15.7	8	53.3	59.5	6.2	10.7	√	
11	880716	33.4	4	315.1	273.2	−41.9	63.0	√	
12	890710	2.7	4	18.0	24.3	6.3	3.6		√
13	900614	25	4	202.9	206.0	3.1	40.6	√	
14	900717	27.7	3	298.6	286.3	−12.3	59.7	√	
15	910725	53.9	4	366.6	439.4	72.8	73.3	√	
16	930713	51.6	2	525.3	894.6	369.3	105.1		√
17	930716	26.5	4	235.8	217.7	−18.1	47.2	√	
18	940824	2.9	4	32.2	26.1	−6.1	6.4	√	
19	970803	14.9	2	320.9	258.3	−62.6	64.2	√	
20	990615	12	2	245.3	209.0	−36.3	49.1	√	
21	010629	19.1	5	107.6	126.2	18.6	21.5	√	
22	010721	34.3	3	358.5	357.3	−1.2	71.7	√	
23	040914	16.1	7	75.0	76.6	1.6	15.0	√	
24	090619	22.8	3	271.6	235.8	−35.8	54.3	√	
25	090706	22.4	7	111.2	112.4	1.2	22.2	√	
26	090709	45.3	4	394.5	369.9	−24.6	78.9	√	
27	110703	66.3	9	360.8	318.7	−42.1	72.2	√	
28	120705	3.8	9	24.0	7.2	−16.8	4.8		√
29	120708	11.8	5	47.3	79.5	32.2	9.5		√
30	120710	59.8	5	335.0	418.5	83.5	67.0		√
31	180626	52.3	7	281.3	295.4	14.1	56.3	√	
32	200722	4.7	5	12.5	20.2	7.7	2.5		√
33	200802	39.6	5	170.7	272.0	101.3	34.1		√
34	200807	32.8	14	54.2	43.9	−10.3	10.8	√	
35	200814	50.6	3	265.4	536.6	271.2	53.1		√

备注:共选取 1978—2020 年 35 个点据,合格 25 个,不合格 10 个,合格率为 71.4%,为乙级方案。

附表 29　柴汶河东周水库站 R-T_c-$T_洪$ 精度评定表

序号	洪号	$R_实$ (mm)	有效降雨历时 T_c(h)	实测洪水总历时 $T_{洪实}$(h)	预报洪水总历时 $T_{洪预}$(h)	预报误差 (h)	许可误差 (h)	评定结果 合格	评定结果 不合格
1	780625	8.1	7	47	33.3	−13.7	14.1	√	
2	790624	34.2	6	46	45.5	−0.5	13.8	√	
3	790921	13.2	6	40	34.3	−5.7	12.0	√	
4	800606	14.9	3	29	28.1	−0.9	8.7	√	
5	800706	29.2	2	13	31.6	18.6	3.9		√
6	810725	14.2	7	40	38.5	−1.5	12.0	√	
7	830831	35.7	3	17	38.7	21.7	5.1		√
8	850709	56.6	6	28	51.8	23.8	8.4		√
9	850715	24.3	2	11	29.0	18.0	3.3		√
10	870904	15.7	8	54	41.3	−12.7	16.2	√	
11	880716	33.4	4	40	42.0	2.0	12.0	√	
12	890710	2.7	4	28	19.9	−8.1	8.4	√	
13	900614	25.0	4	30	38.7	8.7	9.0	√	
14	900717	27.7	3	20	35.4	15.4	6.0		√
15	910725	53.9	4	39	48.3	9.3	11.7	√	
16	930713	51.6	2	32	40.4	8.4	9.6	√	
17	930716	26.5	2	20	39.4	19.4	6.0		√
18	940824	2.9	4	39	20.2	−18.8	11.7		√
19	970803	14.9	2	22	23.3	1.3	6.6	√	
20	990615	12.0	2	19	21.4	2.4	5.7	√	
21	010629	19.1	5	54	37.8	−16.2	16.2	√	
22	010721	34.3	3	31	38.1	7.1	9.3	√	
23	040914	16.1	7	53	39.6	−13.4	15.9	√	
24	090619	22.8	3	41	33.0	−8.0	12.3	√	
25	090706	22.4	7	56	42.9	−13.1	16.8	√	
26	090709	45.3	4	39	46.0	7.0	11.7	√	
27	110703	66.3	9	48	57.7	9.7	14.4	√	
28	120705	3.8	9	36	30.5	−5.5	10.8	√	
29	120708	11.8	5	32	32.8	0.8	9.6	√	
30	120710	59.8	5	61	51.1	−9.9	18.3	√	
31	180626	52.3	7	96	52.3	−43.7	28.8		√
32	200722	4.7	5	72	24.6	−47.4	21.6		√
33	200802	39.6	5	58	45.7	−12.3	17.4	√	
34	200807	32.8	14	90	54.0	−36.0	27.0		√
35	200814	50.6	3	39	43.9	4.9	11.7	√	

备注:共选取 1978—2020 年 35 个点据,合格 25 个,不合格 10 个,合格率为 71.4%,为乙级方案。

附表30 光明河光明水库站降雨径流分析成果表

序号	洪号	降雨起止时间			流域平均雨量 P （mm）	前期影响雨量 P_a （mm）	$P+P_a$ （mm）	降雨历时 （h）		暴雨中心位置
		年	起	止				全部 T	有效 T_c	
1	630706	1963	7月6日17:00	7月7日8:00	80.1	27.2	107.3	15	7	下游
2	630725	1963	7月24日22:00	7月25日0:00	78.7	54.3	133.0	2	2	下游
3	640717	1964	7月16日18:00	7月18日4:00	161.1	50.0	211.1	34	10	上游
4	640728	1964	7月27日16:00	7月28日22:00	105.8	42.1	147.9	30	6	普雨
5	650709	1965	7月9日7:00	7月9日22:00	118.4	21.7	140.1	15	5	普雨
6	660704	1966	7月4日20:00	7月5日2:00	54.5	32.0	86.5	6	3	下游
7	670719	1967	7月18日19:00	7月18日22:00	36.0	36.4	72.4	3	2	下游
8	690821	1969	8月21日11:00	8月21日16:00	68.5	22.8	91.3	5	2	普雨
9	700723	1970	7月22日19:00	7月23日8:00	163.6	58.1	221.7	13	5	普雨
10	710707	1971	7月6日20:00	7月7日1:00	62.2	49.4	111.6	5	3	普雨
11	720720	1972	7月20日14:00	7月20日21:00	45.3	29.2	74.5	7	3	普雨
12	720902	1972	9月1日15:00	9月2日6:00	110.0	44.1	154.1	15	7	下游
13	740716	1974	7月16日2:00	7月16日8:00	43.4	13.9	57.3	6	2	上游
14	740724	1974	7月23日12:00	7月24日6:00	57.1	50.2	107.3	18	8	普雨
15	740801	1974	8月1日0:00	8月1日12:00	93.3	54.1	147.4	12	5	普雨
16	750902	1975	9月1日22:00	9月2日12:00	63.8	28.6	92.4	14	3	上游
17	760728	1976	7月28日12:00	7月28日22:00	75.0	46.9	121.9	10	3	上游
18	800606	1980	6月6日15:00	6月7日0:00	71.2	9.9	81.1	9	5	下游
19	800706	1980	7月6日18:00	7月7日0:00	77.6	36.6	114.2	6	2	上游
20	800729	1980	7月29日2:00	7月29日12:00	65.8	59.7	125.5	10	5	上游
21	810725	1981	7月25日11:00	7月26日2:00	97.7	35.7	133.4	15	13	上游
22	840605	1984	6月4日23:00	6月5日4:00	98.4	26.6	125.0	5	4	中上游
23	880716	1988	7月15日18:00	7月16日5:00	110.3	53.4	163.7	11	8	中下游
24	900614	1990	6月13日23:00	6月14日9:00	77.4	18.2	95.6	10	8	普雨
25	900722	1990	7月21日5:00	7月22日4:00	123.4	51.7	175.1	23	12	下游
26	900816	1990	8月16日1:00	8月16日9:00	154.6	31.9	186.5	8	3	上游

洪水起止时间			洪水总历时 $T_洪$（h）	洪峰流量 Q_m（m^3/s）	地表径流量 W（万m^3）	集水面积 F（km^2）	径流深 R（mm）	径流系数 α
起涨	峰顶	落平						
7月6日20:00	7月6日23:00	7月8日8:00	36	144.4	243	132	18.4	0.23
7月24日23:00	7月25日1:00	7月26日8:00	33	711	525	132	39.8	0.51
7月16日20:00	7月17日3:00	7月19日8:00	60	877.8	1 636	132	123.9	0.77
7月27日20:00	7月28日8:00	7月30日8:00	60	472.2	650	132	49.2	0.47
7月9日14:00	7月9日18:00	7月11日20:00	54	427.8	600	132	45.5	0.38
7月4日20:00	7月4日22:30	7月6日8:00	36	133.3	168	132	12.7	0.23
7月18日20:00	7月19日0:00	7月19日20:00	24	88.9	87	132	6.6	0.18
8月21日12:00	8月21日15:30	8月22日14:00	26	222	198	132	15.0	0.22
7月22日20:00	7月23日2:00	7月25日8:00	60	1 139	1 522.8	132	115.4	0.71
7月6日22:00	7月7日2:00	7月8日8:00	34	450	352	132	26.7	0.43
7月20日16:00	7月20日19:00	7月21日20:00	28	113.9	149	132	11.3	0.25
9月1日20:00	9月2日1:00	9月3日20:00	48	350	711	132	53.9	0.49
7月16日2:00	7月16日7:30	7月16日20:00	18	94.4	92	132	7.0	0.16
7月23日14:00	7月24日6:30	7月25日8:00	42	139	328	132	24.8	0.43
8月1日2:00	8月1日12:30	8月3日8:00	54	622.2	707	132	53.6	0.57
9月1日22:00	9月2日5:30	9月3日8:00	34	205.6	323	132	24.5	0.38
7月28日14:00	7月28日18:00	7月30日8:00	42	422.9	422.9	132	32.0	0.43
6月6日16:00	6月6日19:30	6月7日20:00	28	83.3	118.6	132	9.0	0.13
7月6日20:00	7月6日23:00	7月8日5:00	33	505	365	132	27.7	0.36
7月29日4:00	7月29日10:00	7月30日20:00	40	327	505	132	38.3	0.58
7月25日10:00	7月25日22:00	7月27日20:00	58	94.4	408	132	30.9	0.32
6月5日0:00	6月5日4:00	6月6日20:00	44	345	455	132	34.5	0.35
7月15日16:00	7月16日3:00	7月17日20:00	52	311	566	132	42.9	0.39
6月14日1:00	6月14日7:00	6月15日20:00	43	110	305	132	23.1	0.30
7月21日8:00	7月22日5:00	7月24日8:00	72	343	919	132	69.6	0.56
8月16日4:00	8月16日7:30	8月18日0:00	44	1 277	1 066	132	80.8	0.52

序号	洪号	降雨起止时间			流域平均雨量 P （mm）	前期影响雨量 P_a （mm）	$P+P_a$ （mm）	降雨历时 （h）		暴雨中心位置
		年	起	止				全部 T	有效 T_c	
27	910719	1991	7 月 18 日 16:00	7 月 19 日 8:00	92.6	62.3	154.9	16	10	普雨
28	910724	1991	7 月 23 日 22:00	7 月 24 日 9:00	148.3	39.8	188.1	11	6	中游
29	930713	1993	7 月 12 日 23:00	7 月 13 日 8:00	72.5	60.4	132.9	9	5	上游
30	930716	1993	7 月 15 日 19:00	7 月 16 日 0:00	101.8	49.6	151.4	5	3	普雨
31	950818	1995	8 月 17 日 18:00	8 月 18 日 0:00	41.6	54.9	96.5	6	3	上游
32	970820	1997	8 月 19 日 19:00	8 月 20 日 8:00	88.4	21.6	110.0	13	8	中游
33	980804	1998	8 月 4 日 0:00	8 月 4 日 18:00	196.0	29.6	225.6	18	8	上中游
34	980815	1998	8 月 15 日 0:00	8 月 15 日 9:00	76.3	60.2	136.5	9	5	普雨（上游稍大）
35	980822	1998	8 月 22 日 6:00	8 月 22 日 11:00	53.6	32.7	86.3	5	1	普雨（山头大）
36	010721	2001	7 月 21 日 4:00	7 月 21 日 11:00	118.7	16.0	134.7	7	5	普雨
37	010731	2001	7 月 29 日 23:00	7 月 31 日 1:00	81.5	57.1	138.6	26	11	普雨
38	040828	2004	8 月 26 日 20:00	8 月 28 日 1:00	126.9	24.6	151.5	29	12	山头、光明
39	050626	2005	6 月 26 日 1:00	6 月 26 日 16:00	75.0	27.7	102.7	15	6	普雨
40	050724	2005	7 月 24 日 3:00	7 月 24 日 9:00	120.9	20.6	141.5	6	3	上中游
41	070817	2007	8 月 17 日 2:00	8 月 17 日 15:00	185.2	52.6	237.8	13	6	上中游
42	090708	2009	7 月 8 日 10:00	7 月 9 日 20:00	123.9	57.9	181.8	34	7	普雨（各河稍大）
43	090818	2009	8 月 17 日 15:00	8 月 18 日 5:00	94.5	34.3	128.8	14	3	上中游
44	110914	2011	9 月 14 日 3:00	9 月 14 日 15:00	60.3	38.3	98.6	12	3	下游
45	120709	2012	7 月 9 日 15:00	7 月 10 日 2:00	82.0	62.7	144.7	11	6	普雨
46	130704	2013	7 月 4 日 3:00	7 月 4 日 15:00	143.8	28.9	172.7	12	7	上中游
47	200802	2020	8 月 2 日 0:00	8 月 2 日 8:00	133.8	31.2	165	8	4	下游
48	200807	2020	8 月 6 日 14:00	8 月 7 日 8:00	90.6	53.9	144.5	18	7	普雨（山头稍大）
49	200813	2020	8 月 13 日 17:00	8 月 14 日 0:00	144.0	36.9	180.9	7	4	上中游
50	200815	2020	8 月 14 日 16:00	8 月 15 日 1:00	56.8	62.3	119.1	9	2	上游
51	200820	2020	8 月 19 日 23:00	8 月 20 日 5:00	51.1	40.9	92.0	6	3	普雨

洪水起止时间			洪水总历时 $T_洪$（h）	洪峰流量 Q_m（m³/s）	地表径流量 W（万 m³）	集水面积 F（km²）	径流深 R（mm）	径流系数 α
起涨	峰顶	落平						
7 月 18 日 18:00	7 月 19 日 8:00	7 月 20 日 20:00	50	262.5	740	132	56.1	0.61
7 月 23 日 22:00	7 月 24 日 6:30	7 月 24 日 18:28	20.5	808.3	1 229	132	93.1	0.63
7 月 13 日 0:00	7 月 13 日 3:00	7 月 14 日 20:00	44	342	506	132	38.3	0.53
7 月 15 日 20:00	7 月 16 日 0:00	7 月 17 日 20:00	48	871	750	132	56.8	0.56
8 月 17 日 20:00	8 月 18 日 1:00	8 月 19 日 8:00	36	166.7	208	132	15.8	0.38
8 月 19 日 22:00	8 月 20 日 8:30	8 月 21 日 20:00	46	125.6	281	132	21.3	0.24
8 月 4 日 3:00	8 月 4 日 6:00	8 月 6 日 20:00	65	705.6	1 090	132	82.6	0.42
8 月 15 日 0:00	8 月 15 日 7:00	8 月 16 日 20:00	44	383.3	557	132	42.2	0.55
8 月 22 日 10:00	8 月 22 日 10:54	8 月 23 日 8:00	22	347	188	132	14.2	0.27
7 月 21 日 6:00	7 月 21 日 10:30	7 月 23 日 8:00	50	475.7	476	132	36.1	0.30
7 月 29 日 23:00	7 月 31 日 0:00	8 月 1 日 8:00	57	177.7	563	132	42.7	0.52
8 月 26 日 20:00	8 月 28 日 2:00	8 月 29 日 8:00	60	208.6	649	132	49.2	0.39
6 月 26 日 1:00	6 月 26 日 10:00	6 月 27 日 20:00	43	94.7	227	132	17.2	0.23
7 月 24 日 3:00	7 月 24 日 7:30	7 月 25 日 20:00	41	651.1	609	132	46.1	0.38
8 月 17 日 2:00	8 月 17 日 11:42	8 月 19 日 20:00	66	1 555.8	1 819	132	137.8	0.74
7 月 8 日 10:00	7 月 8 日 23:30	7 月 9 日 20:00	34	607	860	132	65.2	0.53
8 月 17 日 16:00	8 月 18 日 2:00	8 月 19 日 8:00	40	384.7	410	132	31.1	0.33
9 月 14 日 3:00	9 月 14 日 12:00	9 月 15 日 20:00	41	248.7	373	132	28.3	0.47
7 月 9 日 15:00	7 月 9 日 22:30	7 月 11 日 20:00	53	488.3	561	132	42.5	0.52
7 月 4 日 4:00	7 月 4 日 10:30	7 月 6 日 8:00	52	468.3	658	132	49.8	0.35
8 月 2 日 0:00	8 月 2 日 6:00	8 月 4 日 8:00	56	744.7	783	132	59.3	0.44
8 月 6 日 14:00	8 月 7 日 0:00	8 月 8 日 20:00	54	350.2	638	132	48.3	0.53
8 月 13 日 17:00	8 月 13 日 23:30	8 月 15 日 20:00	51	579.2	1 053	132	79.8	0.55
8 月 14 日 16:00	8 月 15 日 1:00	8 月 16 日 6:00	38	321.5	685	132	51.9	0.91
8 月 19 日 23:00	8 月 20 日 3:54	8 月 21 日 8:00	33	159.2	202	132	15.3	0.30

附表 31 光明河光明水库站 $P+P_a$–R 预报精度评定表

序号	洪 号	$P+P_a$（mm）	径流深（mm）		预报误差（mm）	许可误差（mm）	评定结果	
			实测 $R_实$	预报 $R_预$			合格	不合格
1	630706	107.3	18.4	21.3	2.9	3.7	√	
2	630725	133.0	39.8	36.3	-3.5	8.0	√	
3	640717	211.1	123.9	107.9	-16.0	20.0	√	
4	640728	147.9	49.2	47.3	-1.9	9.8	√	
5	650709	140.1	45.5	41.3	-4.2	9.1	√	
6	660704	86.5	12.7	12.8	0.1	3.0	√	
7	670719	72.4	6.6	8.6	2.0	3.0	√	
8	690821	91.3	15.0	14.5	-0.5	3.0	√	
9	700723	221.7	115.4	119.2	3.8	20.0	√	
10	710707	111.6	26.7	23.4	-3.3	5.3	√	
11	720720	74.5	11.3	9.2	-2.1	3.0	√	
12	720902	154.1	53.9	52.3	-1.6	10.8	√	
13	740716	57.3	7.0	5.4	-1.6	3.0	√	
14	740724	107.3	24.8	21.3	-3.5	5.0	√	
15	740801	147.4	53.6	46.9	-6.7	10.7	√	
16	750902	92.4	24.5	14.9	-9.6	4.9		√
17	760728	121.9	32.0	29.2	-2.8	6.4	√	
18	800606	81.1	9.0	11.0	2.0	3.0	√	
19	800706	114.2	27.7	24.9	-2.8	5.5	√	
20	800729	125.5	38.3	31.4	-6.9	7.7	√	
21	810725	133.4	30.9	36.6	5.7	6.2	√	
22	840605	125.0	34.5	31.1	-3.4	6.9	√	
23	880716	163.7	42.9	60.6	17.7	8.6		√
24	900614	95.6	23.1	16.2	-6.9	4.6		√
25	900722	175.1	69.6	71.2	1.6	13.9	√	
26	900816	186.5	80.8	82.4	1.6	16.2	√	
27	910719	154.9	56.1	53.0	-3.1	11.2	√	

序号	洪 号	$P+P_a$（mm）	径流深（mm）		预报误差（mm）	许可误差（mm）	评定结果	
			实测 $R_实$	预报 $R_预$			合格	不合格
28	910724	188.1	93.1	84.0	-9.1	18.6	√	
29	930713	132.9	38.3	36.2	-2.1	7.7	√	
30	930716	151.4	56.8	50.1	-6.7	11.4	√	
31	950818	96.5	15.8	16.5	0.7	3.2	√	
32	970820	110.0	21.3	22.6	1.3	4.3	√	
33	980804	225.6	82.6	123.3	40.7	16.5		√
34	980815	136.5	42.2	38.7	-3.5	8.4	√	
35	980822	86.3	14.2	12.7	-1.5	3.0	√	
36	010721	134.7	36.1	37.5	1.4	7.2	√	
37	010731	138.6	42.7	40.2	-2.5	8.5	√	
38	040828	151.5	49.2	50.1	0.9	9.8	√	
39	050626	102.7	17.2	19.2	2.0	3.4	√	
40	050724	141.5	46.1	42.3	-3.8	9.2	√	
41	070817	237.8	137.8	136.3	-1.5	20.0	√	
42	090708	181.8	65.2	77.7	12.5	13.0	√	
43	090818	128.8	31.1	33.5	2.4	6.2	√	
44	110914	98.6	28.3	17.3	-11.0	5.7		√
45	120709	144.7	42.5	44.8	2.3	8.5	√	
46	130704	172.7	49.8	68.9	19.1	10.0		√
47	200802	165.0	59.3	61.8	2.5	11.9	√	
48	200807	144.5	48.3	44.6	-3.7	9.7	√	
49	200813	180.9	79.8	76.8	-3.0	16.0	√	
50	200815	119.1	51.9	27.5	-24.4	10.4		√
51	200820	92.0	15.3	14.7	-0.6	3.1	√	

备注：1. 合格率 =86.3%；2. 预报误差 = 预报值 - 实测值；3. 许可误差 = 实测值的 20%，以 20.0 mm 为上限，以 3.0 mm 为下限；4. 本方案等级为甲级。

附表 32　光明河光明水库站 P–P_a–R 预报精度评定表

序号	洪 号	降雨量 P（mm）	前期影响雨量 P_a（mm）	$P+P_a$（mm）	径流深（mm）实测 $R_实$	径流深（mm）预报 $R_预$	预报误差（mm）	许可误差（mm）	评定结果 合格	评定结果 不合格
1	630706	80.1	27.2	107.3	18.4	21.7	3.3	3.7	√	
2	630725	78.7	54.3	133.0	39.8	37.3	-2.5	8.0	√	
3	640717	161.1	50.0	211.1	123.9	96.7	-27.2	20.0		√
4	640728	105.8	42.1	147.9	49.2	46.0	-3.2	9.8	√	
5	650709	118.4	21.7	140.1	45.5	38.1	-7.4	9.1	√	
6	660704	54.5	32.0	86.5	12.7	12.7	0.0	3.0	√	
7	670719	36.0	36.4	72.4	6.6	7.0	0.4	3.0	√	
8	690821	68.5	22.8	91.3	15.0	14.9	-0.1	3.0	√	
9	700723	163.6	58.1	221.7	115.4	107.2	-8.2	20.0	√	
10	710707	62.2	49.4	111.6	26.7	23.8	-2.9	5.3	√	
11	720720	45.3	29.2	74.5	11.3	8.5	-2.8	3.0	√	
12	720902	110.0	44.1	154.1	53.9	50.6	-3.3	10.8	√	
13	740716	43.4	13.9	57.3	7.0	5.3	-1.7	3.0	√	
14	740724	57.1	50.2	107.3	24.8	21.4	-3.4	5.0	√	
15	740801	93.3	54.1	147.4	53.6	47.2	-6.4	10.7	√	
16	750902	63.8	28.6	92.4	24.5	15.3	-9.2	4.9		√
17	760728	75.0	46.9	121.9	32.0	29.9	-2.1	6.4	√	
18	800606	71.2	9.9	81.1	9.0	11.6	2.6	3.0	√	
19	800706	77.6	36.6	114.2	27.7	25.4	-2.3	5.5	√	
20	800729	65.8	59.7	125.5	38.3	33.1	-5.2	7.7	√	
21	810725	97.7	35.7	133.4	30.9	36.1	5.2	6.2	√	
22	840605	98.4	26.6	125.0	34.5	30.4	-4.1	6.9	√	
23	880716	110.3	53.4	163.7	42.9	59.0	16.1	8.6		√
24	900614	77.4	18.2	95.6	23.1	16.5	-6.6	4.6		√
25	900722	123.4	51.7	175.1	69.6	68.0	-1.6	13.9	√	
26	900816	154.6	31.9	186.5	80.8	69.1	-11.7	16.2	√	
27	910719	92.6	62.3	154.9	56.1	55.8	-0.3	11.2	√	

序号	洪 号	降雨量 P（mm）	前期影响雨量 P_a（mm）	$P+P_a$（mm）	径流深（mm）实测 $R_实$	径流深（mm）预报 $R_预$	预报误差（mm）	许可误差（mm）	评定结果 合格	评定结果 不合格
28	910724	148.3	39.8	188.1	93.1	73.5	-19.6	18.6		√
29	930713	72.5	60.4	132.9	38.3	38.2	-0.1	7.7	√	
30	930716	101.8	49.6	151.4	56.8	49.8	-7.0	11.4	√	
31	950818	41.6	54.9	96.5	15.8	15.6	-0.2	3.2	√	
32	970820	88.4	21.6	110.0	21.3	22.5	1.2	4.3	√	
33	980804	196.0	29.6	225.6	82.6	97.1	14.5	16.5	√	
34	980815	76.3	60.2	136.5	42.2	40.4	-1.8	8.4	√	
35	980822	53.6	32.7	86.3	14.2	12.6	-1.6	3.0	√	
36	010721	118.7	16.0	134.7	36.1	34.4	-1.7	7.2	√	
37	010731	81.5	57.1	138.6	42.7	41.3	-1.4	8.5	√	
38	040828	126.9	24.6	151.5	49.2	45.2	-4.0	9.8	√	
39	050626	75.0	27.7	102.7	17.2	19.7	2.5	3.4	√	
40	050724	120.9	20.6	141.5	46.1	38.8	-7.3	9.2	√	
41	070817	185.2	52.6	237.8	137.8	120.5	-17.3	20.0	√	
42	090708	123.9	57.9	181.8	65.2	73.4	8.2	13.0	√	
43	090818	94.5	34.3	128.8	31.1	33.3	2.2	6.2	√	
44	110914	60.3	38.3	98.6	28.3	17.7	-10.6	5.7		√
45	120709	82.0	62.7	144.7	42.5	48.6	6.1	8.5	√	
46	130704	143.8	28.9	172.7	49.8	58.8	9.0	10.0	√	
47	200802	133.8	31.2	165.0	59.3	54.4	-4.9	11.9	√	
48	200807	90.6	53.9	144.5	48.3	45.1	-3.2	9.7	√	
49	200813	144.0	36.9	180.9	79.8	67.2	-12.6	16.0	√	
50	200815	56.8	62.3	119.1	51.9	30.3	-21.6	10.4		√
51	200820	51.1	40.9	92.0	15.3	14.4	-0.9	3.1	√	

备注：1. 合格率 =86.3%；2. 预报误差 = 预报值 - 实测值；3. 许可误差 = 实测值的20%，以20.0 mm 为上限，以3.0 mm 为下限；4. 本方案等级为甲级。

附表33 光明河光明水库站 R–T_c–Q_m 预报精度评定表

序号	洪号	$R_实$（mm）	有效降雨历时 T_c（h）	反推洪峰流量 $Q_{m实}$（m³/s）	预报洪峰流量 $Q_{m预}$（m³/s）	预报误差（m³/s）	许可误差（m³/s）	评定结果 合格	不合格
1	630706	18.4	7	144.4	118.8	-25.6	28.9	√	
2	630725	39.8	2	711.0	769.6	58.6	142.2	√	
3	640717	123.9	10	877.8	781.2	-96.6	175.6	√	
4	640728	49.2	6	472.2	410.6	-61.6	94.4	√	
5	650709	45.5	5	427.8	451.6	23.8	85.6	√	
6	660704	12.7	3	133.3	138.2	4.9	26.7	√	
7	670719	6.6	2	88.9	75.9	-13.0	17.8	√	
8	690821	15.0	2	222.0	225.0	3.0	44.4	√	
9	700723	115.4	5	1 139.0	1 288.7	149.7	227.8	√	
10	710707	26.7	3	450.0	365.6	-84.5	90.0	√	
11	720720	11.3	3	113.9	115.8	1.9	22.8	√	
12	720902	53.9	7	350.0	405.1	55.1	70.0	√	
13	740716	7.0	2	94.4	80.5	-13.9	18.9	√	
14	740724	24.8	8	139.0	151.2	12.2	27.8	√	
15	740801	53.6	5	622.2	546.7	-75.5	124.4	√	
16	750902	24.5	3	205.6	329.3	123.7	41.1		√
17	760728	32.0	3	422.9	454.0	31.1	84.6	√	
18	800606	9.0	5	83.3	63.0	-20.3	16.7		√
19	800706	27.7	2	505.0	504.4	-0.6	101.0	√	
20	800729	38.3	5	327.0	368.8	41.8	65.4	√	
21	810725	30.9	13	94.4	96.1	1.7	18.9	√	
22	840605	34.5	4	345.0	378.5	33.5	69.0	√	
23	880716	42.9	8	311.0	270.3	-40.7	62.2	√	
24	900614	23.1	8	110.0	140.2	30.2	22.0		√
25	900722	69.6	12	343.0	317.7	-25.3	68.6	√	
26	900816	80.8	3	1 277.0	1 335.2	58.2	255.4	√	
27	910719	56.1	10	262.5	285.0	22.5	52.5	√	

续表

序号	洪号	$R_实$（mm）	有效降雨历时 T_c（h）	反推洪峰流量 $Q_{m实}$（m³/s）	预报洪峰流量 $Q_{m预}$（m³/s）	预报误差（m³/s）	许可误差（m³/s）	评定结果 合格	评定结果 不合格
28	910724	93.1	6	808.3	872.7	64.4	161.7	√	
29	930713	38.3	5	342.0	368.8	26.8	68.4	√	
30	930716	56.8	3	871.0	895.8	24.8	174.2	√	
31	950818	15.8	3	166.7	187.8	21.1	33.3	√	
32	970820	21.3	8	125.6	128.5	2.9	25.1	√	
33	980804	82.6	8	705.6	593.4	-112.2	141.1	√	
34	980815	42.2	5	383.3	413.1	29.8	76.7	√	
35	980822	14.2	1	347.0	255.4	-91.6	69.4		√
36	010721	36.1	5	475.7	343.5	-132.2	95.1		√
37	010731	42.7	11	177.7	184.3	6.6	35.5	√	
38	040828	49.2	12	208.6	196.0	-12.6	41.7	√	
39	050626	17.2	6	94.7	122.6	27.9	18.9		√
40	050724	46.1	3	651.1	699.8	48.7	130.2	√	
41	070817	137.8	6	1 555.8	1 365.8	-190.0	311.2	√	
42	090708	65.2	7	607.0	508.5	-98.5	121.4	√	
43	090818	31.1	3	384.7	437.0	52.3	76.9	√	
44	110914	28.3	3	248.7	392.0	143.3	49.7		√
45	120709	42.5	6	488.3	348.3	-140.0	97.7		√
46	130704	49.8	7	468.3	368.4	-99.9	93.7		√
47	200802	59.3	4	744.7	710.9	-33.8	148.9	√	
48	200807	48.3	7	350.2	356.4	6.2	70.0	√	
49	200813	79.8	4	579.2	977.5	398.3	115.8		√
50	200815	51.9	2	321.5	1 035.4	713.9	64.3		√
51	200820	15.3	3	159.2	179.8	20.6	31.8	√	

备注：1. 合格率 =78.4%；2. 预报误差 = 预报值 - 实测值；3. 许可误差 = 实测值的 20%；4. 本方案等级为乙级。

附表34 光明河光明水库站 $R-T_c-T_洪$ 预报精度评定表

序号	洪号	$R_实$（mm）	有效降雨历时 T_c（h）	实测洪水总历时 $T_{洪实}$（h）	预报洪水总历时 $T_{洪预}$（h）	预报误差（h）	许可误差（h）	评定结果 合格	不合格
1	630706	18.4	7	36.0	39.0	3.0	10.8	√	
2	630725	39.8	2	33.0	32.2	-0.8	9.9	√	
3	640717	123.9	10	60.0	62.3	2.3	18	√	
4	640728	49.2	6	60.0	49.0	-11.0	18	√	
5	650709	45.5	5	54.0	47.0	-7.0	16.2	√	
6	660704	12.7	3	36.0	29.0	-7.0	10.8	√	
7	670719	6.6	2	24.0	22.2	-1.8	7.2	√	
8	690821	15.0	2	26.0	25.8	-0.2	7.8	√	
9	700723	115.4	5	60.0	56.4	-3.6	18	√	
10	710707	26.7	3	34.0	34.4	0.4	10.2	√	
11	720720	11.3	3	28.0	28.4	0.4	8.4	√	
12	720902	53.9	7	48.0	51.1	3.1	14.4	√	
13	740716	7.0	2	18.0	22.4	4.4	5.4	√	
14	740724	24.8	8	42.0	42.8	0.8	12.6	√	
15	740801	53.6	5	54.0	49.1	-4.9	16.2	√	
16	750902	24.5	3	34.0	33.7	-0.3	10.2	√	
17	760728	32.0	3	42.0	36.1	-5.9	12.6	√	
18	800606	9.0	5	28.0	32.3	4.3	8.4	√	
19	800706	27.7	2	33.0	29.7	-3.3	9.9	√	
20	800729	38.3	5	40.0	44.8	4.8	12	√	
21	810725	30.9	13	58.0	51.5	-6.5	17.4	√	
22	840605	34.5	4	44.0	42.4	-1.6	13.2	√	
23	880716	42.9	8	52.0	49.2	-2.8	15.6	√	
24	900614	23.1	8	43.0	42.1	-0.9	12.9	√	
25	900722	69.6	12	72.0	60.3	-11.7	21.6	√	
26	900816	80.8	3	44.0	44.8	0.8	13.2	√	
27	910719	56.1	10	50.0	55.1	5.1	15	√	

续表

序号	洪号	$R_实$（mm）	有效降雨历时 T_c（h）	实测洪水总历时 $T_{洪实}$（h）	预报洪水总历时 $T_{洪预}$（h）	预报误差（h）	许可误差（h）	评定结果 合格	评定结果 不合格
28	910724	93.1	6	20.5	56.2	35.7	6.1		√
29	930713	38.3	5	44.0	44.8	0.8	13.2	√	
30	930716	56.8	3	48.0	41.7	-6.3	14.4	√	
31	950818	15.8	3	36.0	30.3	-5.7	10.8	√	
32	970820	21.3	8	46.0	41.4	-4.6	13.8	√	
33	980804	82.6	8	65.0	57.1	-7.9	19.5	√	
34	980815	42.2	5	44.0	46.0	2.0	13.2	√	
35	980822	14.2	1	22.0	21.4	-0.6	6.6	√	
36	010721	36.1	5	50.0	44.0	-6.0	15	√	
37	010731	42.7	11	57.0	52.9	-4.1	17.1	√	
38	040828	49.2	12	60.0	56.0	-4.0	18	√	
39	050626	17.2	6	43.0	37.4	-5.6	12.9	√	
40	050724	46.1	3	41.0	39.6	-1.4	12.3	√	
41	070817	137.8	6	66.0	58.0	-8.0	19.8	√	
42	090708	65.2	7	34.0	53.5	19.5	10.2		√
43	090818	31.1	3	40.0	35.8	-4.2	12	√	
44	110914	28.3	3	41.0	35.0	-6.0	12.3	√	
45	120709	42.5	6	53.0	47.1	-5.9	15.9	√	
46	130704	49.8	7	52.0	50.2	-1.8	15.6	√	
47	200802	59.3	4	56.0	49.5	-6.5	16.8	√	
48	200807	48.3	7	54.0	49.7	-4.3	16.2	√	
49	200813	79.8	4	51.0	52.9	1.9	15.3	√	
50	200815	51.9	2	38.0	33.9	-4.1	11.4	√	
51	200820	15.3	3	33.0	30.1	-2.9	9.9	√	

备注：1. 合格率 =96.1%；2. 预报误差 = 预报值 - 实测值；3. 许可误差 = 实测值的30%，以3 h 为下限；4. 本方案等级为甲级。

附表 35 石汶河黄前水库站降雨径流分析成果表

序号	洪号	降雨起止时间		流域平均雨量 P（mm）	前期影响雨量 P_a（mm）	$P+P_a$（mm）	降雨历时（h）		暴雨中心位置或
		起	止				全部 T	有效 T_c	
1	640728	7月27日12:00	7月28日18:00	185.8	59.6	245.4	30.0	8.0	下港、西麻塔（先
2	640830	8月30日2:00	8月31日14:00	140.9	36.4	177.3	36.0	19.0	西麻塔
3	640912	9月12日2:00	9月12日14:00	152.1	43.6	195.7	12.0	3.0	独路—彭家峪
4	660624	6月24日9:00	6月24日22:00	55.3	15.6	70.9	13.0	7.0	下港、西麻塔（
5	680720	7月19日23:00	7月20日4:00	80.7	19.4	100.1	5.0	1.0	彭家峪、西麻塔
6	690812	8月11日10:00	8月12日6:00	97.7	57.5	155.2	20.0	13.0	西麻塔（普
7	690821	8月20日17:00	8月21日14:00	53.7	30.1	83.8	21.0	3.0	下港
8	700721	7月20日20:00	7月21日4:00	54.1	43.6	97.7	8.0	2.0	西麻塔（强度
9	700729	7月29日6:00	7月29日20:00	66.1	47.7	113.8	14.0	6.0	西麻塔（下
10	710625	6月25日12:00	6月26日4:00	105.4	39.3	144.7	16.0	9.0	独路、西麻塔
11	710629	6月28日23:00	6月29日18:00	55.3	60.4	115.7	19.0	5.0	下港（偏上）
12	710815	8月15日16:00	8月15日20:00	61.4	27.7	89.1	4.0	1.0	下港、西麻塔
13	720707	7月6日17:00	7月7日4:00	73.9	16.7	90.6	11.0	6.0	独路、彭家峪
14	720902	9月1日14:00	9月2日7:00	80.4	46.2	126.6	17.0	8.0	西麻塔、下港（中
15	730715	7月14日15:00	7月15日10:00	139.2	47.5	186.7	19.0	12.0	西麻塔（中
16	730729	7月28日17:00	7月29日8:00	65.8	36.4	102.2	15.0	5.0	独路（上）
17	750723	7月23日0:00	7月23日8:00	59.4	28.0	87.4	8.0	2.0	西麻塔（下）
18	750730	7月30日0:00	7月30日8:00	65.7	60.2	125.9	8.0	3.0	独路—彭家峪
19	750830	8月30日6:00	8月30日22:00	93.9	10.1	104.0	16.0	5.0	下港、西麻塔
20	750901	8月31日18:00	9月1日9:00	150.0	61.7	211.7	15.0	10.0	下港（普
21	760812	8月12日3:00	8月13日6:00	135.2	33.9	169.1	27.0	10.0	下港（下
22	760820	8月19日16:00	8月20日6:00	87.0	47.3	134.3	14.0	5.0	彭家峪（中）
23	770720	7月19日18:00	7月20日12:00	59.5	42.1	101.6	18.0	4.0	独路（偏上）
24	770723	7月22日20:00	7月23日6:00	66.2	51.7	117.9	10.0	10.0	下港—黄前
25	771029	10月27日14:00	10月29日8:00	162.6	2.9	165.5	42.0	14.0	西麻塔、下
26	800615	6月15日16:00	6月16日14:00	90.8	12.6	103.4	22.0	8.0	西麻塔、下
27	800629	6月29日0:00	6月30日2:00	169.2	18.4	187.6	26.0	6.0	西麻塔—黄前
28	840605	6月4日21:00	6月5日8:00	73.7	21.8	95.5	11.0	3.0	下港（偏下

特点	洪水起止时间			洪水总历时 $T_洪$（h）	洪峰流量 Q_m（m³/s）	径流深 R（mm）	径流系数 α	地表径流总量 W（万m³）
	起涨	峰顶	落平					
上后下）	7月27日 12:00	7月28日 10:30	7月30日 2:00	62.0	1 670	160.6	0.86	4 690
	8月30日 0:00	8月30日 22:30	9月2日 8:00	80.0	508	85.3	0.61	2 490
上）	9月12日 2:00	9月12日 7:00	9月14日 20:00	66.0	1 733	89.1	0.59	2 601
偏下）	6月24日 18:00	6月24日 21:30	6月25日 20:00	26.0	44	4.5	0.08	130
（中）	7月20日 0:00	7月20日 4:00	7月21日 8:00	32.0	322	13.1	0.16	382
	8月11日 16:00	8月12日 1:00	8月14日 20:00	76.0	333	57.8	0.59	1 689
	8月20日 17:00	8月21日 12:30	8月23日 0:00	55.0	172	12.3	0.23	360
大）	7月20日 20:00	7月21日 0:30	7月22日 14:00	42.0	236	14.1	0.26	411
	7月29日 6:00	7月29日 18:30	7月31日 20:00	62.0	417	38.8	0.59	1 134
偏上）	6月25日 12:00	6月25日 21:00	6月28日 5:00	65.0	353	43.8	0.42	1 280
	6月28日 22:00	6月29日 4:30	7月1日 8:00	58.0	219	32.6	0.59	952
偏下）	8月15日 17:30	8月15日 19:30	8月17日 8:00	38.5	249	10.0	0.16	292
上游）	7月6日 16:00	7月7日 4:00	7月8日 22:00	54.0	69	6.9	0.09	201
下普雨）	9月1日 14:00	9月2日 4:00	9月4日 8:00	66.0	294	34.0	0.42	993
下）	7月15日 2:00	7月15日 10:00	7月18日 8:00	78.0	528	83.8	0.60	2 274
	7月29日 2:00	7月29日 6:00	7月30日 20:00	42.0	167	14.5	0.22	392
	7月23日 2:00	7月23日 6:00	7月24日 8:00	30.0	150	7.6	0.13	205
上）	7月30日 0:00	7月30日 4:30	8月1日 8:00	56.0	550	33.8	0.51	917
偏下）	8月30日 8:00	8月30日 20:12	9月1日 8:00	48.0	239	15.6	0.17	424
	8月31日 18:00	9月1日 5:36	9月3日 22:00	76.0	1 174	115.6	0.77	3 134
	8月12日 4:00	8月12日 6:00	8月17日 8:00	124.0	144	51.0	0.38	1 383
	8月19日 18:00	8月20日 2:30	8月22日 14:00	68.0	422	44.6	0.51	1 210
	7月19日 18:00	7月20日 3:30	7月22日 20:00	74.0	75	17.7	0.30	481
下）	7月22日 20:00	7月23日 2:30	7月25日 18:00	70.0	228	33.7	0.51	913
偏下）	10月27日 18:00	10月29日 6:30	11月2日 12:00	138.0	400	74.1	0.46	2 010
下）	6月15日 18:00	6月15日 20:30	6月19日 8:00	86.0	100	10.4	0.11	283
下）	6月29日 2:00	6月29日 20:30	7月3日 8:00	102.0	1 090	76.0	0.45	2 060
	6月4日 22:50	6月5日 2:20	6月6日 12:00	37.2	217	13.0	0.18	237

序号	洪号	降雨起止时间		流域平均雨量 P（mm）	前期影响雨量 P_a（mm）	$P+P_a$（mm）	降雨历时（h）		暴雨中心位置或
		起	止				全部 T	有效 T_c	
29	840711	7 月 11 日 18:00	7 月 12 日 6:00	132.7	55.7	188.4	12.0	6.0	下港（偏
30	850709	7 月 8 日 22:00	7 月 9 日 22:00	69.7	12.9	82.6	24.0	16.0	下港（偏
31	860726	7 月 25 日 20:00	7 月 26 日 2:00	75.0	53.0	128.0	6.0	3.0	下港（偏下）
32	870710	7 月 9 日 15:00	7 月 10 日 15:00	135.3	19.2	154.5	24.0	15.0	独路
33	870903	9 月 3 日 13:00	9 月 4 日 2:00	119.0	48.9	167.9	13.0	11.0	西麻塔、下港
34	880704	7 月 4 日 1:00	7 月 4 日 12:00	56.4	12.5	68.9	11.0	6.0	下港（偏下）
35	890719	7 月 18 日 15:00	7 月 19 日 7:00	51.2	25.5	76.7	16.0	11.0	彭家峪
36	900618	6 月 17 日 16:00	6 月 18 日 6:00	80.1	33.7	113.8	14.0	13.0	彭家峪
37	900816	8 月 15 日 15:00	8 月 16 日 12:00	118.2	56.8	175.0	21.0	11.0	独路、西麻塔
38	910718	7 月 17 日 21:00	7 月 18 日 8:00	67.3	17.2	84.5	11.0	7.0	西麻塔
39	920720	7 月 20 日 0:00	7 月 20 日 8:00	89.3	27.5	116.8	8.0	6.0	彭家峪
40	930512	5 月 11 日 20:00	5 月 12 日 5:00	68.8	7.8	76.6	9.0	8.0	彭家峪
41	940625	6 月 24 日 21:00	6 月 25 日 5:00	76.2	14.3	90.5	8.0	7.0	普雨
42	940629	6 月 29 日 1:00	6 月 29 日 9:00	188.6	44.1	232.7	8.0	4.0	下港—
43	950807	8 月 6 日 19:00	8 月 7 日 10:00	57.5	61.3	118.8	15.0	10.0	彭家峪
44	960627	6 月 27 日 5:00	6 月 27 日 10:00	57.3	36.2	93.5	5.0	2.0	彭家峪
45	960725	7 月 24 日 19:00	7 月 25 日 8:00	155.2	28.8	184.0	13.0	9.0	独路（偏
46	960730	7 月 30 日 13:00	7 月 31 日 14:00	96.8	63.7	160.5	25.0	11.0	西麻塔—黄前
47	970704	7 月 3 日 22:00	7 月 4 日 2:00	61.5	7.2	68.7	4.0	3.0	下港（偏下）
48	980720	7 月 20 日 0:00	7 月 20 日 6:00	60.0	45.5	105.5	6.0	2.0	下港（偏下）
49	990615	6 月 14 日 22:00	6 月 15 日 13:00	67.2	13.7	80.9	15.0	3.0	下港（偏
50	000715	7 月 15 日 12:00	7 月 15 日 19:00	95.9	14.2	110.1	7.0	4.0	西麻塔
51	000809	8 月 9 日 3:00	8 月 10 日 9:00	225.0	15.0	240.0	30.0	6.0	勤村—彭家
52	000813	8 月 13 日 4:00	8 月 13 日 11:00	58.6	53.4	112.0	7.0	2.0	下港—黄前（
53	010622	6 月 22 日 12:00	6 月 22 日 22:00	78.5	39.3	117.8	10.0	5.0	彭家峪、独
54	030708	7 月 7 日 22:00	7 月 8 日 7:00	110.7	16.2	126.9	9.0	9.0	下港—黄前（
55	030827	8 月 26 日 5:00	8 月 27 日 4:00	84.2	49.1	133.3	23.0	7.0	普雨
56	030904	9 月 4 日 0:00	9 月 4 日 8:00	129.2	53.3	182.5	8.0	8.0	普雨

特点	洪水起止时间			洪水总历时 $T_洪$（h）	洪峰流量 Q_m（m³/s）	径流深 R（mm）	径流系数 α	地表径流总量 W（万 m³）
	起涨	峰顶	落平					
下）	7月11日18:00	7月11日22:30	7月14日10:00	64.0	1 160	84.8	0.64	2 300
下）	7月9日5:00	7月9日8:00	7月11日8:00	51.0	26	9.0	0.13	164
前	7月25日21:00	7月26日0:00	7月27日17:00	44.0	378	24.7	0.33	451
	7月9日18:00	7月10日16:00	7月12日8:00	62.0	211	45.7	0.34	834
偏下）	9月3日14:00	9月3日23:00	9月7日8:00	90.0	473	75.8	0.64	2 056
前	7月4日5:00	7月4日7:00	7月4日18:00	13.0	14	1.4	0.02	25
路	7月19日6:00	7月19日9:00	7月20日8:00	26.0	21	4.2	0.08	77
路	6月17日23:00	6月18日11:00	6月20日12:00	61.0	109	22.1	0.28	404
偏上）	8月16日0:00	8月16日4:30	8月19日8:00	80.0	574	86.8	0.73	2 354
	7月17日22:30	7月18日0:00	7月19日20:00	45.5	73	7.9	0.12	145
	7月20日2:00	7月20日8:00	7月22日2:00	48.0	212	21.8	0.24	398
	5月12日3:00	5月12日20:00	5月13日20:00	41.0	47	6.0	0.09	110
	6月25日0:00	6月25日4:00	6月26日8:00	32.0	56	6.7	0.09	122
前	6月29日4:00	6月29日9:30	7月1日20:00	64.0	1 580	117.1	0.62	3 175
	8月6日20:00	8月7日8:00	8月9日8:00	60.0	245	35.3	0.61	644
路	6月27日6:00	6月27日10:00	6月28日8:00	26.0	153	8.9	0.16	162
二）	7月24日23:00	7月25日5:02	7月28日6:00	79.0	733	81.2	0.52	2 201
偏下）	7月30日16:00	7月30日17:45	8月2日20:00	76.0	647	80.2	0.83	2 174
前	7月4日0:00	7月4日1:30	7月4日12:00	12.0	49	3.5	0.06	65
前	7月20日0:00	7月20日4:00	7月21日20:00	44.0	128	25.5	0.43	466
下）	6月15日0:00	6月15日4:00	6月15日20:00	20.0	86	5.4	0.08	100
	7月15日14:00	7月15日18:00	7月17日8:00	42.0	21	5.8	0.06	106
俗	8月9日8:00	8月9日17:30	8月12日20:00	84.0	1 788	144.7	0.64	3 925
下）	8月13日4:00	8月13日8:15	8月15日2:00	46.0	168	22.1	0.38	600
各	6月22日18:00	6月22日19:00	6月24日20:00	50.0	270	23.3	0.30	426
下）	7月7日22:00	7月8日7:00	7月10日8:00	58.0	113	15.4	0.14	280
	8月26日8:00	8月27日4:30	8月28日20:00	60.0	334	32.8	0.39	890
	9月4日0:00	9月4日7:18	9月6日8:00	56.0	726	83.2	0.64	2 256

序号	洪号	降雨起止时间		流域平均雨量 P（mm）	前期影响雨量 P_a（mm）	$P+P_a$（mm）	降雨历时（h）		暴雨中心位置或
		起	止				全部 T	有效 T_c	
57	031011	10 月 10 日 20:00	10 月 12 日 8:00	103.3	21.0	124.3	36.0	16.0	彭家峪（
58	040618	6 月 18 日 1:00	6 月 18 日 18:00	55.7	33.0	88.7	17.0	14.0	普雨
59	040717	7 月 17 日 2:00	7 月 17 日 18:00	150.3	54.8	205.1	16.0	14.0	普雨
60	040730	7 月 30 日 16:00	7 月 31 日 8:00	94.4	62.3	156.7	16.0	4.0	下港—黄前
61	040828	8 月 26 日 15:00	8 月 28 日 1:00	98.7	25.8	124.5	34.0	12.0	普雨
62	040914	9 月 14 日 4:00	9 月 14 日 19:00	75.6	11.7	87.3	15.0	6.0	普雨
63	050626	6 月 25 日 20:00	6 月 26 日 15:00	58.9	14.5	73.4	19.0	13.0	普雨
64	050702	7 月 2 日 2:00	7 月 2 日 11:00	101.3	54.4	155.7	9.0	5.0	下港—黄前
65	050919	9 月 18 日 19:00	9 月 19 日 12:00	109.8	51.7	161.5	17.0	10.0	中、上游
66	060629	6 月 28 日 21:00	6 月 29 日 4:00	92.5	16.2	108.7	7.0	3.0	下港—黄前
67	070718	7 月 18 日 16:00	7 月 19 日 3:00	91.8	62.3	154.1	11.0	3.0	独路、下港（中
68	070810	8 月 9 日 20:00	8 月 10 日 15:00	67.3	39.6	106.9	19.0	14.0	彭家峪（
69	080705	7 月 4 日 21:00	7 月 5 日 15:00	69.2	29.6	98.8	18.0	15.0	彭家峪
70	090706	7 月 6 日 1:00	7 月 6 日 8:00	69.1	12.2	81.3	7.0	3.0	普雨
71	090713	7 月 13 日 8:00	7 月 13 日 19:00	45.9	29.7	75.6	11.0	12.0	普雨
72	100617	6 月 17 日 20:00	6 月 18 日 3:00	61.2	5.4	66.6	7.0	2.0	下港（偏
73	100804	8 月 4 日 17:00	8 月 5 日 0:00	117.4	39.0	156.4	7.0	5.0	下港—黄前
74	100814	8 月 13 日 18:00	8 月 14 日 8:00	98.5	55.5	154.0	14.0	12.0	普雨
75	100824	8 月 23 日 23:00	8 月 24 日 16:00	68.8	57.2	126.0	17.0	10.0	普雨
76	110702	7 月 2 日 13:00	7 月 3 日 7:00	61.8	18.1	79.9	18.0	13.0	下港（偏
77	120708	7 月 7 日 16:00	7 月 8 日 9:00	123.2	20.5	143.7	17.0	14.0	西麻塔、独路
78	130716	7 月 16 日 3:00	7 月 16 日 5:00	66.3	57.3	123.6	2.0	2.0	西麻塔
79	130719	7 月 18 日 6:00	7 月 19 日 21:00	95.9	53.0	148.9	39.0	16.0	普雨
80	130723	7 月 23 日 2:00	7 月 23 日 13:00	73.8	52.7	126.5	11.0	11.0	独路—彭家峪
81	130728	7 月 28 日 2:00	7 月 28 日 7:00	78.4	55.4	133.8	5.0	5.0	独路、下港（中
82	140620	6 月 19 日 16:00	6 月 20 日 13:00	85.6	9.2	94.8	21.0	19.0	西麻塔、
83	150730	7 月 30 日 20:00	7 月 31 日 3:00	71.4	21.2	92.6	7.0	2.0	西麻塔
84	160720	7 月 19 日 20:00	7 月 20 日 16:00	177.5	38.0	215.5	20.0	12.0	西麻塔（

特点	洪水起止时间			洪水总历时 $T_洪$（h）	洪峰流量 Q_m（m³/s）	径流深 R（mm）	径流系数 α	地表径流总量 W（万 m³）
	起涨	峰顶	落平					
中）	10 月 11 日 8:00	10 月 11 日 19:00	10 月 13 日 8:00	48.0	304	44.2	0.43	1 199
	6 月 18 日 8:00	6 月 18 日 20:00	6 月 20 日 20:00	60.0	30	7.8	0.14	143
	7 月 17 日 1:00	7 月 17 日 18:30	7 月 18 日 15:00	38.0	501	87.1	0.58	2 362
下）	7 月 30 日 16:00	7 月 30 日 20:48	8 月 2 日 8:00	64.0	991	58.9	0.62	1 597
	8 月 27 日 8:00	8 月 28 日 1:00	8 月 29 日 11:00	51.0	146	26.1	0.26	708
	9 月 14 日 4:00	9 月 14 日 14:00	9 月 16 日 6:00	50.0	23	7.8	0.10	211
	6 月 25 日 20:00	6 月 26 日 8:00	6 月 26 日 20:00	24.0	14	2.1	0.04	38
下）	7 月 2 日 2:00	7 月 2 日 9:30	7 月 4 日 13:00	59.0	613	50.8	0.50	1 378
	9 月 18 日 20:00	9 月 19 日 10:30	9 月 22 日 16:00	92.0	274	72.1	0.66	1 956
下）	6 月 28 日 22:00	6 月 29 日 2:00	6 月 30 日 20:00	46.0	248	17.1	0.18	312
上游）	7 月 18 日 18:00	7 月 18 日 22:00	7 月 20 日 20:00	50.0	501	59.5	0.65	1 087
中）	8 月 9 日 20:00	8 月 10 日 20:00	8 月 12 日 6:00	58.0	32	8.7	0.13	236
	7 月 4 日 22:00	7 月 5 日 14:00	7 月 7 日 8:00	58.0	46	13.7	0.20	250
	7 月 6 日 3:00	7 月 6 日 8:00	7 月 6 日 20:00	17.0	69	4.3	0.06	78
	7 月 13 日 8:00	7 月 13 日 20:00	7 月 16 日 6:00	70.0	50	11.8	0.26	321
下）	6 月 17 日 20:00	6 月 17 日 22:00	6 月 18 日 8:00	12.0	40	2.5	0.04	45
下）	8 月 4 日 17:00	8 月 4 日 23:00	8 月 7 日 20:00	75.0	240	22.7	0.19	616
	8 月 13 日 18:00	8 月 14 日 8:00	8 月 17 日 8:00	86.0	479	51.2	0.52	1 389
	8 月 23 日 23:00	8 月 24 日 18:00	8 月 28 日 20:00	117.0	106	41.8	0.61	1 134
下）	7 月 2 日 14:00	7 月 2 日 20:00	7 月 4 日 8:00	42.0	22	4.7	0.08	85
黄前	7 月 7 日 20:00	7 月 8 日 6:00	7 月 11 日 8:00	84.0	225	44.0	0.36	803
	7 月 16 日 4:00	7 月 16 日 6:00	7 月 18 日 6:00	50.0	584	38.3	0.58	700
	7 月 19 日 2:00	7 月 19 日 20:30	7 月 22 日 8:00	78.0	285	58.5	0.61	1 588
上）	7 月 23 日 2:00	7 月 23 日 8:00	7 月 25 日 8:00	54.0	258	42.1	0.57	1 142
上游）	7 月 27 日 8:00	7 月 28 日 7:00	7 月 29 日 20:00	60.0	455	42.3	0.54	1 146
黄前	6 月 19 日 20:00	6 月 20 日 8:00	6 月 22 日 8:00	60.0	12	8.7	0.10	158
黄前	7 月 30 日 22:00	7 月 30 日 23:00	7 月 31 日 14:00	16.0	65	4.1	0.06	75
下）	7 月 20 日 0:00	7 月 20 日 12:30	7 月 23 日 8:00	80.0	479	81.4	0.46	1 487

序号	洪号	降雨起止时间		流域平均雨量 P（mm）	前期影响雨量 P_a（mm）	$P+P_a$（mm）	降雨历时（h）		暴雨中心位置或
		起	止				全部 T	有效 T_c	
85	160722	7月21日 15:00	7月22日 8:00	184.6	62.8	247.4	17.0	10.0	黄前
86	170727	7月26日 16:00	7月27日 13:00	90.3	37.4	127.7	21.0	18.0	彭家峪
87	180626	6月25日 7:00	6月26日 3:00	134.7	6.4	141.1	20.0	16.0	彭家峪
88	180819	8月19日 3:00	8月19日 20:00	188.8	48.6	237.4	17.0	17.0	下港（偏
89	190807	8月6日 15:00	8月7日 7:00	56.7	36.1	92.8	16.0	4.0	西麻塔、
90	190811	8月10日 12:00	8月12日 1:00	158.1	51.6	209.7	37.0	24.0	独路（偏
91	200627	6月26日 1:00	6月26日 18:00	62.5	26.2	88.7	17.0	16.0	西麻塔、
92	200802	8月1日 21:00	8月2日 7:00	79.9	23.0	102.9	10.0	4.0	下港—黄前

续表

特点	洪水起止时间			洪水总历时 $T_{洪}$（h）	洪峰流量 Q_m（m³/s）	径流深 R（mm）	径流系数 α	地表径流总量 W（万 m³）
	起涨	峰顶	落平					
（下）	7月21日 16:00	7月22日 4:30	7月24日 20:00	76.0	1134	144.6	0.78	3 922
	7月27日 8:00	7月27日 18:00	7月30日 8:00	72.0	95	29.9	0.33	545
	6月25日 20:00	6月26日 6:00	6月28日 8:00	60.0	140	17.6	0.13	321
下）	8月19日 3:00	8月19日 20:00	8月22日 20:00	89.0	706	119.5	0.63	3 242
蚀路	8月7日 2:00	8月7日 14:00	8月8日 20:00	42.0	129	10.3	0.18	188
上）	8月10日 8:00	8月11日 11:00	8月14日 20:00	108.0	218	97.1	0.61	2 633
黄前	6月26日 8:00	6月27日 8:00	6月28日 8:00	48.0	16	6.1	0.10	111
下）	8月1日 2:00	8月2日 8:00	8月3日 20:00	46.0	259	14.1	0.18	383

附表36 石汶河黄前水库站 $P+P_a-R$ 预报精度评定表

序号	洪号	流域平均雨量 P（mm）	前期影响雨量 P_a（mm）	实测径流深 $R_{实}$（mm）	预报径流深 $R_{预}$（mm）	预报误差（mm）	许可误差（mm）	评定结果 合格	评定结果 不合格
1	640728	185.8	59.6	160.6	146.9	-13.7	20.0	√	
2	640830	140.9	36.4	85.3	75.0	-10.3	17.1	√	
3	640912	152.1	43.6	89.1	98.3	9.2	17.8	√	
4	660624	55.3	15.6	4.5	2.8	-1.7	3.0	√	
5	680720	80.7	19.4	13.1	13.3	0.2	3.0	√	
6	690812	97.7	57.5	57.8	59.6	1.8	11.6	√	
7	690821	53.7	30.1	12.3	6.4	-5.9	3.0		√
8	700721	54.1	43.6	14.1	15.0	0.9	3.0	√	
9	700729	66.1	47.7	38.8	24.9	-13.9	7.8		√
10	710625	105.4	39.3	43.8	45.4	1.6	8.8	√	
11	710629	55.3	60.4	32.6	26.2	-6.4	6.5	√	
12	710815	61.4	27.7	10.0	8.2	-1.8	3.0	√	
13	720707	73.9	16.7	6.9	8.9	2.0	3.0	√	
14	720902	80.4	46.2	34.0	34.4	0.4	6.8	√	
15	730715	139.2	47.5	83.8	89.6	5.8	16.8	√	
16	730729	65.8	36.4	14.5	14.5	0	3.0	√	
17	750723	59.4	28.0	7.6	7.7	0.1	3.0	√	
18	750730	65.7	60.2	33.8	33.9	0.1	6.8	√	
19	750830	93.9	10.1	15.6	15.6	0	3.1	√	
20	750901	150.0	61.7	115.6	113.7	-1.9	20.0	√	
21	760812	135.2	33.9	51.0	67.4	16.4	10.2		√
22	760820	87.0	47.3	44.6	40.8	-3.8	8.9	√	
23	770720	59.5	42.1	17.7	17.1	-0.6	3.5	√	
24	770723	66.2	51.7	33.7	27.8	-5.9	6.7	√	
25	771029	162.6	2.9	74.1	64.2	-9.9	14.8	√	
26	800615	90.8	12.6	10.4	15.2	4.8	3.0		√

序号	洪号	流域平均雨量 P（mm）	前期影响雨量 P_a（mm）	实测径流深 $R_{实}$（mm）	预报径流深 $R_{预}$（mm）	预报误差（mm）	许可误差（mm）	评定结果 合格	评定结果 不合格
27	800629	169.2	18.4	76.0	84.5	8.5	15.2	√	
28	840605	73.7	21.8	13.0	11.1	-1.9	3.0	√	
29	840711	132.7	55.7	84.8	91.2	6.4	17.0	√	
30	850709	69.7	12.9	9.0	5.9	-3.1	3.0		√
31	860726	75.0	53.0	24.7	35.5	10.8	4.9		√
32	870710	135.3	19.2	45.7	54.1	8.4	9.1	√	
33	870903	119.0	48.9	75.8	71.6	-4.2	15.2	√	
34	880704	56.4	12.5	1.4	2.4	1.0	3.0	√	
35	890719	51.2	25.5	4.2	4.2	0	3.0	√	
36	900618	80.1	33.7	22.1	21.5	-0.6	4.4	√	
37	900816	118.2	56.8	86.8	78.4	-8.4	17.4	√	
38	910718	67.3	17.2	7.9	6.6	-1.3	3.0	√	
39	920720	89.3	27.5	21.8	23.5	1.7	4.4	√	
40	930512	68.8	7.8	6.0	4.2	-1.8	3.0	√	
41	940625	76.2	14.3	6.7	8.8	2.1	3.0	√	
42	940629	188.6	44.1	117.1	134.3	17.2	20.0	√	
43	950807	57.5	61.3	35.3	28.4	-6.9	7.1	√	
44	960627	57.3	36.2	8.9	10.2	1.3	3.0	√	
45	960725	155.2	28.8	81.2	81.2	0	16.2	√	
46	960730	96.8	63.7	80.2	64.6	-15.6	16.0	√	
47	970704	61.5	7.2	3.5	2.4	-1.1	3.0	√	
48	980720	60.0	45.5	25.5	19.5	-6.0	5.1		√
49	990615	67.2	13.7	5.4	5.3	-0.1	3.0	√	
50	000715	95.9	14.2	5.8	19.0	13.2	3.0		√
51	000809	225.0	15.0	144.7	133.7	-11.0	20.0	√	
52	000813	58.6	53.4	22.1	23.6	1.5	4.4	√	

序号	洪号	流域平均雨量 P（mm）	前期影响雨量 P_a（mm）	实测径流深 $R_实$（mm）	预报径流深 $R_预$（mm）	预报误差（mm）	许可误差（mm）	评定结果	
								合格	不合格
53	010622	78.5	39.3	23.3	24.2	0.9	4.7	√	
54	030708	110.7	16.2	15.4	30.8	15.4	3.1		√
55	030827	84.2	49.1	32.8	39.9	7.1	6.6		√
56	030904	129.2	53.3	83.2	85.6	2.4	16.6	√	
57	031011	103.3	21.0	44.2	28.9	-15.3	8.8		√
58	040618	55.7	33.0	7.8	8.1	0.3	3.0	√	
59	040717	150.3	54.8	87.1	107.4	20.3	17.4		√
60	040730	94.4	62.3	58.9	61.0	2.1	11.8	√	
61	040828	98.7	25.8	26.1	29.0	2.9	5.2	√	
62	040914	75.6	11.7	7.8	7.6	-0.2	3.0	√	
63	050626	58.9	14.5	2.1	3.4	1.3	3.0	√	
64	050702	101.3	54.4	50.8	60.1	9.3	10.2	√	
65	050919	109.8	51.7	72.1	65.6	-6.5	14.4	√	
66	060629	92.5	16.2	17.1	18.2	1.1	3.4	√	
67	070718	91.8	62.3	59.5	58.6	-0.9	11.9	√	
68	070810	67.3	39.6	8.7	17.2	8.5	3.0		√
69	080705	69.2	29.6	13.7	12.7	-1.0	3.0	√	
70	090706	69.1	12.2	4.3	5.5	1.2	3.0	√	
71	090713	45.9	29.7	11.8	3.9	-7.9	3.0		√
72	100617	61.2	5.4	2.5	2.1	-0.4	3.0	√	
73	100804	117.4	39.0	22.7	55.9	33.2	4.5		√
74	100814	98.5	55.5	51.2	58.5	7.3	10.2	√	
75	100824	68.8	57.2	41.8	33.9	-7.9	8.4	√	
76	110702	61.8	18.1	4.7	5.0	0.3	3.0	√	
77	120708	123.2	20.5	44.0	44.5	0.5	8.8	√	
78	130716	66.3	57.3	38.3	32.1	-6.2	7.7	√	

序号	洪号	流域平均雨量 P （mm）	前期影响雨量 P_a （mm）	实测径流深 $R_实$ （mm）	预报径流深 $R_预$ （mm）	预报误差 （mm）	许可误差 （mm）	评定结果 合格	评定结果 不合格
79	130719	95.9	53.0	58.5	53.7	-4.8	11.7	√	
80	130723	73.8	52.7	42.1	34.3	-7.8	8.4	√	
81	130728	78.4	55.4	42.3	40.3	-2.0	8.5	√	
82	140620	85.6	9.2	8.7	10.8	2.1	3.0	√	
83	150730	71.4	21.2	4.1	9.8	5.7	3.0		√
84	160720	177.5	38.0	81.4	110.5	29.1	16.3		√
85	160722	184.6	62.8	144.6	148.9	4.3	20.0	√	
86	170727	90.3	37.4	29.9	31.4	1.5	6.0	√	
87	180626	134.7	6.4	17.6	42.3	24.7	3.5		√
88	180819	188.8	48.6	119.5	139.0	19.5	20.0	√	
89	190807	56.7	36.1	10.3	9.9	-0.4	3.0	√	
90	190811	158.1	51.6	97.1	111.9	14.8	19.4	√	
91	200627	62.5	26.2	6.1	8.1	2.0	3.0	√	
92	200802	79.9	23.0	14.1	14.9	0.8	3.0	√	

备注：1. 合格率 =80.4%；2. 预报误差 = 预报值 - 实测值；3. 许可误差 = 实测值的 20%，以 20.0 mm 为上限，以 3.0 mm 为下限；4. 本方案等级为乙级。

附表37　石汶河黄前水库站 $P-P_a-R$ 预报精度评定表

序号	洪号	流域平均雨量 P（mm）	前期影响雨量 P_a（mm）	实测径流深 $R_实$（mm）	预报径流深 $R_预$（mm）	预报误差（mm）	许可误差（mm）	评定结果	
								合格	不合格
1	640728	185.8	59.6	160.6	153.1	-7.5	20.0	√	
2	640830	140.9	36.4	85.3	72.3	-13.0	17.1	√	
3	640912	152.1	43.6	89.1	92.7	3.6	17.8	√	
4	660624	55.3	15.6	4.5	3.8	-0.7	3.0	√	
5	680720	80.7	19.4	13.1	10.0	-3.1	3.0		√
6	690812	97.7	57.5	57.8	62.7	4.9	11.6	√	
7	690821	53.7	30.1	12.3	7.5	-4.8	3.0		√
8	700721	54.1	43.6	14.1	15.3	1.2	3.0	√	
9	700729	66.1	47.7	38.8	24.0	-14.8	7.8		√
10	710625	105.4	39.3	43.8	44.9	1.1	8.8	√	
11	710629	55.3	60.4	32.6	30.9	-1.7	6.5	√	
12	710815	61.4	27.7	10.0	8.6	-1.4	3.0	√	
13	720707	73.9	16.7	6.9	7.9	1.0	3.0	√	
14	720902	80.4	46.2	34.0	32.0	-2.0	6.8	√	
15	730715	139.2	47.5	83.8	85.8	2.0	16.8	√	
16	730729	65.8	36.4	14.5	15.6	1.1	3.0	√	
17	750723	59.4	28.0	7.6	8.2	0.6	3.0	√	
18	750730	65.7	60.2	33.8	38.5	4.7	6.8	√	
19	750830	93.9	10.1	15.6	13.6	-2.0	3.1	√	
20	750901	150.0	61.7	115.6	120.4	4.8	20.0	√	
21	760812	135.2	33.9	51.0	63.9	12.9	10.2		√
22	760820	87.0	47.3	44.6	38.2	-6.4	8.9	√	
23	770720	59.5	42.1	17.7	16.6	-1.1	3.5	√	
24	770723	66.2	51.7	33.7	28.0	-5.7	6.7	√	
25	771029	162.6	2.9	74.1	59.4	-14.7	14.8	√	
26	800615	90.8	12.6	10.4	12.7	2.3	3.0	√	

续表

序号	洪号	流域平均雨量 P（mm）	前期影响雨量 P_a（mm）	实测径流深 $R_实$（mm）	预报径流深 $R_预$（mm）	预报误差（mm）	许可误差（mm）	评定结果 合格	评定结果 不合格
27	800629	169.2	18.4	76.0	72.3	-3.7	15.2	√	
28	840605	73.7	21.8	13.0	9.2	-3.8	3.0		√
29	840711	132.7	55.7	84.8	93.3	8.5	17.0	√	
30	850709	69.7	12.9	9.0	6.4	-2.6	3.0	√	
31	860726	75.0	53.0	24.7	36.0	11.3	4.9		√
32	870710	135.3	19.2	45.7	45.3	-0.4	9.1	√	
33	870903	119.0	48.9	75.8	68.1	-7.7	15.2	√	
34	880704	56.4	12.5	1.4	3.7	2.3	3.0	√	
35	890719	51.2	25.5	4.2	5.3	1.1	3.0	√	
36	900618	80.1	33.7	22.1	19.6	-2.5	4.4	√	
37	900816	118.2	56.8	86.8	81.1	-5.7	17.4	√	
38	910718	67.3	17.2	7.9	6.4	-1.5	3.0	√	
39	920720	89.3	27.5	21.8	19.5	-2.3	4.4	√	
40	930512	68.8	7.8	6.0	5.6	-0.4	3.0	√	
41	940625	76.2	14.3	6.7	8.2	1.5	3.0	√	
42	940629	188.6	44.1	117.1	128.2	11.1	20.0	√	
43	950807	57.5	61.3	35.3	33.1	-2.2	7.1	√	
44	960627	57.3	36.2	8.9	12.2	3.3	3.0		√
45	960725	155.2	28.8	81.2	73.8	-7.4	16.2	√	
46	960730	96.8	63.7	80.2	69.9	-10.3	16.0	√	
47	970704	61.5	7.2	3.5	4.1	0.6	3.0	√	
48	980720	60.0	45.5	25.5	19.0	-6.5	5.1		√
49	990615	67.2	13.7	5.4	6.0	0.6	3.0	√	
50	000715	95.9	14.2	5.8	15.3	9.5	3.0		√
51	000809	225.0	15.0	144.7	116.6	-28.1	20.0		√
52	000813	58.6	53.4	22.1	25.1	3.0	4.4	√	

续表

序号	洪号	流域平均雨量 P（mm）	前期影响雨量 P_a（mm）	实测径流深 $R_实$（mm）	预报径流深 $R_预$（mm）	预报误差（mm）	许可误差（mm）	评定结果 合格	评定结果 不合格
53	010622	78.5	39.3	23.3	24.2	0.9	4.7	√	
54	030708	110.7	16.2	15.4	25.3	9.9	3.1		√
55	030827	84.2	49.1	32.8	37.8	5.0	6.6	√	
56	030904	129.2	53.3	83.2	85.4	2.2	16.6	√	
57	031011	103.3	21.0	44.2	22.1	-22.1	8.8		√
58	040618	55.7	33.0	7.8	9.8	2.0	3.0	√	
59	040717	150.3	54.8	87.1	109.1	22.0	17.4		√
60	040730	94.4	62.3	58.9	66.1	7.2	11.8	√	
61	040828	98.7	25.8	26.1	24.3	-1.8	5.2	√	
62	040914	75.6	11.7	7.8	7.7	-0.1	3.0	√	
63	050626	58.9	14.5	2.1	4.3	2.2	3.0	√	
64	050702	101.3	54.4	50.8	60.8	10.0	10.2	√	
65	050919	109.8	51.7	72.1	64.2	-7.9	14.4	√	
66	060629	92.5	16.2	17.1	14.1	-3.0	3.4	√	
67	070718	91.8	62.3	59.5	63.6	4.1	11.9	√	
68	070810	67.3	39.6	8.7	18.6	9.9	3.0		√
69	080705	69.2	29.6	13.7	11.8	-1.9	3.0	√	
70	090706	69.1	12.2	4.3	6.2	1.9	3.0	√	
71	090713	45.9	29.7	11.8	5.6	-6.2	3.0		√
72	100617	61.2	5.4	2.5	3.9	1.4	3.0	√	
73	100804	117.4	39.0	22.7	54.8	32.1	4.5		√
74	100814	98.5	55.5	51.2	60.0	8.8	10.2	√	
75	100824	68.8	57.2	41.8	37.0	-4.8	8.4	√	
76	110702	61.8	18.1	4.7	5.2	0.5	3.0	√	
77	120708	123.2	20.5	44.0	36.7	-7.3	8.8	√	
78	130716	66.3	57.3	38.3	35.3	-3.0	7.7	√	

续表

序号	洪号	流域平均雨量 P（mm）	前期影响雨量 P_a（mm）	实测径流深 $R_{实}$（mm）	预报径流深 $R_{预}$（mm）	预报误差（mm）	许可误差（mm）	评定结果 合格	评定结果 不合格
79	130719	95.9	53.0	58.5	53.5	-5.0	11.7	√	
80	130723	73.8	52.7	42.1	34.7	-7.4	8.4	√	
81	130728	78.4	55.4	42.3	42.2	-0.1	8.5	√	
82	140620	85.6	9.2	8.7	10.2	1.5	3.0	√	
83	150730	71.4	21.2	4.1	8.3	4.2	3.0		√
84	160720	177.5	38.0	81.4	107.4	26.0	16.3		√
85	160722	184.6	62.8	144.6	156.3	11.7	20.0	√	
86	170727	90.3	37.4	29.9	30.2	0.3	6.0	√	
87	180626	134.7	6.4	17.6	40.4	22.8	3.5		√
88	180819	188.8	48.6	119.5	136.3	16.8	20.0	√	
89	190807	56.7	36.1	10.3	11.9	1.6	3.0	√	
90	190811	158.1	51.6	97.1	111.0	13.9	19.4	√	
91	200627	62.5	26.2	6.1	8.3	2.2	3.0	√	
92	200802	79.9	23.0	14.1	11.7	-2.4	3.0	√	

备注：1. 合格率=79.3%；2. 预报误差＝预报值 - 实测值；3. 许可误差＝实测值的 20%，以 20.0 mm 为上限，以 3.0 mm 为下限；4. 本方案等级为乙级。

附表 38　石汶河黄前水库站 $R–T_c–Q_m$ 预报精度评定表

序号	洪号	实测径流深 $R_{实}$（mm）	有效降雨历时 T_c（h）	洪峰流量		预报误差（m³/s）	许可误差（m³/s）	评定结果	
				实测 $Q_{m实}$（m³/s）	查图 $Q_{m预}$（m³/s）			合格	不合格
1	640728	160.6	8.0	1 670	1 663	-7	334.0	√	
2	640830	85.3	19.0	508	325	-183	101.6		√
3	640912	89.1	3.0	1 733	1 396	-337	346.6	√	
4	660624	4.5	7.0	44	44	0	8.8	√	
5	680720	13.1	1.0	322	298	-24	64.4	√	
6	690812	57.8	13.0	333	358	25	66.6	√	
7	690821	12.3	3.0	172	206	34	34.4	√	
8	700721	14.1	2.0	236	277	41	47.2	√	
9	700729	38.8	6.0	417	446	29	83.4	√	
10	710625	43.8	9.0	353	389	36	70.6	√	
11	710629	32.6	5.0	219	412	193	43.8		√
12	710815	10.0	1.0	249	232	-17	49.8	√	
13	720707	6.9	6.0	69	74	5	13.8	√	
14	720902	34.0	8.0	294	329	35	58.8	√	
15	730715	83.8	12.0	528	589	61	105.6	√	
16	730729	14.5	5.0	167	179	12	33.4	√	
17	750723	7.6	2.0	150	151	1	30.0	√	
18	750730	33.8	3.0	550	549	-1	110.0	√	
19	750830	15.6	5.0	239	194	-45	47.8	√	
20	750901	115.6	10.0	1174	1 008	-166	234.8	√	
21	760812	51.0	10.0	144	411	267	28.8		√
22	760820	44.6	5.0	422	568	146	84.4		√
23	770720	17.7	4.0	75	243	168	15.0		√
24	770723	33.7	10.0	228	263	35	45.6	√	
25	771029	74.1	14.0	400	437	37	80.0	√	
26	800615	10.4	8.0	100	93	-7	20.0	√	

续表

序号	洪号	实测径流深 $R_{实}$ （mm）	有效降雨历时 T_c （h）	洪峰流量		预报误差 （m³/s）	许可误差 （m³/s）	评定结果	
				实测 $Q_{m实}$ （m³/s）	查图 $Q_{m预}$ （m³/s）			合格	不合格
27	800629	76.0	6.0	1 090	891	-199	218.0	√	
28	840605	13.0	3.0	217	216	-1	43.4	√	
29	840711	84.8	6.0	1 160	999	-161	232.0	√	
30	850709	9.0	16.0	26	25	-1	5.2	√	
31	860726	24.7	3.0	378	406	28	75.6	√	
32	870710	45.7	15.0	211	228	17	42.2	√	
33	870903	75.8	11.0	473	579	106	94.6		√
34	880704	1.4	6.0	14	15	1	2.8	√	
35	890719	4.2	11.0	21	25	4	4.2	√	
36	900618	22.1	13.0	109	120	11	21.8	√	
37	900816	86.8	11.0	574	673	99	114.8	√	
38	910718	7.9	7.0	73	78	5	14.6	√	
39	920720	21.8	6.0	212	246	34	42.4	√	
40	930512	6.0	8.0	47	54	7	9.4	√	
41	940625	6.7	7.0	56	66	10	11.2	√	
42	940629	117.1	4.0	1 580	1 671	91	316.0	√	
43	950807	35.3	10.0	245	276	31	49.0	√	
44	960627	8.9	2.0	153	177	24	30.6	√	
45	960725	81.2	9.0	733	747	14	146.6	√	
46	960730	80.2	11.0	647	616	-31	129.4	√	
47	970704	3.5	3.0	49	59	10	9.8		√
48	980720	25.5	2.0	128	486	358	25.6		√
49	990615	5.4	3.0	86	92	6	17.2	√	
50	000715	5.8	4.0	21	79	58	4.2		√
51	000809	144.7	6.0	1 788	1 739	-49	357.6	√	
52	000813	22.1	2.0	168	426	258	33.6		√

续表

序号	洪号	实测径流深 $R_{实}$（mm）	有效降雨历时 T_c（h）	洪峰流量		预报误差（m³/s）	许可误差（m³/s）	评定结果	
				实测 $Q_{m实}$（m³/s）	查图 $Q_{m预}$（m³/s）			合格	不合格
53	010622	23.3	5.0	270	292	22	54.0	√	
54	030708	15.4	9.0	113	127	14	22.6	√	
55	030827	32.8	7.0	334	346	12	66.8	√	
56	030904	83.2	8.0	726	833	107	145.2	√	
57	031011	44.2	16.0	304	199	-105	60.8		√
58	040618	7.8	14.0	30	29	-1	6.0	√	
59	040717	87.1	14.0	501	527	26	100.2	√	
60	040730	58.9	4.0	991	823	-168	198.2	√	
61	040828	26.1	12.0	146	160	14	29.2	√	
62	040914	7.8	6.0	23	83	60	4.6		√
63	050626	2.1	13.0	14	9	-5	2.8		√
64	050702	50.8	5.0	613	648	35	122.6	√	
65	050919	72.1	10.0	274	599	325	54.8		√
66	060629	17.1	3.0	248	284	36	49.6	√	
67	070718	59.5	3.0	501	943	442	100.2		√
68	070810	8.7	14.0	32	32	0	6.4	√	
69	080705	13.7	15.0	46	52	6	9.2	√	
70	090706	4.3	3.0	69	72	3	13.8	√	
71	090713	11.8	12.0	50	63	13	10.0		√
72	100617	2.5	2.0	40	49	9	8.0		√
73	100804	22.7	5.0	240	284	44	48.0	√	
74	100814	51.2	12.0	479	339	-140	95.8		√
75	100824	41.8	10.0	106	332	226	21.2		√
76	110702	4.7	13.0	22	20	-2	4.4	√	
77	120708	44.0	14.0	225	239	14	45.0	√	
78	130716	38.3	2.0	584	708	124	116.8		√

序号	洪号	实测径流深 $R_实$（mm）	有效降雨历时 T_c（h）	洪峰流量		预报误差（m³/s）	许可误差（m³/s）	评定结果	
				实测 $Q_{m实}$（m³/s）	查图 $Q_{m预}$（m³/s）			合格	不合格
79	130719	58.5	16.0	285	278	-7	57.0	√	
80	130723	42.1	11.0	258	303	45	51.6	√	
81	130728	42.3	5.0	455	537	82	91.0	√	
82	140620	8.7	19.0	12	11	-1	2.4	√	
83	150730	4.1	2.0	65	82	17	13.0		√
84	160720	81.4	12.0	479	570	91	95.8	√	
85	160722	144.6	10.0	1134	1300	166	226.8	√	
86	170727	29.9	18.0	95	95	0	19.0	√	
87	180626	17.6	16.0	140	63	-77	28.0		√
88	180819	119.5	17.0	706	618	-88	141.2	√	
89	190807	10.3	4.0	129	140	11	25.8	√	
90	190811	97.1	24.0	218	177	-41	43.6	√	
91	200627	6.1	16.0	16	17	1	3.2	√	
92	200802	14.1	4.0	259	193	-66	51.8		√

备注：1. 合格率 =75.0%；2. 预报误差 = 查图值 - 实测值；3. 许可误差 = 实测值的 20%；4. 本方案等级为乙级。

附表 39　石汶河黄前水库站 R–T_c–$T_洪$ 预报精度评定表

序号	洪号	实测径流深 $R_实$（mm）	有效降雨历时 T_c（h）	洪水总历时		预报误差（h）	许可误差（h）	评定结果	
				$T_{洪实}$（h）	$T_{洪预}$（h）			合格	不合格
1	640728	160.6	8.0	62.0	76.2	14.2	18.6	√	
2	640830	85.3	19.0	80.0	84.6	4.6	24.0	√	
3	640912	89.1	3.0	66.0	53.3	-12.7	19.8	√	
4	660624	4.5	7.0	26.0	26.6	0.6	7.8	√	
5	680720	13.1	1.0	32.0	30.8	-1.2	9.6	√	
6	690812	57.8	13.0	76.0	72.0	-4	22.8	√	
7	690821	12.3	3.0	55.0	35.8	-19.2	16.5		√
8	700721	14.1	2.0	42.0	34.4	-7.6	12.6	√	
9	700729	38.8	6.0	62.0	56.6	-5.4	18.6	√	
10	710625	43.8	9.0	65.0	64.7	-0.3	19.5	√	
11	710629	32.6	5.0	58.0	51.9	-6.1	17.4	√	
12	710815	10.0	1.0	38.5	28.2	-10.3	11.5	√	
13	720707	6.9	6.0	54.0	32.4	-21.6	16.2		√
14	720902	34.0	8.0	66.0	60.7	-5.3	19.8	√	
15	730715	83.8	12.0	78.0	74.9	-3.1	23.4	√	
16	730729	14.5	5.0	42.0	43.1	1.1	12.6	√	
17	750723	7.6	2.0	30.0	23.9	-6.1	9.0	√	
18	750730	33.8	3.0	56.0	46.7	-9.3	16.8	√	
19	750830	15.6	5.0	48.0	43.8	-4.2	14.4	√	
20	750901	115.6	10.0	76.0	75.4	-0.6	22.8	√	
21	760812	51.0	10.0	124.0	67.5	-56.5	37.2		√
22	760820	44.6	5.0	68.0	55.0	-13	20.4	√	
23	770720	17.7	4.0	74.0	42.6	-31.4	22.2		√
24	770723	33.7	10.0	70.0	62.6	-7.4	21.0	√	
25	771029	74.1	14.0	138.0	76.1	-61.9	41.4		√
26	800615	10.4	8.0	86.0	48.9	-37.1	25.8		√

续表

序号	洪号	实测径流深 $R_实$（mm）	有效降雨历时 T_c（h）	洪水总历时 $T_{洪实}$（h）	洪水总历时 $T_{洪预}$（h）	预报误差（h）	许可误差（h）	评定结果 合格	评定结果 不合格
27	800629	76.0	6.0	102.0	62.2	-39.8	30.6		√
28	840605	13.0	3.0	37.2	36.4	-0.8	11.2	√	
29	840711	84.8	6.0	64.0	62.9	-1.1	19.2	√	
30	850709	9.0	16.0	51.0	54.8	3.8	15.3	√	
31	860726	24.7	3.0	44.0	43.6	-0.4	13.2	√	
32	870710	45.7	15.0	62.0	71.3	9.3	18.6	√	
33	870903	75.8	11.0	90.0	72.6	-17.4	27.0	√	
34	880704	1.4	6.0	13.0	13.7	0.7	3.9	√	
35	890719	4.2	11.0	26.0	32.9	6.9	7.8	√	
36	900618	22.1	13.0	61.0	61.1	0.1	18.3	√	
37	900816	86.8	11.0	80.0	73.9	-6.1	24.0	√	
38	910718	7.9	7.0	45.5	38.5	-7	13.7	√	
39	920720	21.8	6.0	48.0	50.3	2.3	14.4	√	
40	930512	6.0	8.0	41.0	34.4	-6.6	12.3	√	
41	940625	6.7	7.0	32.0	34.3	2.3	9.6	√	
42	940629	117.1	4.0	64.0	58.8	-5.2	19.2	√	
43	950807	35.3	10.0	60.0	63.2	3.2	18.0	√	
44	960627	8.9	2.0	26.0	27.8	1.8	7.8	√	
45	960725	81.2	9.0	79.0	70.6	-8.4	23.7	√	
46	960730	80.2	11.0	76.0	73.2	-2.8	22.8	√	
47	970704	3.5	3.0	12.0	13.9	1.9	3.6	√	
48	980720	25.5	2.0	44.0	41.3	-2.7	13.2	√	
49	990615	5.4	3.0	20.0	19.8	-0.2	6.0	√	
50	000715	5.8	4.0	42.0	23.6	-18.4	12.6		√
51	000809	144.7	6.0	84.0	67.7	-16.3	25.2	√	
52	000813	22.1	2.0	46.0	39.9	-6.1	13.8	√	

序号	洪号	实测径流深 $R_{实}$（mm）	有效降雨历时 T_c（h）	洪水总历时		预报误差（h）	许可误差（h）	评定结果	
				$T_{洪实}$（h）	$T_{洪预}$（h）			合格	不合格
53	010622	23.3	5.0	50.0	48.3	-1.7	15.0	√	
54	030708	15.4	9.0	58.0	53.1	-4.9	17.4	√	
55	030827	32.8	7.0	60.0	57.5	-2.5	18.0	√	
56	030904	83.2	8.0	56.0	69.5	13.5	16.8	√	
57	031011	44.2	16.0	48.0	71.9	23.9	14.4		√
58	040618	7.8	14.0	60.0	48.8	-11.2	18.0	√	
59	040717	87.1	14.0	38.0	78.1	40.1	11.4		√
60	040730	58.9	4.0	64.0	54.2	-9.8	19.2	√	
61	040828	26.1	12.0	51.0	61.8	10.8	15.3	√	
62	040914	7.8	6.0	50.0	35.4	-14.6	15.0	√	
63	050626	2.1	13.0	24.0	29.6	5.6	7.2	√	
64	050702	50.8	5.0	59.0	56.2	-2.8	17.7	√	
65	050919	72.1	10.0	92.0	70.9	-21.1	27.6	√	
66	060629	17.1	3.0	46.0	39.5	-6.5	13.8	√	
67	070718	59.5	3.0	50.0	51.1	1.1	15.0	√	
68	070810	8.7	14.0	58.0	51.5	-6.5	17.4	√	
69	080705	13.7	15.0	58.0	58.7	0.7	17.4	√	
70	090706	4.3	3.0	17.0	16.4	-0.6	5.1	√	
71	090713	11.8	12.0	70.0	54.3	-15.7	21.0	√	
72	100617	2.5	2.0	12.0	8.5	-3.5	3.6	√	
73	100804	22.7	5.0	75.0	48.1	-26.9	22.5		√
74	100814	51.2	12.0	86.0	69.6	-16.4	25.8	√	
75	100824	41.8	10.0	117.0	65.2	-51.8	35.1		√
76	110702	4.7	13.0	42.0	37.7	-4.3	12.6	√	
77	120708	44.0	14.0	84.0	69.8	-14.2	25.2	√	
78	130716	38.3	2.0	50.0	44.9	-5.1	15.0	√	

序号	洪号	实测径流深 $R_实$（mm）	有效降雨历时 T_c（h）	洪水总历时		预报误差（h）	许可误差（h）	评定结果	
				$T_{洪实}$（h）	$T_{洪预}$（h）			合格	不合格
79	130719	58.5	16.0	78.0	75.5	-2.5	23.4	√	
80	130723	42.1	11.0	54.0	66.3	12.3	16.2	√	
81	130728	42.3	5.0	60.0	54.5	-5.5	18.0	√	
82	140620	8.7	19.0	60.0	57.7	-2.3	18.0	√	
83	150730	4.1	2.0	16.0	13.4	-2.6	4.8	√	
84	160720	81.4	12.0	80.0	74.6	-5.4	24.0	√	
85	160722	144.6	10.0	76.0	77.9	1.9	22.8	√	
86	170727	29.9	18.0	72.0	69.8	-2.2	21.6	√	
87	180626	17.6	16.0	60.0	62.1	2.1	18.0	√	
88	180819	119.5	17.0	89.0	85.9	-3.1	26.7	√	
89	190807	10.3	4.0	42.0	37.2	-4.8	12.6	√	
90	190811	97.1	24.0	108.0	93.4	-14.6	32.4	√	
91	200627	6.1	16.0	48.0	46.5	-1.5	14.4	√	
92	200802	14.1	4.0	46.0	40.0	-6	13.8	√	

备注：1. 合格率 =87.0%；2. 预报误差 = 预报值 - 实测值；3. 许可误差 = 实测值的30%，以 3 h 为下限；4. 本方案等级为甲级。

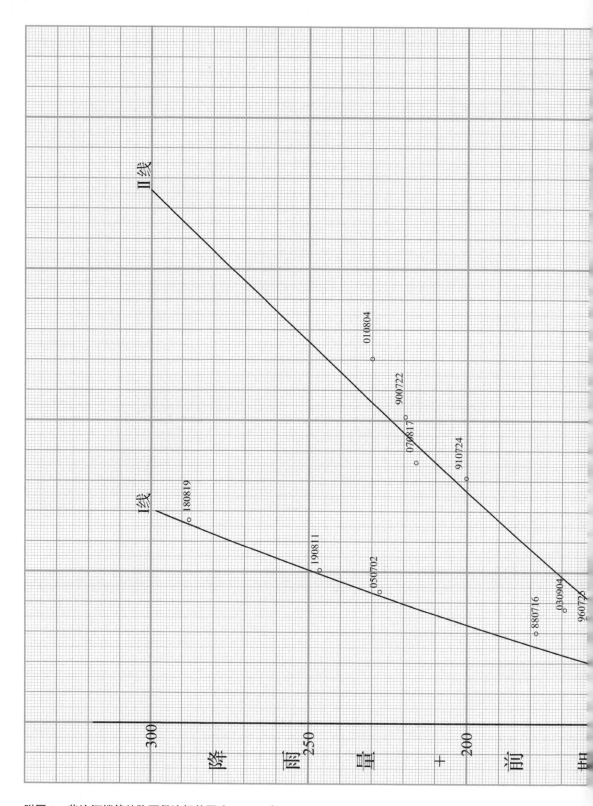

附图 1　柴汶河楼德站降雨径流相关图（$P+P_a-R$）

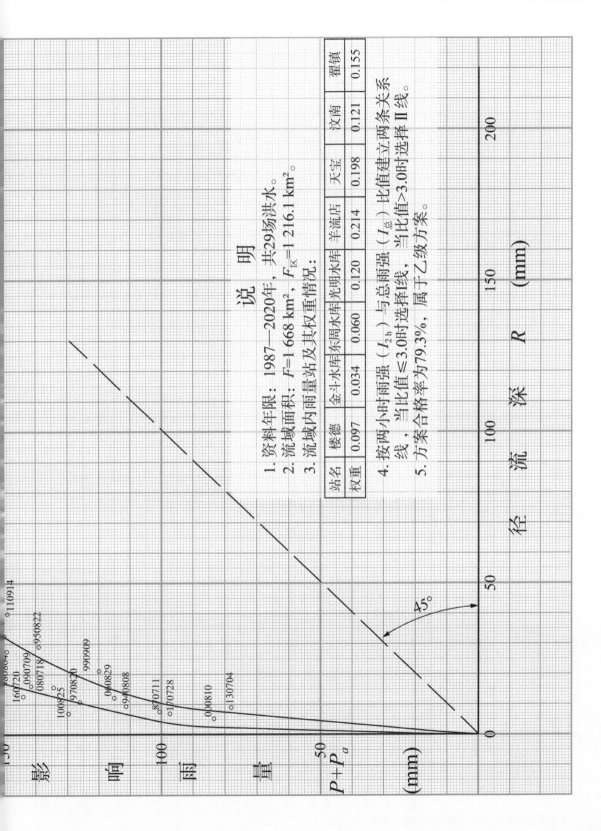

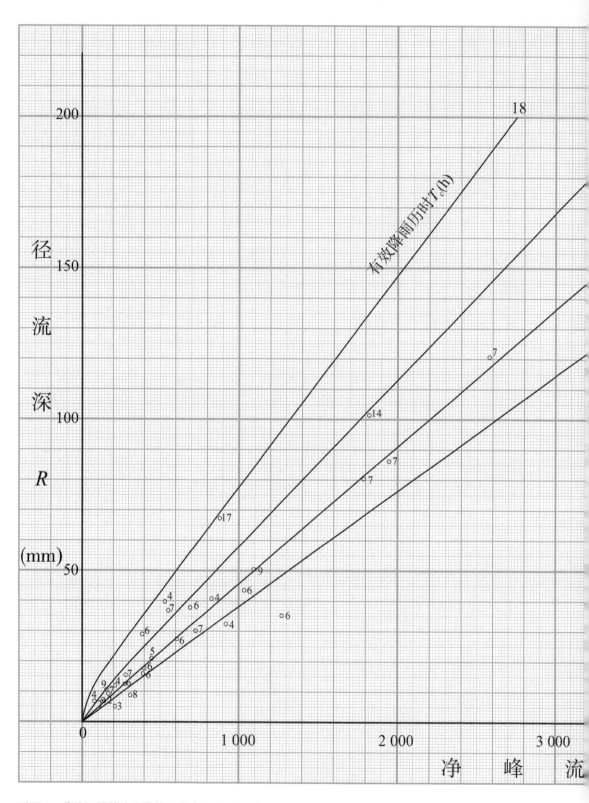

附图 2 柴汶河楼德站峰量关系图（R-T_c-$Q_{m净}$）

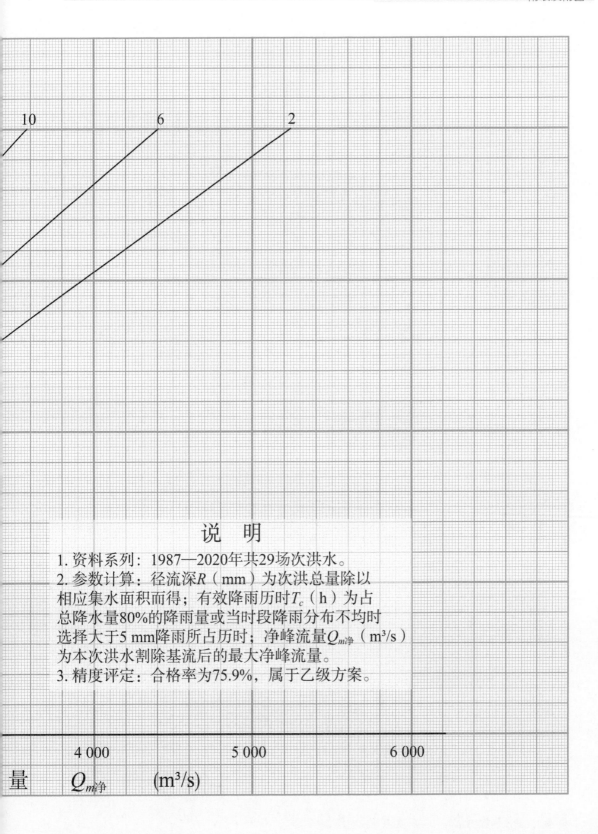

10 6 2

说　明

1. 资料系列：1987—2020年共29场次洪水。
2. 参数计算：径流深 R（mm）为次洪总量除以相应集水面积而得；有效降雨历时 T_c（h）为占总降水量80%的降雨量或当时段降雨分布不均时选择大于5 mm降雨所占历时；净峰流量 $Q_{m净}$（m³/s）为本次洪水割除基流后的最大净峰流量。
3. 精度评定：合格率为75.9%，属于乙级方案。

4 000   5 000   6 000

量　$Q_{m净}$　（m³/s）

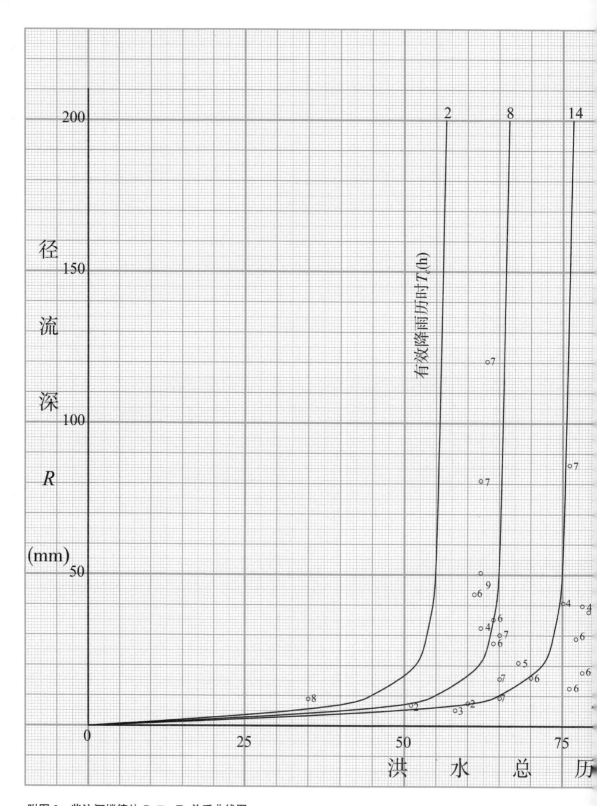

附图3 柴汶河楼德站 R-T_c-$T_{洪}$ 关系曲线图

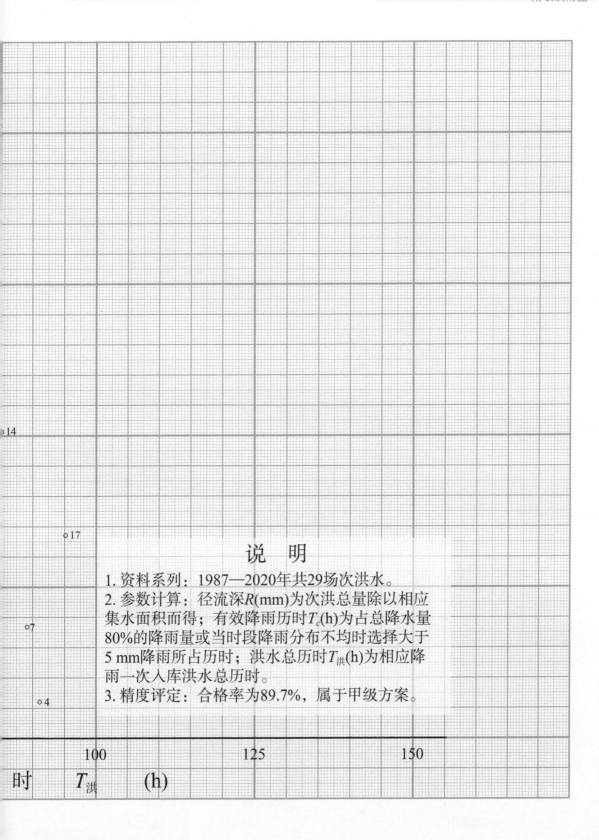

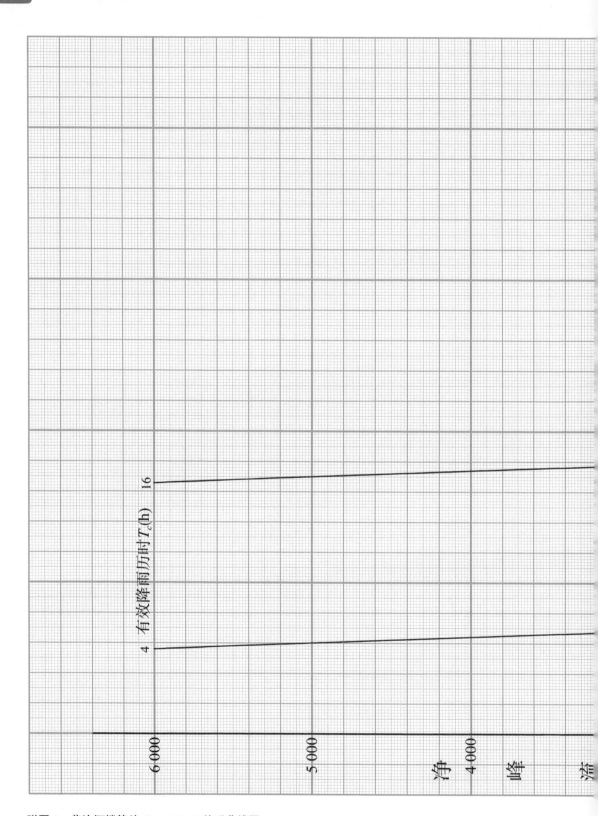

附图 4　柴汶河楼德站 $Q_{m净}$–T_c–T_P 关系曲线图

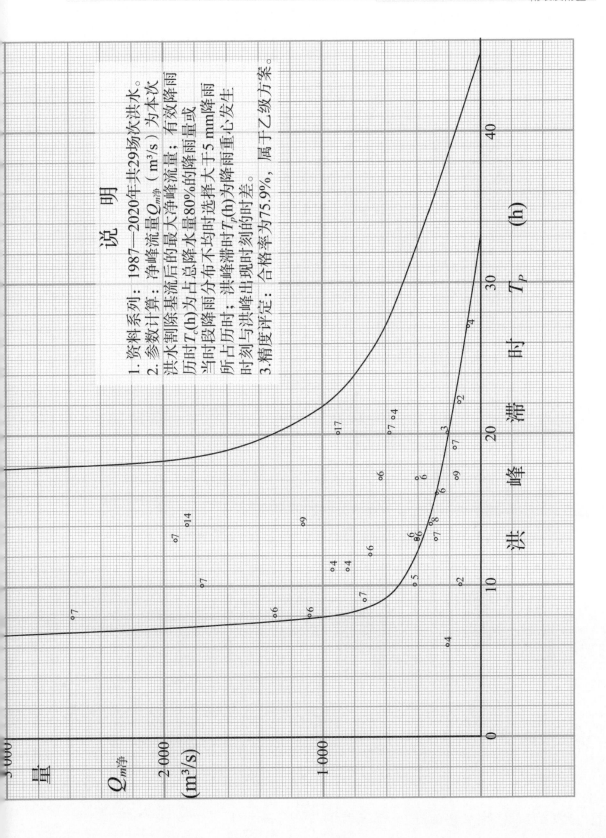

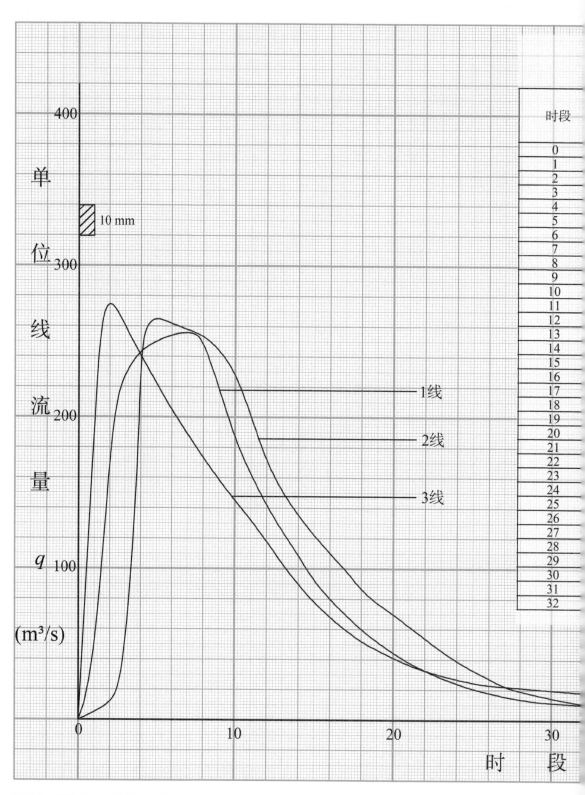

附图 5 柴汶河楼德站单位线图

单位线成果表

$F_{区}=1\,216.1\ \text{km}^2,\Delta t=1\ \text{h}$

单位线流量$q(\text{m}^3/\text{s})$			时段	单位线流量$q(\text{m}^3/\text{s})$			备注
1线	2线	3线		1线	2线	3线	
0.0	0.0	0.0	33	9.7	9.4	17.6	1号线洪水原型为910724，暴雨中心位置在上游，$P=141.5$ mm，$P_a=59.8$ mm，降雨历时$T=19$ h，有效降雨历时$T_c=7$ h
20.0	10.0	190.0	34	9.1	8.0	16.8	
200.0	5.0	275.0	35	8.5	6.8	16.1	
230.0	25.0	260.0	36	7.9	5.7	15.4	
245.0	200.0	240.7	37	7.4	4.8	14.7	
250.0	265.0	222.4	38	6.8	4.0	14.0	
255.0	262.0	205.1	39	6.3	3.2	13.4	
256.0	258.0	188.8	40	5.8	2.6	12.7	
250.0	254.0	173.3	41	5.3	2.1	12.1	
220.0	245.0	158.8	42	4.8	1.6	11.4	
185.0	230.0	145.1	43	4.4	1.1	10.8	2号线洪水原型为050702，暴雨中心位置在中游，$P=134.9$ mm，$P_a=93.8$ mm，降雨历时$T=13$ h，有效降雨历时$T_c=6$ h
161.7	200.0	132.2	44	4.0	1.2	10.2	
141.6	170.0	118.1	45	3.6	1.1	9.6	
124.3	150.0	102.8	46	3.2	1.0	9.0	
108.7	135.0	89.5	47	2.8	0.9	8.3	
91.8	122.0	77.9	48	2.5	0.8	7.7	
79.8	110.0	67.8	49	2.1	0.7	7.0	
69.2	99.0	59.2	50	1.8	0.6	6.4	
59.8	86.0	51.8	51	1.6	0.5	5.7	
51.6	77.0	46.4	52	1.3	0.5	5.1	
44.4	70.0	41.1	53	1.0	0.4	4.4	
38.1	62.0	36.6	54	0.8	0.4	3.8	
32.7	54.0	32.8	55	0.6	0.3	3.2	3号线洪水原型为010804，暴雨中心位置在下游，$P=158.6$ mm，$P_a=72.6$ mm，降雨历时$T=24$ h，有效降雨历时$T_c=7$ h
28.1	46.0	29.6	56	0.4	0.3	1.2	
24.1	39.0	27.0	57	0.3	0.2	2.5	
20.8	33.0	24.8	58	0.3	0.2	0.6	
24.1	27.6	23.0	59	0.2	0.1	1.9	
15.8	22.1	22.4	60	0.1	0.1	0.0	
14.0	19.3	21.5	61	0.1	0.0		
12.4	16.9	20.7	62	0.0			
11.7	14.7	19.9					
11.0	12.7	19.1					
10.4	11.0	18.4	Σ	3 384	3 390	3 384	

40   50   60

Δt (1 h)

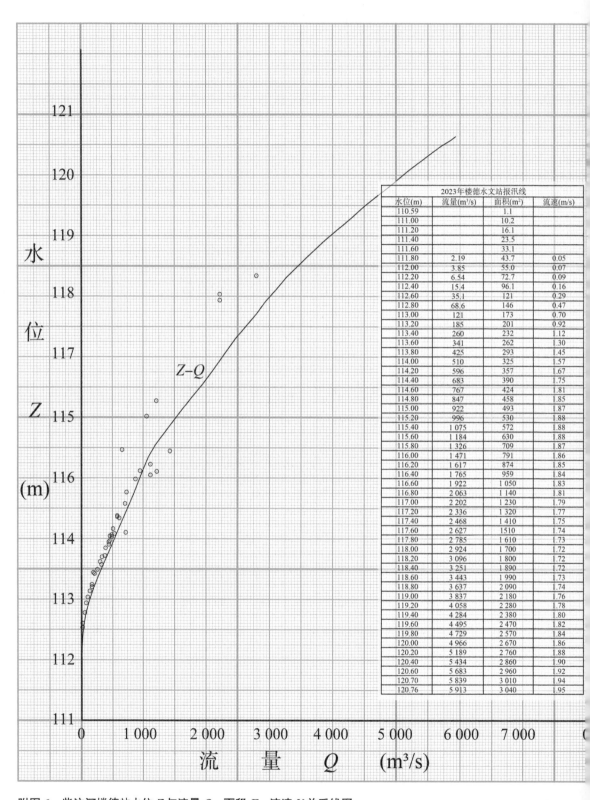

附图6　柴汶河楼德站水位 Z 与流量 Q、面积 F、流速 V 关系线图

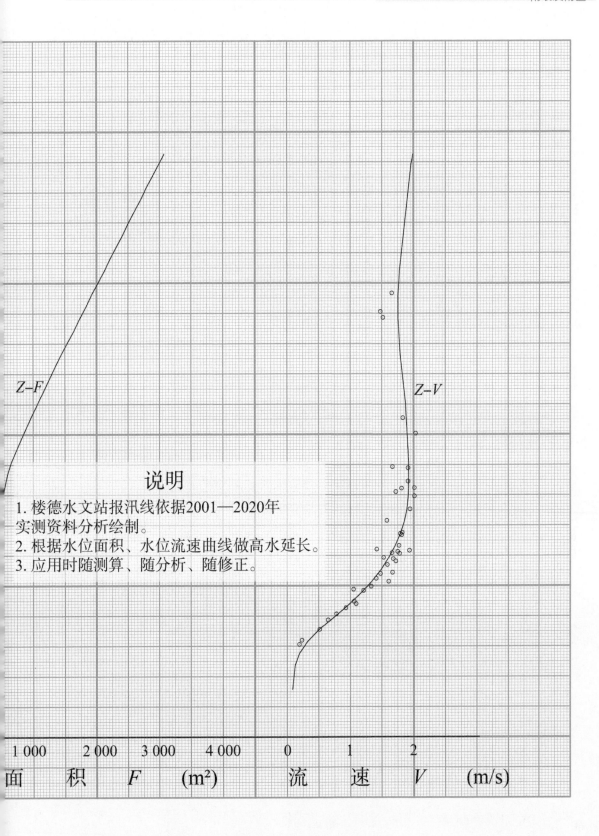

说明

1. 楼德水文站报汛线依据2001—2020年实测资料分析绘制。
2. 根据水位面积、水位流速曲线做高水延长。
3. 应用时随测算、随分析、随修正。

| Z–F | | | | Z–V |

| 1 000 | 2 000 | 3 000 | 4 000 | 0 | 1 | 2 |

面　积　　F　（m²）　　　流　速　　V　（m/s）

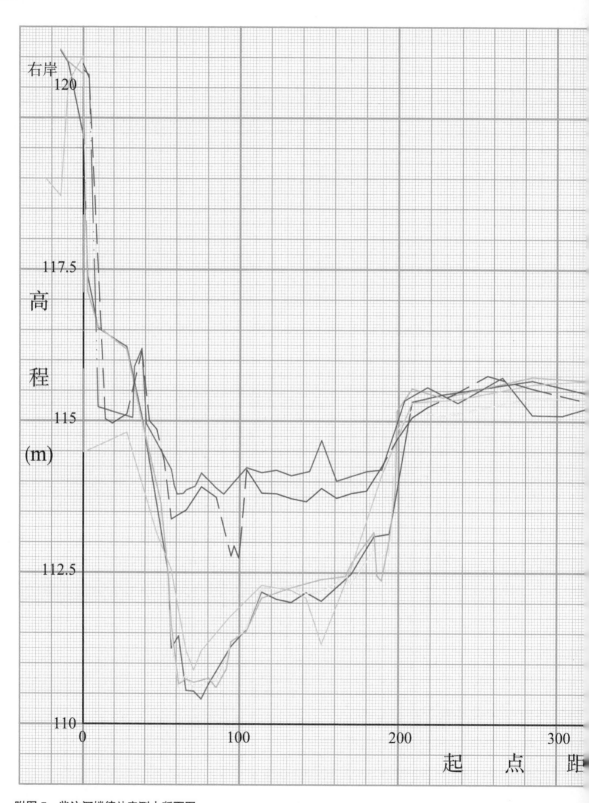

附图 7 柴汶河楼德站实测大断面图

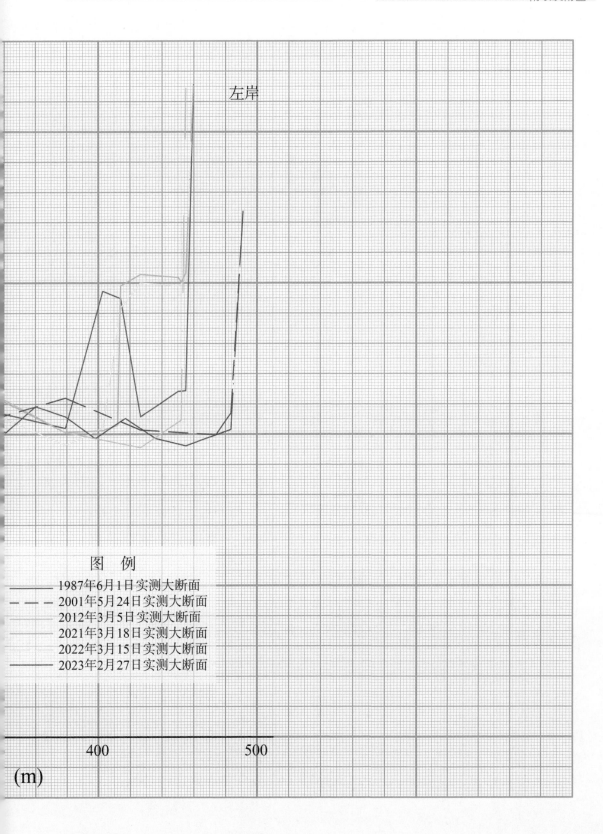

左岸

图　例

―――― 1987年6月1日实测大断面
― ― ― 2001年5月24日实测大断面
2012年3月5日实测大断面
2021年3月18日实测大断面
2022年3月15日实测大断面
2023年2月27日实测大断面

400　　　　　　500

(m)

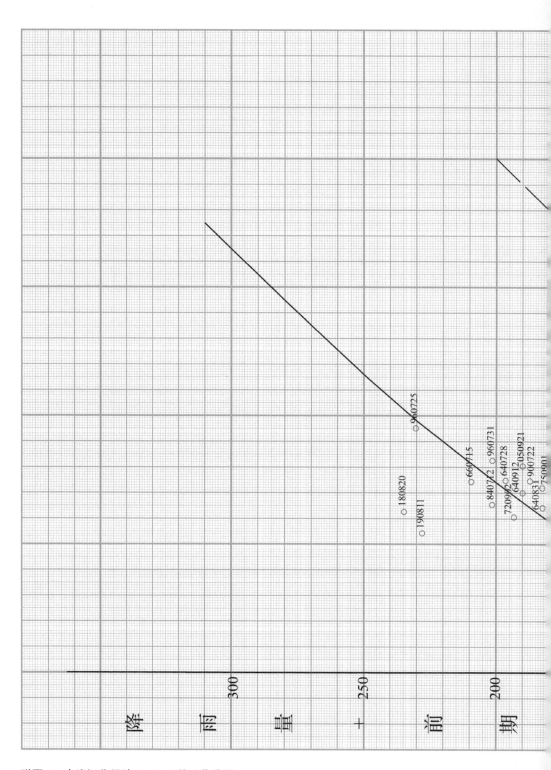

附图 8　大汶河北望站 $P+P_a-R$ 关系曲线图

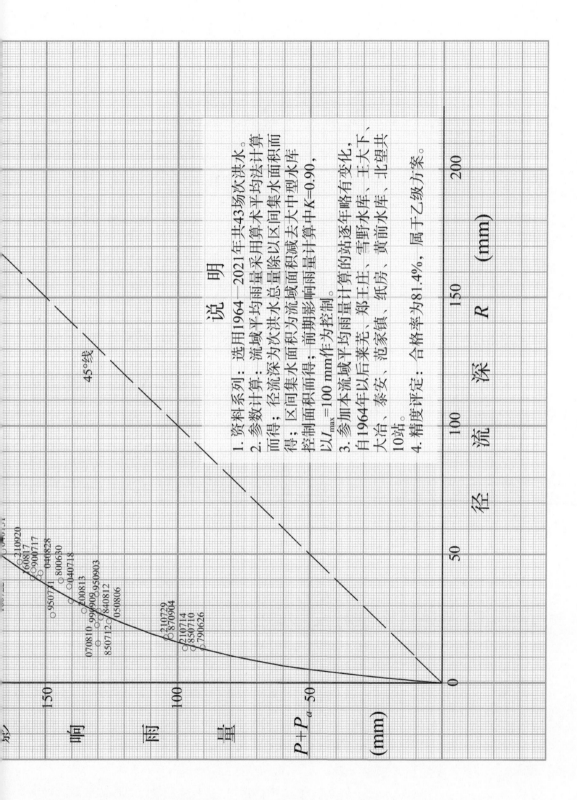

说　明

1. 资料系列：选用1964—2021年共43场次洪水。
2. 参数计算：流域平均雨量采用算术平均法计算而得；径流深为次洪水总量除以区间集水面积计算而得；区间集水面积为流域面积减去大中型水库控制面积而得；前期影响雨量计算中K=0.90，以I_{max}=100 mm作为控制。
3. 参加本流域平均雨量计算的站年期有变化，自1964年以后莱芜、郑王庄、雪野水库、王大下、大冶、泰安、范家镇、纸房、黄前水库、北望共10站。
4. 精度评定：合格率为81.4%，属于乙级方案。

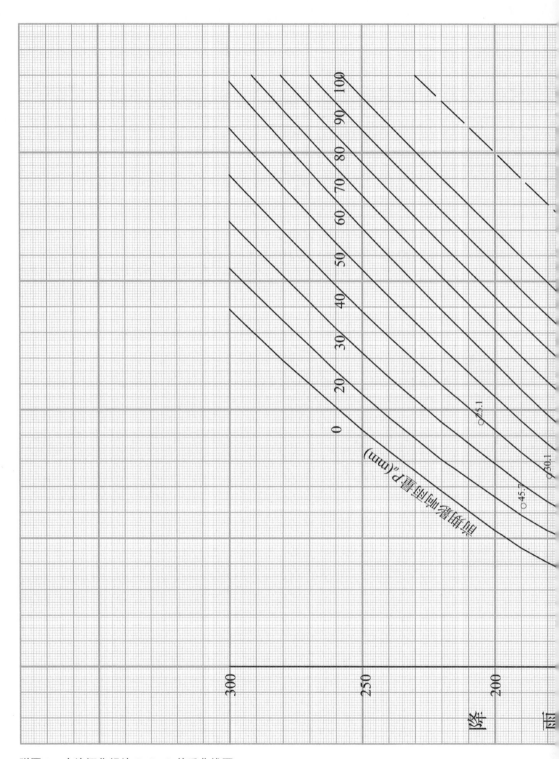

附图 9　大汶河北望站 P–P_a–R 关系曲线图

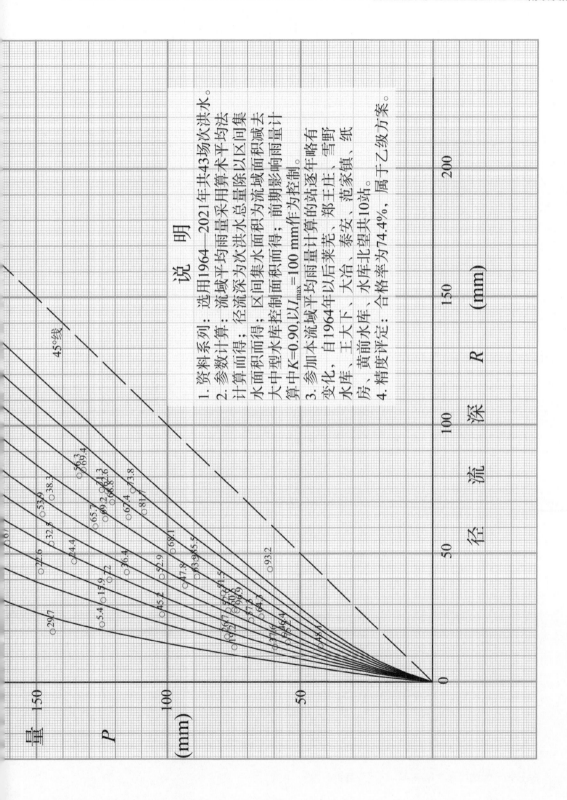

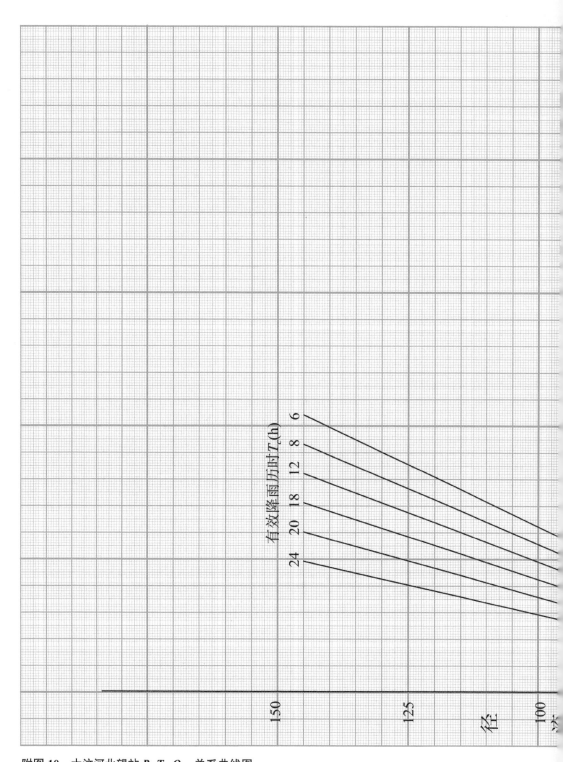

附图 10　大汶河北望站 R–T_c–$Q_{m净}$ 关系曲线图

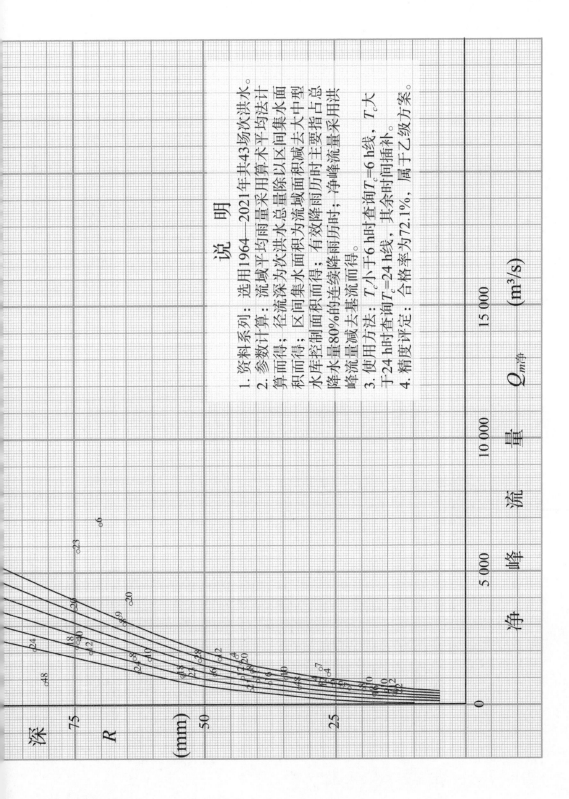

说　明

1. 资料系列：选用1964—2021年共43场次洪水。
2. 参数计算：流域平均雨量采用算术平均法计算而得；径流深为次洪水总量除以区间集水面积而得；区间集水面积为流域面积减去总水库控制面积而得；有效降雨历时主要指占总降水量80%的连续降雨历时；净峰流量采用洪峰流量减去基流而得。
3. 使用方法：T_c小于6时查询T_c=6 h线，T_c大于24 h时查询T_c=24 h线，其余时间插补。
4. 精度评定：合格率为72.1%，属于乙级方案。

净　峰　流　量　$Q_{m净}$　（m³/s）

深　75　R　(mm)　50　25　0

5 000　10 000　15 000

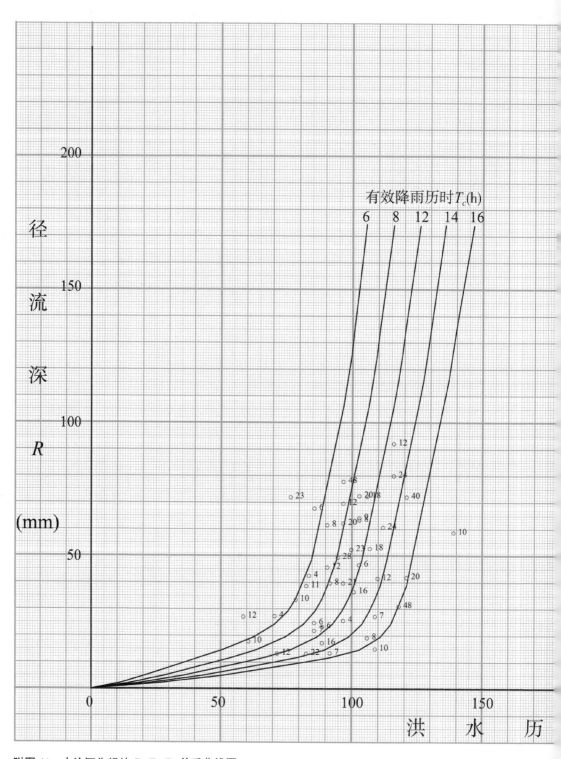

附图 11　大汶河北望站 R–T_c–$T_{洪}$ 关系曲线图

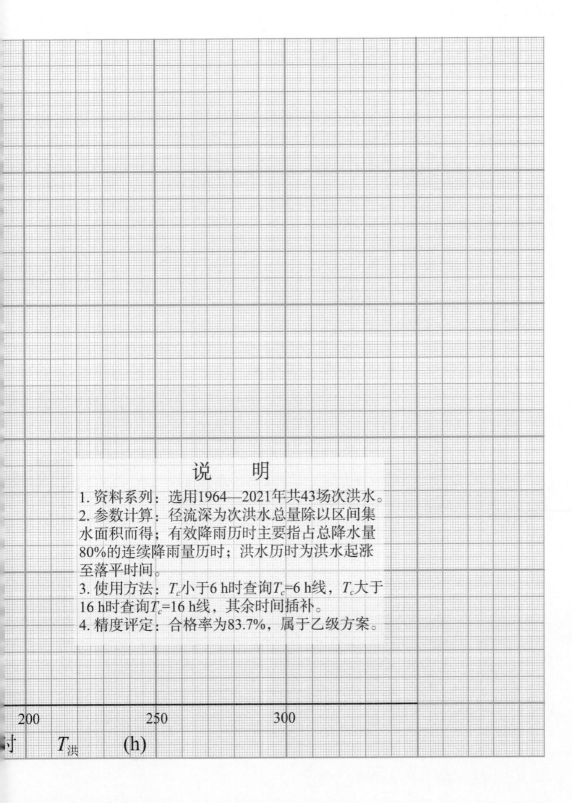

说　　明

1. 资料系列：选用1964—2021年共43场次洪水。
2. 参数计算：径流深为次洪水总量除以区间集水面积而得；有效降雨历时主要指占总降水量80%的连续降雨量历时；洪水历时为洪水起涨至落平时间。
3. 使用方法：T_c小于6 h时查询T_c=6 h线，T_c大于16 h时查询T_c=16 h线，其余时间插补。
4. 精度评定：合格率为83.7%，属于乙级方案。

200　　　　250　　　　300

时　　$T_洪$　　(h)

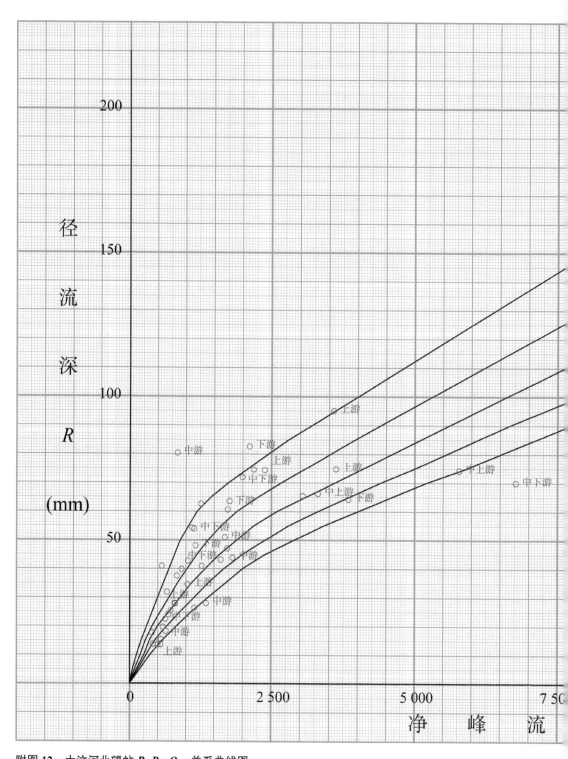

附图12　大汶河北望站 $R-P_\phi-Q_{m净}$ 关系曲线图

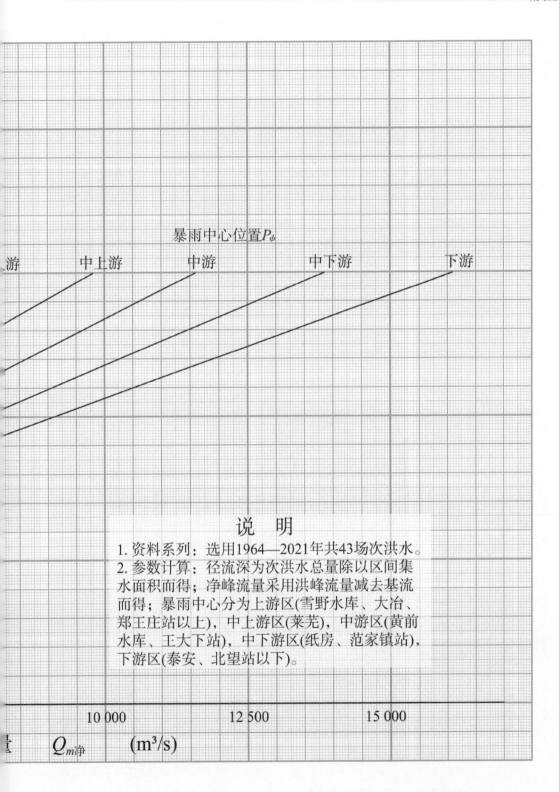

暴雨中心位置P_ϕ

游　　　　中上游　　　　　中游　　　　　　中下游　　　　　　下游

10 000　　　　　　　12 500　　　　　　15 000

$Q_{m净}$　　(m³/s)

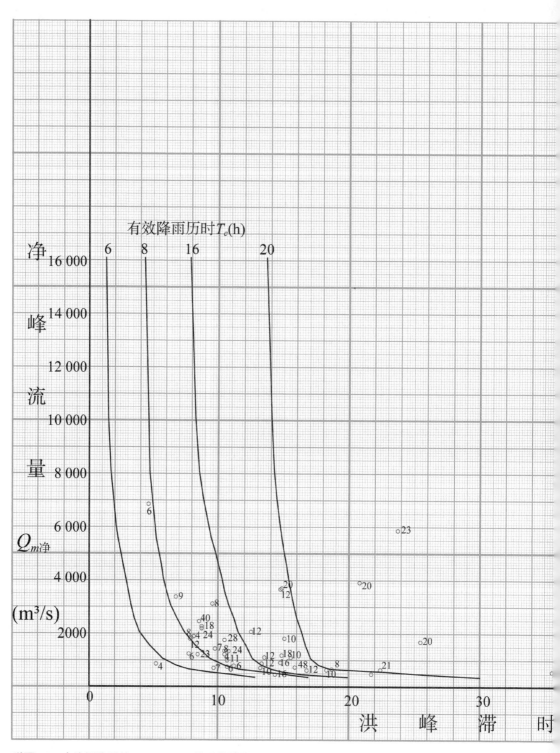

附图13　大汶河北望站 $Q_{m净}-T_c-T_p$ 关系曲线图

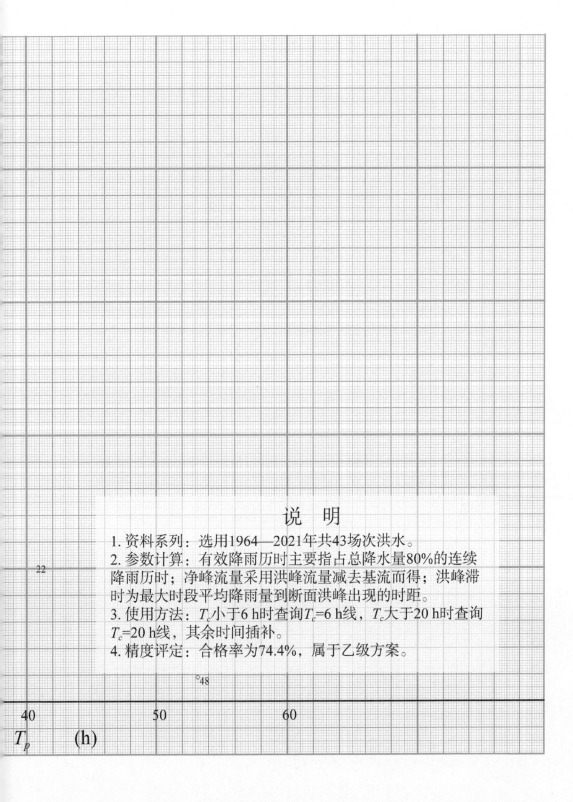

说 明

1. 资料系列：选用1964—2021年共43场次洪水。

2. 参数计算：有效降雨历时主要指占总降水量80%的连续降雨历时；净峰流量采用洪峰流量减去基流而得；洪峰滞时为最大时段平均降雨量到断面洪峰出现的时距。

3. 使用方法：T_c小于6 h时查询T_c=6 h线，T_c大于20 h时查询T_c=20 h线，其余时间插补。

4. 精度评定：合格率为74.4%，属于乙级方案。

22

°48

40   50   60

T_p (h)

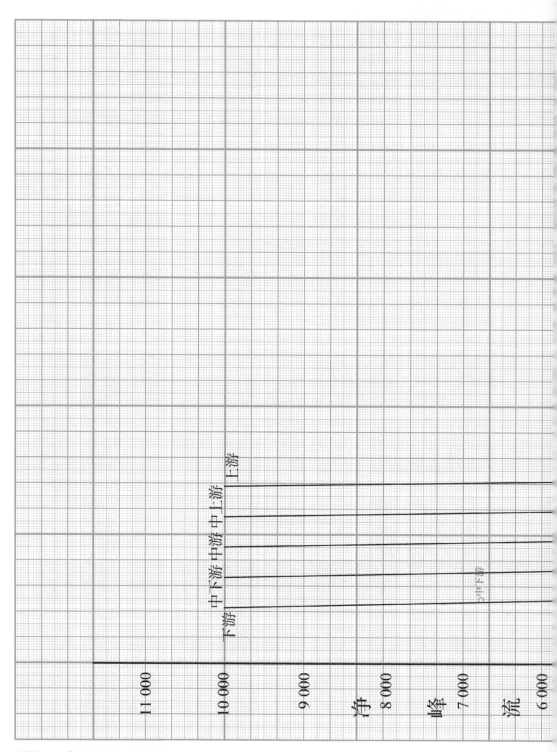

附图 14　大汶河北望站峰现时间关系曲线图（$Q_{m净}-P_\phi-T_p$）

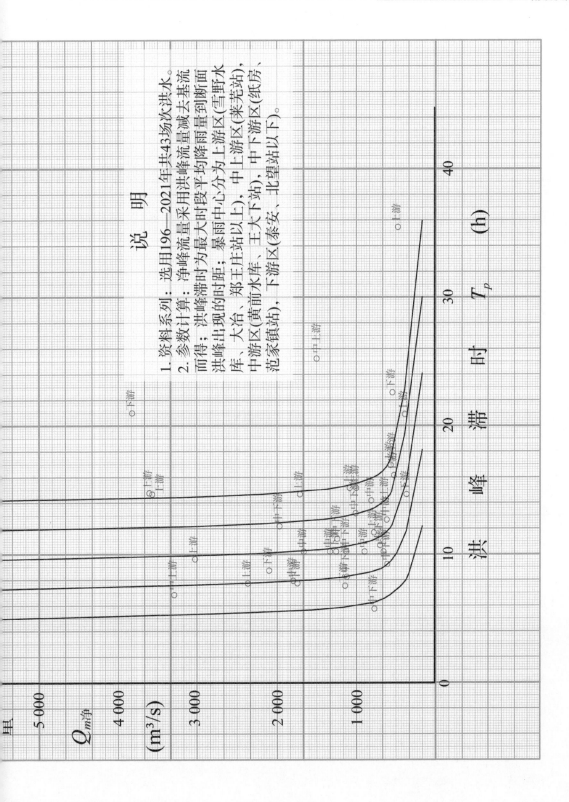

说 明

1. 资料系列：选用196—2021年共43场次洪水。
2. 参数计算：净峰流量采用洪峰流量减去基流而得；洪峰滞时为最大时段平均降雨量到断面洪峰出现的时距；暴雨中心分为上游区(雪野水库、大冶、郑王庄站以上)，中上游区(莱芜站)，中游区(黄前水库、王大下站)，中下游区(纸房、范家镇站)，下游区(泰安、北望站以下)。

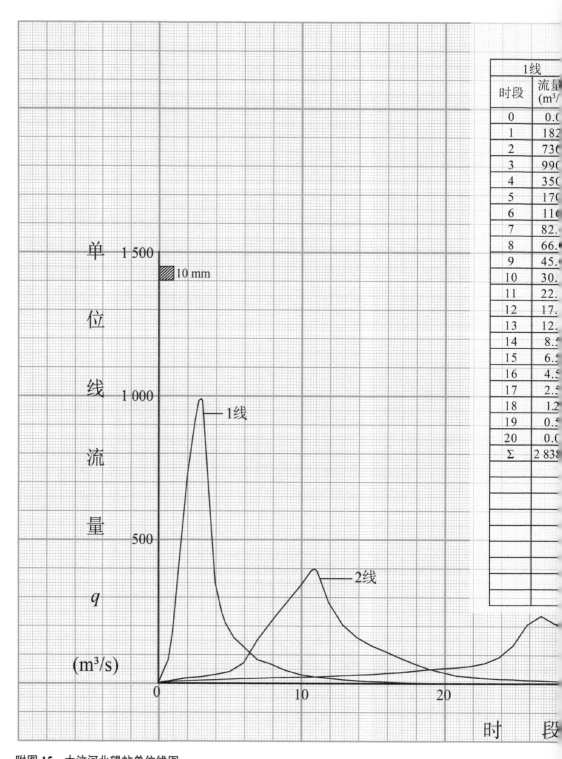

1线	
时段	流量(m³/
0	0.0
1	182
2	730
3	990
4	350
5	170
6	110
7	82.
8	66.
9	45.
10	30.
11	22.
12	17.
13	12.
14	8.
15	6.
16	4.5
17	2.5
18	1.2
19	0.5
20	0.0
Σ	2 838

附图 15 大汶河北望站单位线图

单位线成果表

F=2 044 km², Δt=2 h

2线				3线				备注
时段	流量q (m³/s)	时段	流量q (m³/s)	时段	流量q (m³/s)	时段	流量q (m³/s)	
0	0.0	30	4.0	0	0	31	150	1线原型为640912，由原面积
1	10.0	31	3.5	1	6.0	32	132	F=2 554 km²进行缩放而得，
2	18.0	32	3.0	2	8.0	33	110	P=121.1 mm,P_a=68.8 mm，降
3	22.0	33	2.7	3	10.0	34	90.0	雨16 h，有效降雨6 h，适用于
4	30.0	34	2.4	4	12.0	35	74.0	降雨集中、有效降雨历时较短、
5	40.0	35	2.1	5	14.0	36	60.0	降雨中心在中下游等有利于产
6	70.0	36	1.8	6	16.0	37	50.0	流的情况
7	150	37	1.5	7	17.0	38	40.0	
8	215	38	1.2	8	19.0	39	35.0	
9	280	39	0.9	9	20.0	40	31.0	
10	335	40	0.6	10	21.0	41	27.0	
11	395	41	0.3	11	22.0	42	25.0	
12	280	42	0.0	12	24.0	43	23.0	2线原型为040731，P=97.9 mm，
13	202	Σ	2 843.0	13	27.0	44	22.0	P_a=68.1 mm，降雨38 h，有效降
14	158			14	29.0	45	20.0	雨28 h，适用于降雨历时较长、
15	130			15	31.0	46	17.0	中心偏中游的情况
16	110			16	35.0	47	14.0	
17	88.0			17	38.0	48	10.0	
18	68.0			18	43.0	49	8.0	
19	50.0			19	48.0	50	7.0	3线原型为110915，P=124.5 mm，
20	38.0			20	52.0	51	6.0	P_a=15.9 mm，降雨66 h，有效
21	26.0			21	55.0	52	5.0	雨48 h，适用于降雨历时较长、
22	22.0			22	60.0	53	4.0	降雨较为均匀且偏上游、前期
23	18.0			23	70.0	54	3.0	较为干旱等不利于产流的情况
24	15.0			24	90.0	55	2.0	
25	14.0			25	131	56	1.0	
26	11.0			26	202	57	1.0	
27	10.0			27	233	58	0.5	
28	8.0			28	205	59	0.0	
29	6.0			29	180			
				30	165	Σ	2 850.0	

3线

Δt (2h)

40   50

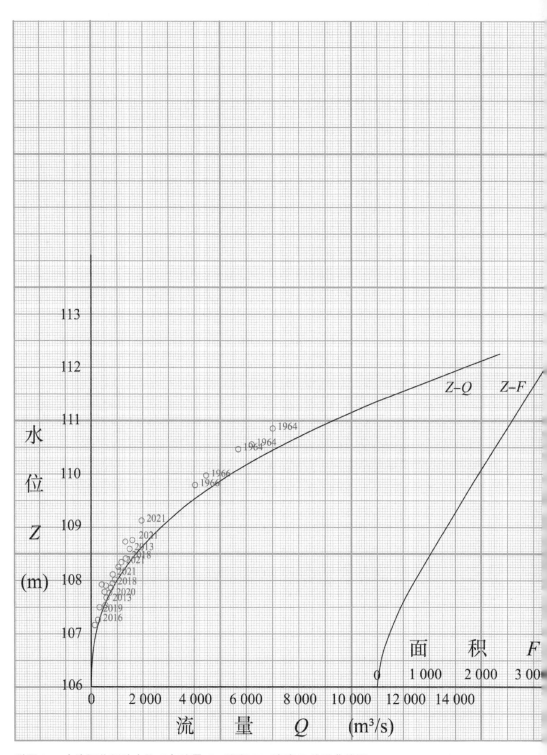

附图 16 大汶河北望站水位 Z 与流量 Q、面积 F、流速 V 关系曲线图

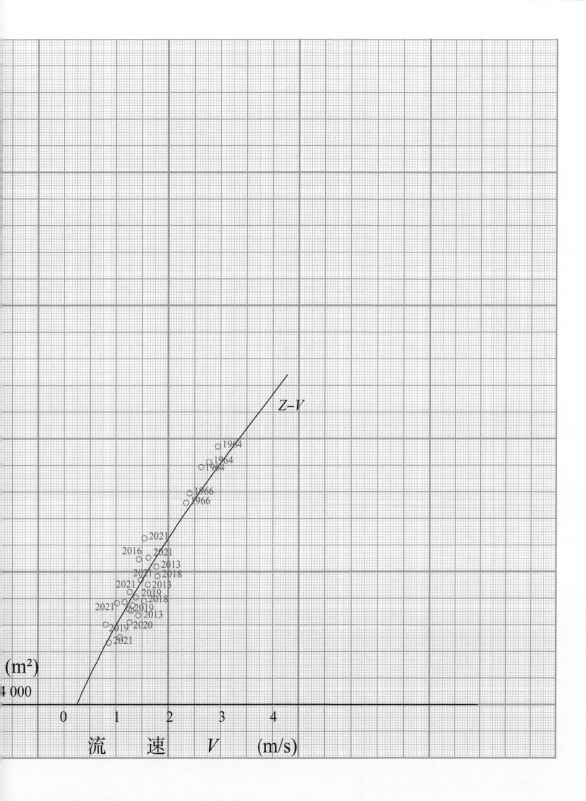

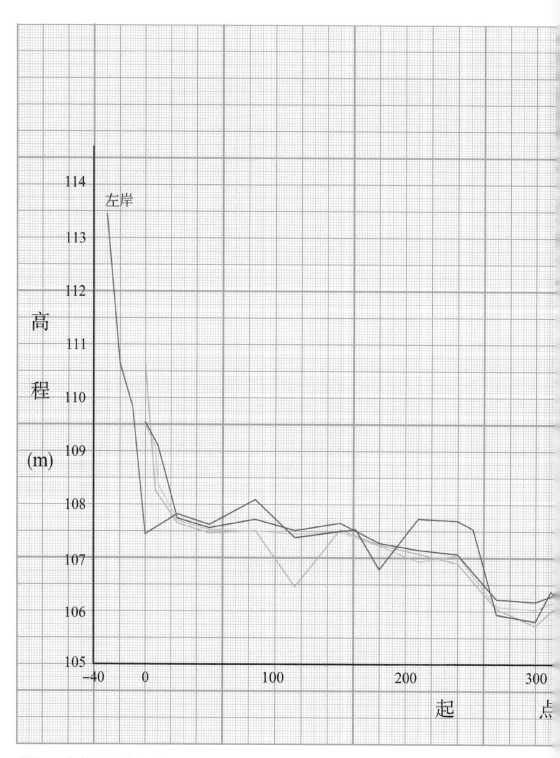

附图 17 大汶河北望站实测大断面图

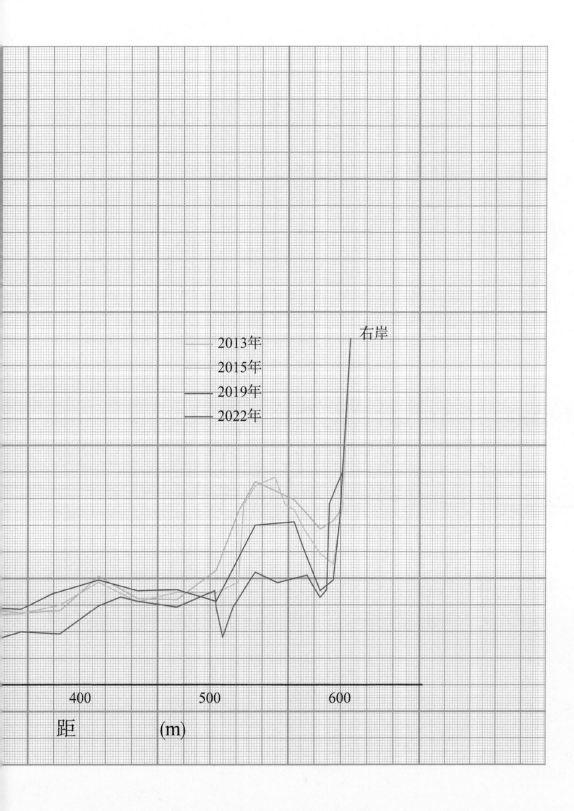

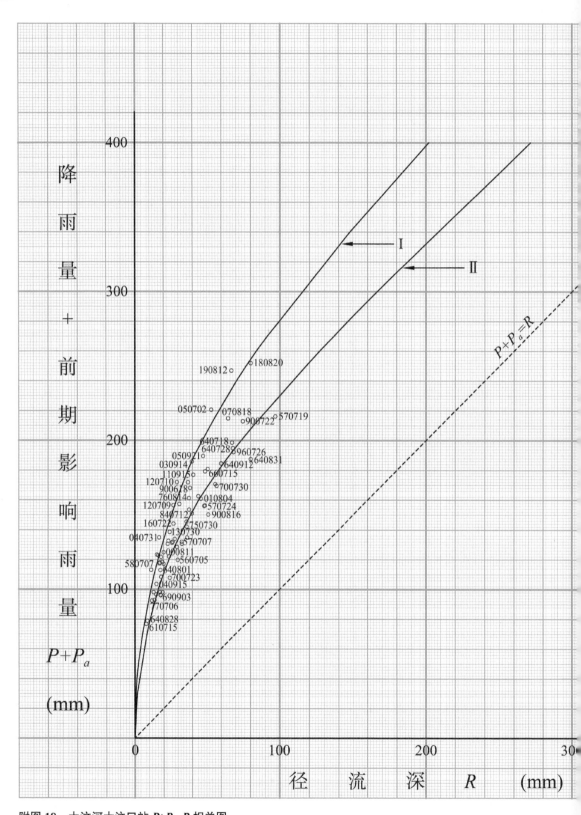

附图 18　大汶河大汶口站 $P+P_a-R$ 相关图

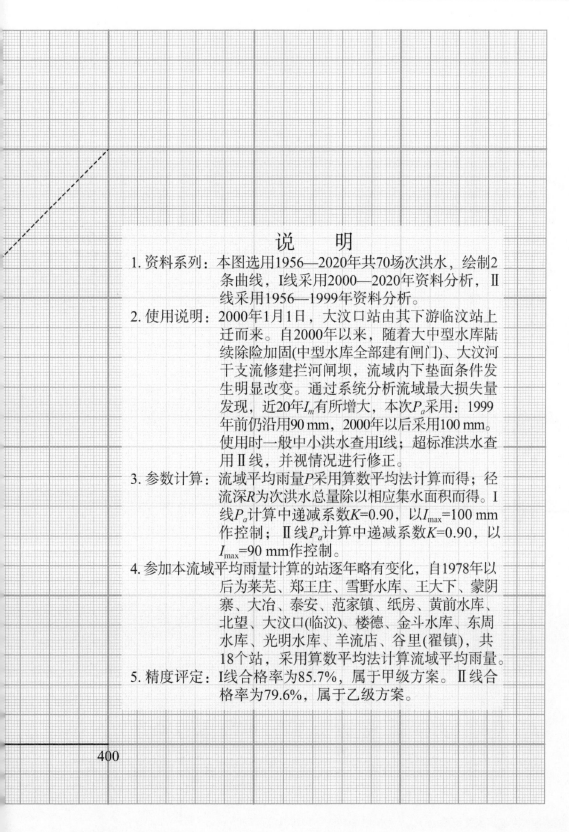

说　　明

1. 资料系列：本图选用1956—2020年共70场次洪水，绘制2条曲线，I线采用2000—2020年资料分析，Ⅱ线采用1956—1999年资料分析。

2. 使用说明：2000年1月1日，大汶口站由其下游临汶站上迁而来。自2000年以来，随着大中型水库陆续除险加固(中型水库全部建有闸门)、大汶河干支流修建拦河闸坝，流域内下垫面条件发生明显改变。通过系统分析流域最大损失量发现，近20年I_m有所增大，本次P_a采用：1999年前仍沿用90 mm，2000年以后采用100 mm。使用时一般中小洪水查用I线；超标准洪水查用Ⅱ线，并视情况进行修正。

3. 参数计算：流域平均雨量P采用算数平均法计算而得；径流深R为次洪水总量除以相应集水面积而得。I线P_a计算中递减系数$K=0.90$，以$I_{max}=100$ mm作控制；Ⅱ线P_a计算中递减系数$K=0.90$，以$I_{max}=90$ mm作控制。

4. 参加本流域平均雨量计算的站逐年略有变化，自1978年以后为莱芜、郑王庄、雪野水库、王大下、蒙阴寨、大冶、泰安、范家镇、纸房、黄前水库、北望、大汶口(临汶)、楼德、金斗水库、东周水库、光明水库、羊流店、谷里(翟镇)，共18个站，采用算数平均法计算流域平均雨量。

5. 精度评定：I线合格率为85.7%，属于甲级方案。Ⅱ线合格率为79.6%，属于乙级方案。

400

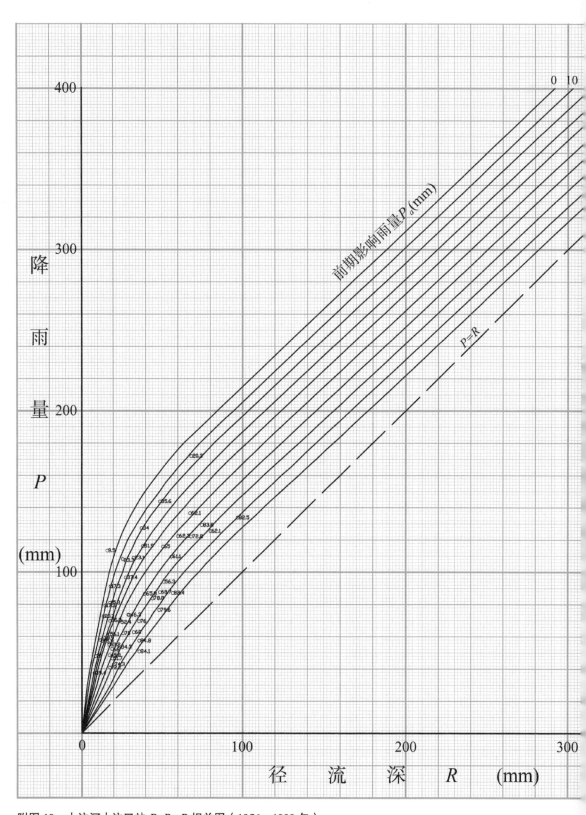

附图 19　大汶河大汶口站 P–P_a–R 相关图（1956—1999 年）

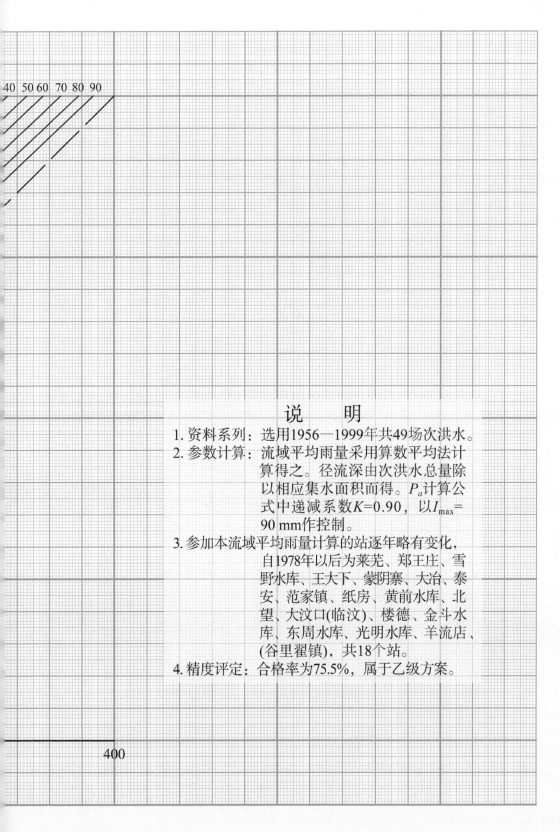

40 50 60 70 80 90

说　明

1. 资料系列：选用1956—1999年共49场次洪水。
2. 参数计算：流域平均雨量采用算数平均法计算得之。径流深由次洪水总量除以相应集水面积而得。P_a计算公式中递减系数$K=0.90$，以$I_{max}=90\ mm$作控制。
3. 参加本流域平均雨量计算的站逐年略有变化，自1978年以后为莱芜、郑王庄、雪野水库、王大下、蒙阴寨、大冶、泰安、范家镇、纸房、黄前水库、北望、大汶口(临汶)、楼德、金斗水库、东周水库、光明水库、羊流店、(谷里翟镇)，共18个站。
4. 精度评定：合格率为75.5%，属于乙级方案。

400

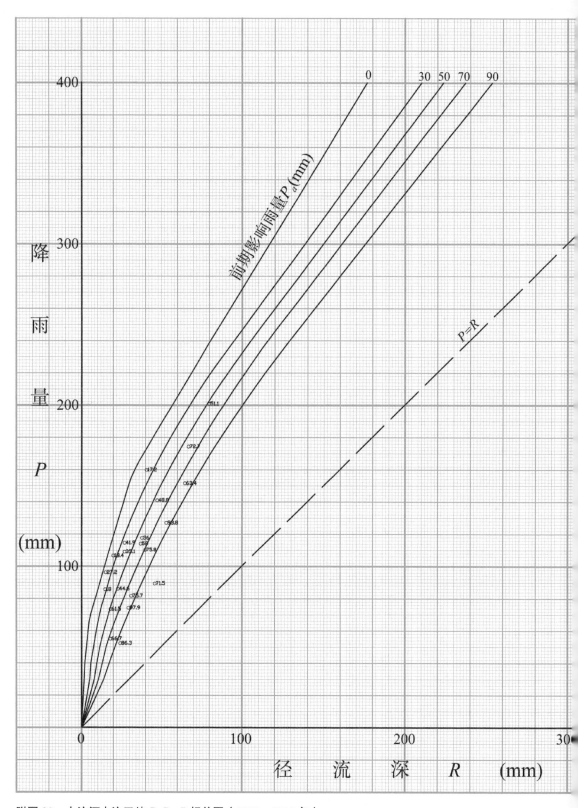

附图 20　大汶河大汶口站 $P\text{–}P_a\text{–}R$ 相关图（2000—2020 年）

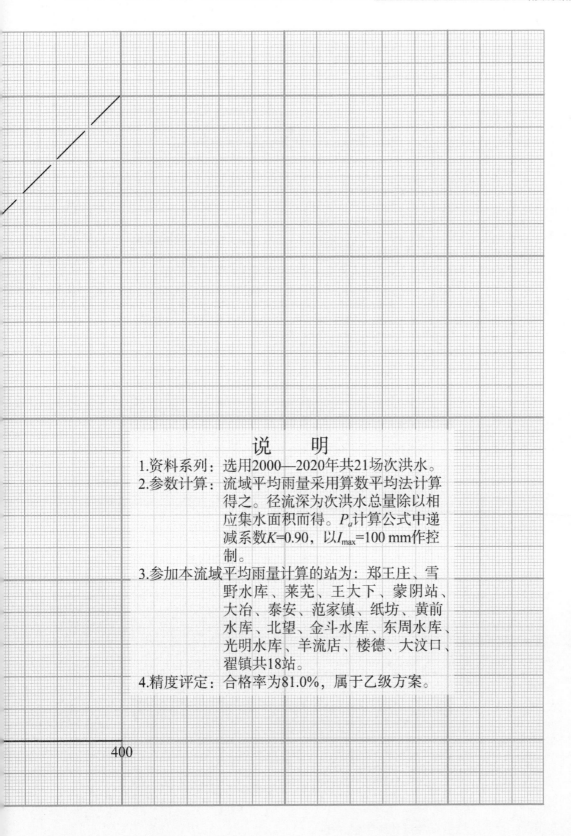

说　　明

1. 资料系列：选用2000—2020年共21场次洪水。
2. 参数计算：流域平均雨量采用算数平均法计算得之。径流深为次洪水总量除以相应集水面积而得。P_a计算公式中递减系数K=0.90，以I_{max}=100 mm作控制。
3. 参加本流域平均雨量计算的站为：郑王庄、雪野水库、莱芜、王大下、蒙阴站、大冶、泰安、范家镇、纸坊、黄前水库、北望、金斗水库、东周水库、光明水库、羊流店、楼德、大汶口、翟镇共18站。
4. 精度评定：合格率为81.0%，属于乙级方案。

400

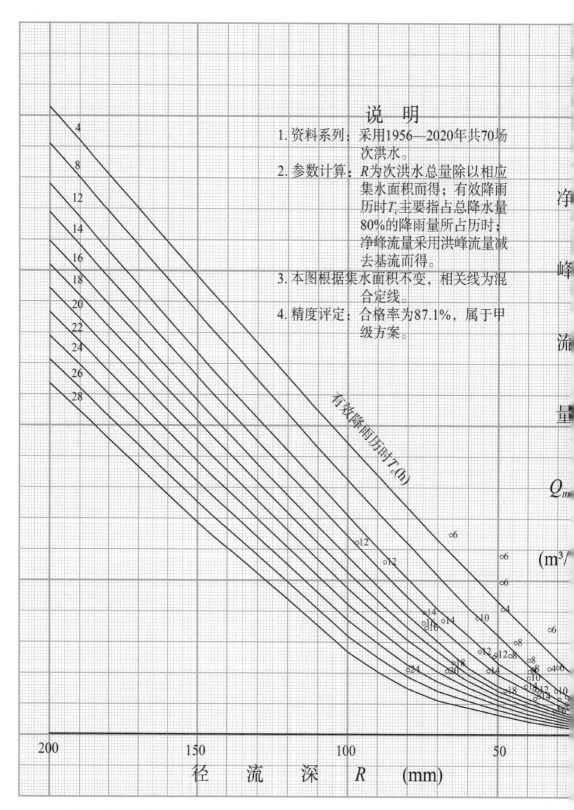

说　明

1. 资料系列：采用1956—2020年共70场次洪水。
2. 参数计算：R为次洪水总量除以相应集水面积而得；有效降雨历时T_c主要指占总降水量80%的降雨量所占历时；净峰流量采用洪峰流量减去基流而得。
3. 本图根据集水面积不变，相关线为混合定线。
4. 精度评定：合格率为87.1%，属于甲级方案。

附图 21　大汶河大汶口站净峰关系合轴相关图

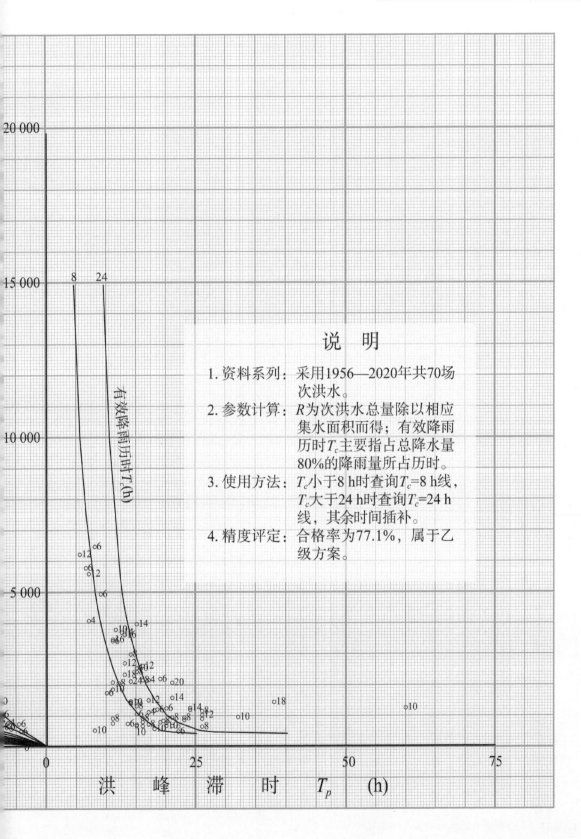

说　明

1. 资料系列：采用1956—2020年共70场次洪水。
2. 参数计算：R为次洪水总量除以相应集水面积而得；有效降雨历时T_c主要指占总降水量80%的降雨量所占历时。
3. 使用方法：T_c小于8 h时查询T_c=8 h线，T_c大于24 h时查询T_c=24 h线，其余时间插补。
4. 精度评定：合格率为77.1%，属于乙级方案。

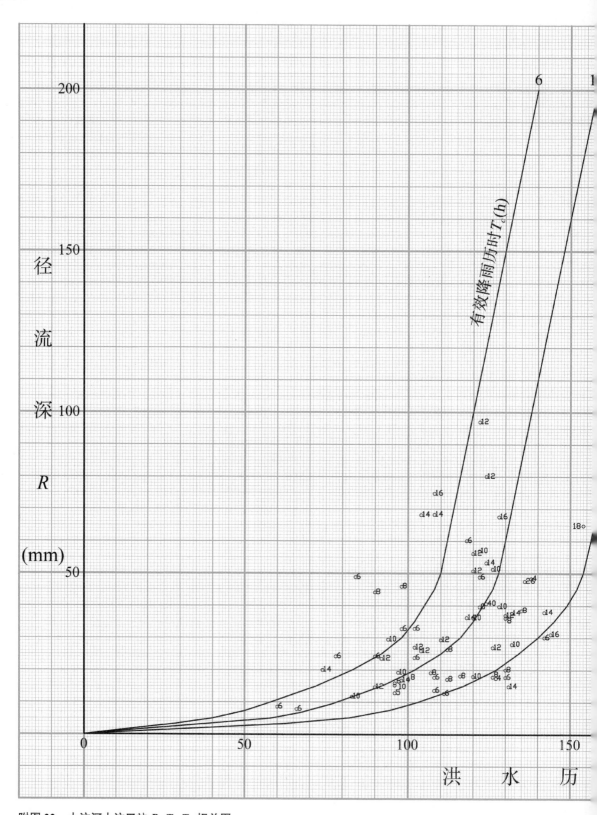

附图 22　大汶河大汶口站 $R-T_c-T_洪$ 相关图

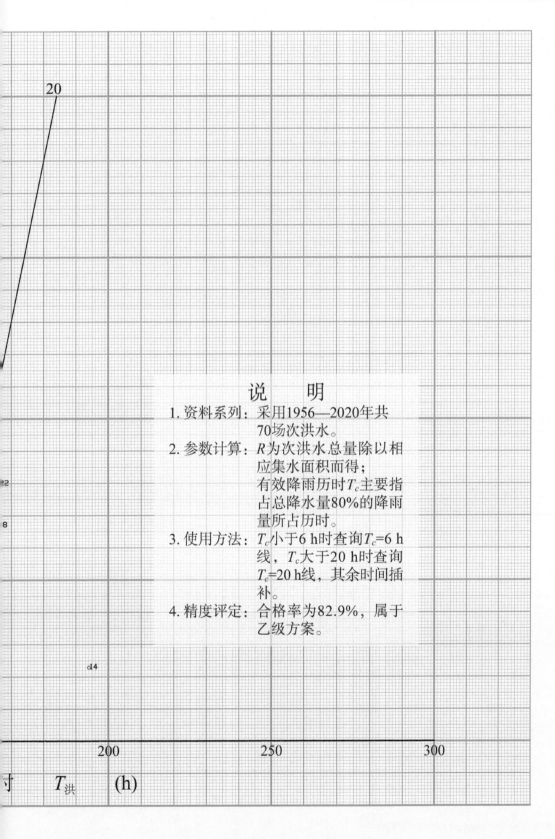

20

说　　明

1. 资料系列：采用1956—2020年共70场次洪水。
2. 参数计算：R为次洪水总量除以相应集水面积而得；有效降雨历时T_c主要指占总降水量80%的降雨量所占历时。
3. 使用方法：T_c小于6 h时查询T_c=6 h线，T_c大于20 h时查询T_c=20 h线，其余时间插补。
4. 精度评定：合格率为82.9%，属于乙级方案。

200   250   300

时　$T_洪$　(h)

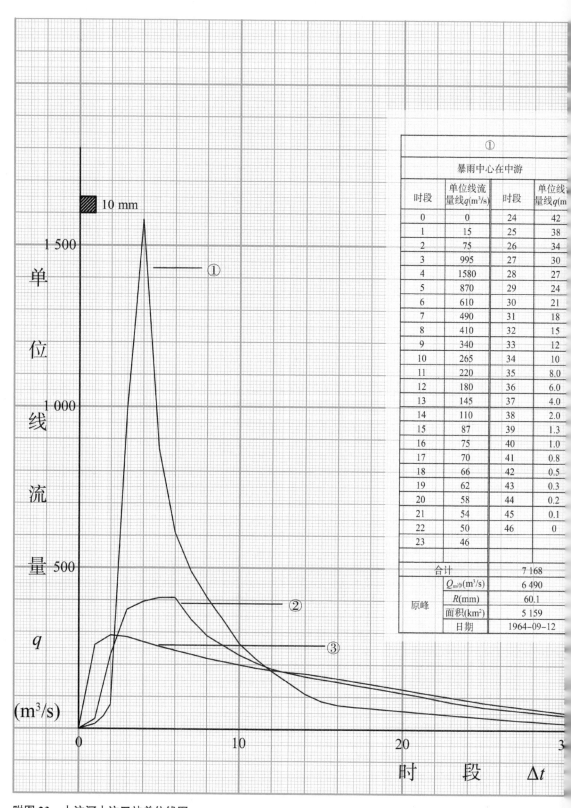

附图 23　大汶河大汶口站单位线图

①			
暴雨中心在中游			
时段	单位线流量线q(m³/s)	时段	单位线量线q(m³/s)
0	0	24	42
1	15	25	38
2	75	26	34
3	995	27	30
4	1580	28	27
5	870	29	24
6	610	30	21
7	490	31	18
8	410	32	15
9	340	33	12
10	265	34	10
11	220	35	8.0
12	180	36	6.0
13	145	37	4.0
14	110	38	2.0
15	87	39	1.3
16	75	40	1.0
17	70	41	0.8
18	66	42	0.5
19	62	43	0.3
20	58	44	0.2
21	54	45	0.1
22	50	46	0
23	46		
合计		7 168	
原峰	$Q_{m净}$(m³/s)	6 490	
	R(mm)	60.1	
	面积(km²)	5 159	
	日期	1964-09-12	

单位线成果表 Δt=2 h

时段	单位线流量线 q(m³/s)	时段	单位线流量线 q(m³/s)	时段	单位线流量线 q(m³/s)	时段	单位线流量线 q(m³/s)
	② 暴雨中心在下游				③ 暴雨中心在上游		
0	0	24	77.0	0	0.0	24	100
1	30.0	25	70.0	1	0.0	25	92.0
2	230	26	65.0	2	260	26	84.0
3	370	27	60.0	3	290	27	77.0
4	395	28	55.0	4	285	28	71.0
5	407	29	50.0	5	270	29	65.0
6	408	30	45.0	6	256	30	59.0
7	340	31	42.0	7	244	31	53.0
8	290	32	39.0	8	232	32	47.0
9	260	33	36.0	9	220	33	41.0
10	230	34	33.0	10	210	34	35.0
11	207	35	30.0	11	200	35	29.0
12	187	36	27.0	12	190	36	23.0
13	175	37	24.0	13	183	37	17.0
14	164	38	21.0	14	177	38	13.0
15	155	39	18.0	15	173	39	9.0
16	147	40	15.0	16	165	40	5.0
17	138	41	12.0	17	157	41	2.0
18	130	42	9.0	18	149	42	1.10
19	122	43	7.0	19	141	43	0.80
20	113.0	44	5.0	20	133	44	0.5
21	105.0	45	3.0	21	125	45	0.3
22	95.0	46	0.0	22	116	46	0
23	85.0			23	108		
	5 526				5 109		
	1 840				2 060		
	40				67		
	3 970				3 685		
	2003-09-04				2019-08-11		

备注

降雨特点：
①线(640912)暴雨中心位置在中游纸房站，前期较湿润，P_a=62.3 mm，最大点雨量189 mm，平均降水量122.2mm，强度较大，有效降雨历时6 h；
②线(030904)暴雨中心位置在下游，前期较湿润，P_a=75.8 mm，平均降水量110 mm，有效降雨历时10 h；
③(190811)暴雨中心位置在上游蒙阴寨、金斗一带，前期影响雨量较大，P_a为72.7 mm，最大点雨量277 mm（蒙阴寨），平均降水量174.1 mm，有效降雨历时18 h

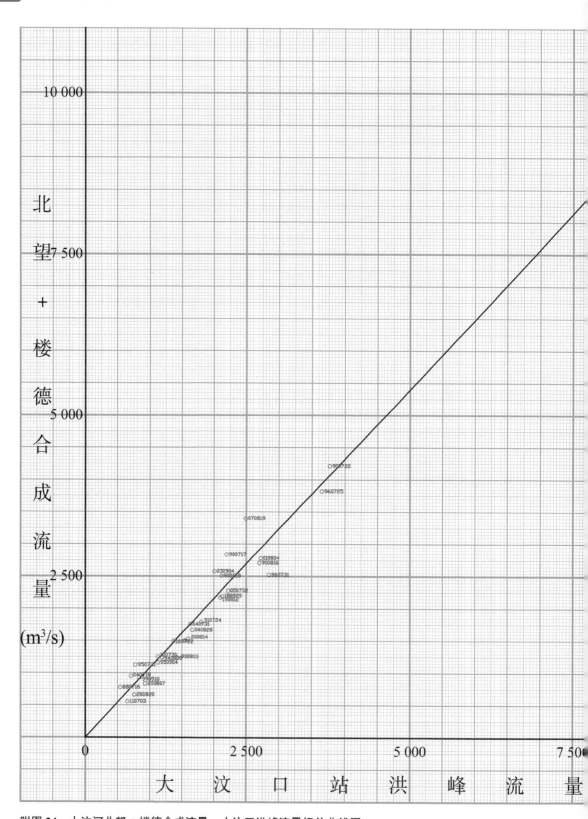

附图24 大汶河北望+楼德合成流量－大汶口洪峰流量相关曲线图

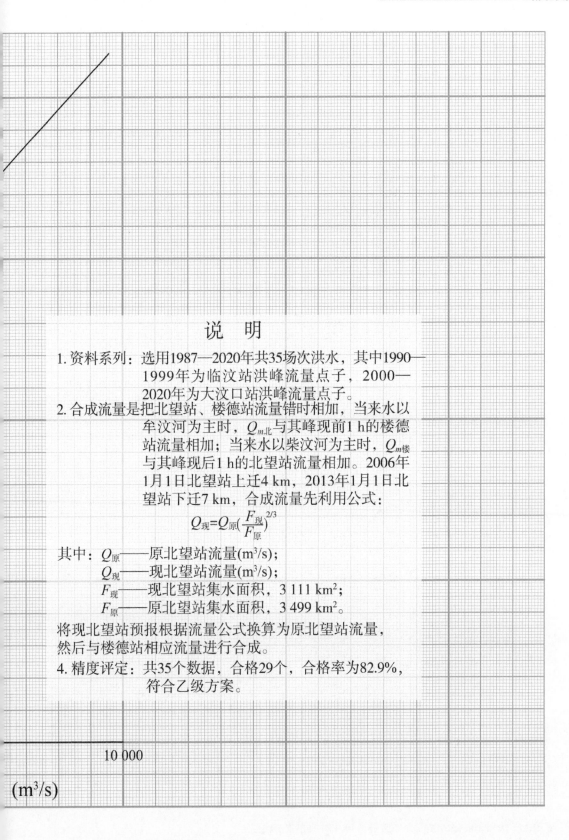

说　明

1. 资料系列：选用1987—2020年共35场次洪水，其中1990—1999年为临汾站洪峰流量点子，2000—2020年为大汶口站洪峰流量点子。

2. 合成流量是把北望站、楼德站流量错时相加，当来水以牟汶河为主时，$Q_{m北}$与其峰现前1 h的楼德站流量相加；当来水以柴汶河为主时，$Q_{m楼}$与其峰现后1 h的北望站流量相加。2006年1月1日北望站上迁4 km，2013年1月1日北望站下迁7 km，合成流量先利用公式：

$$Q_{现}=Q_{原}\left(\frac{F_{现}}{F_{原}}\right)^{2/3}$$

其中：$Q_{原}$——原北望站流量(m³/s)；

$\quad\quad Q_{现}$——现北望站流量(m³/s)；

$\quad\quad F_{现}$——现北望站集水面积，3 111 km²；

$\quad\quad F_{原}$——原北望站集水面积，3 499 km²。

将现北望站预报根据流量公式换算为原北望站流量，然后与楼德站相应流量进行合成。

4. 精度评定：共35个数据，合格29个，合格率为82.9%，符合乙级方案。

10 000

(m³/s)

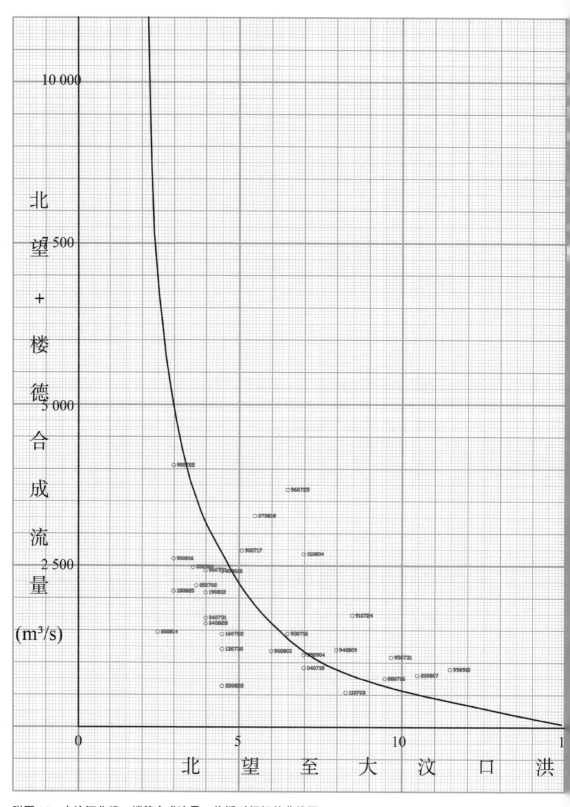

附图 25　大汶河北望 + 楼德合成流量 – 传播时间相关曲线图

说　明

1. 资料系列：选用1987—2020年共计35场次洪水，其中1988—1999年为临汾站换算，2000年以后为大汶口站资料。
2. 精度评定：合格率为91.4%，属于甲级方案。

20　　　　　　　25　　　　　　　30

峰　传　播　时　间　(h)

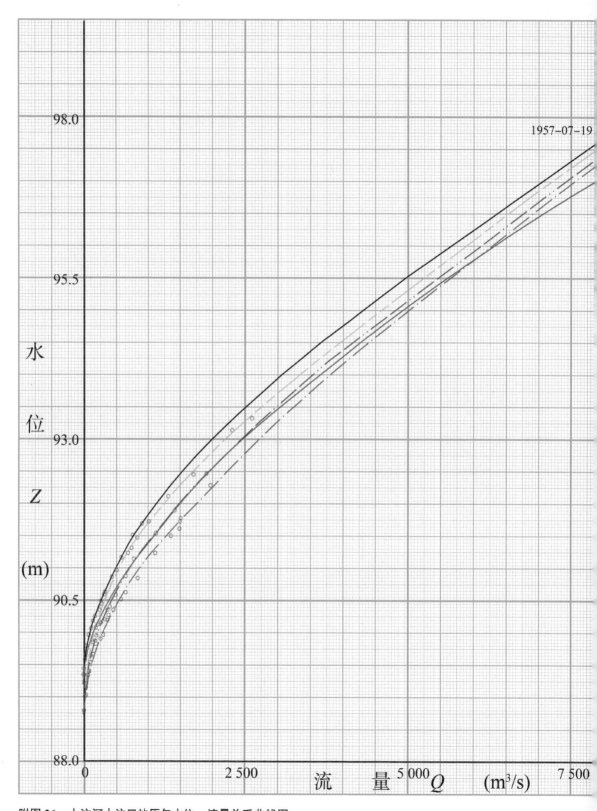

1957-07-19

附图 26　大汶河大汶口站历年水位 – 流量关系曲线图

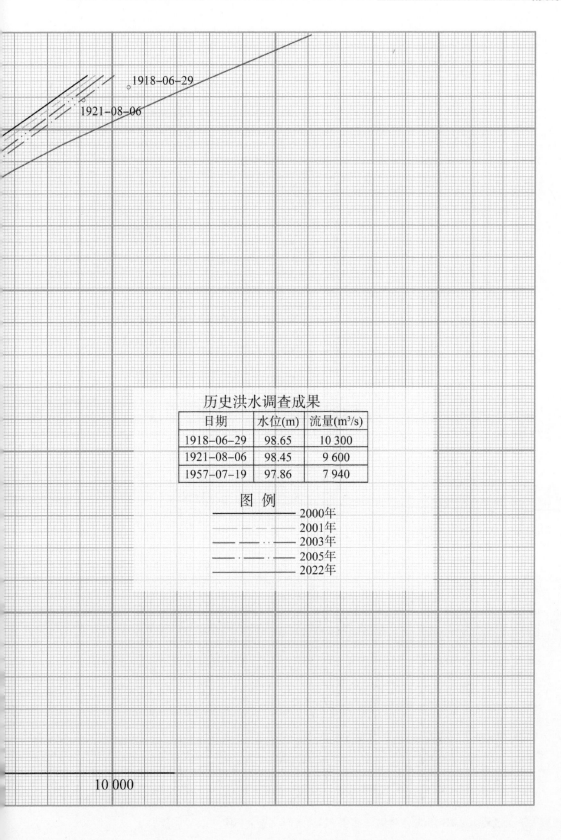

历史洪水调查成果

日期	水位(m)	流量(m³/s)
1918-06-29	98.65	10 300
1921-08-06	98.45	9 600
1957-07-19	97.86	7 940

图 例

————————	2000年
—— —— ——	2001年
—— — ——	2003年
—— · — · ——	2005年
————————	2022年

10 000

1918-06-29

1921-08-06

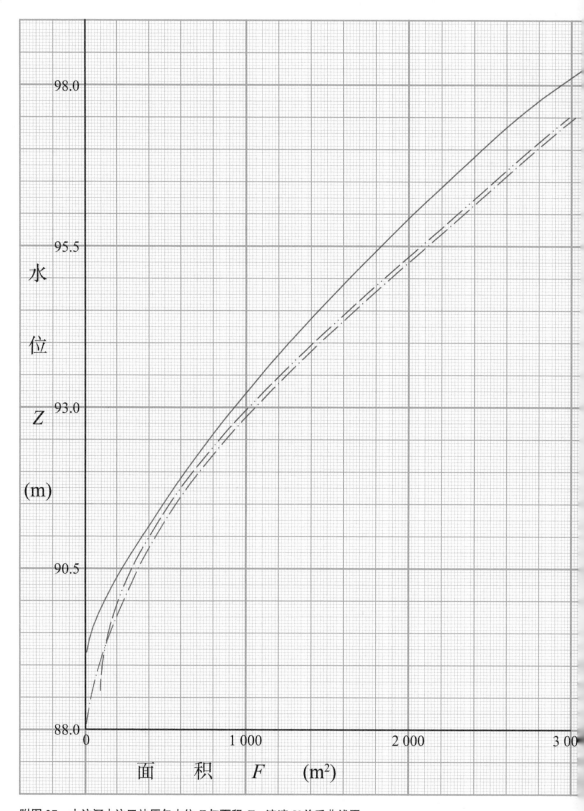

附图 27　大汶河大汶口站历年水位 Z 与面积 F、流速 V 关系曲线图

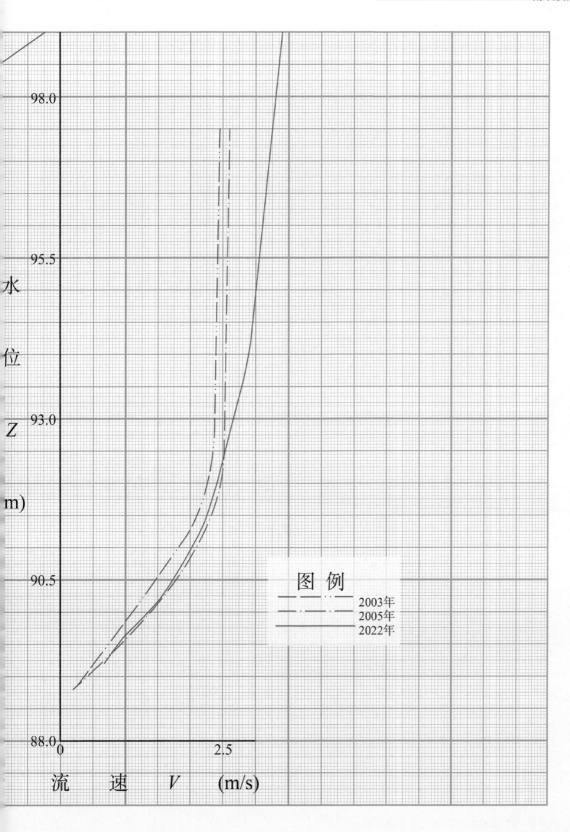

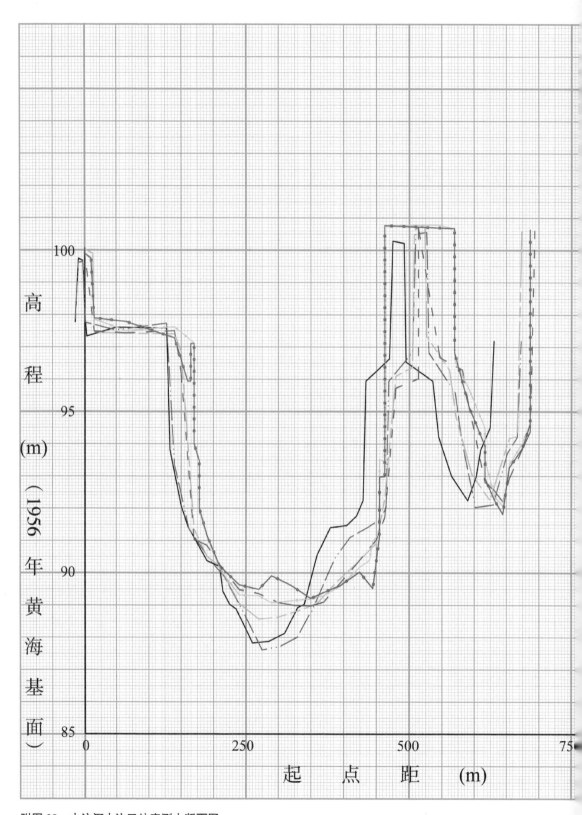

附图 28　大汶河大汶口站实测大断面图

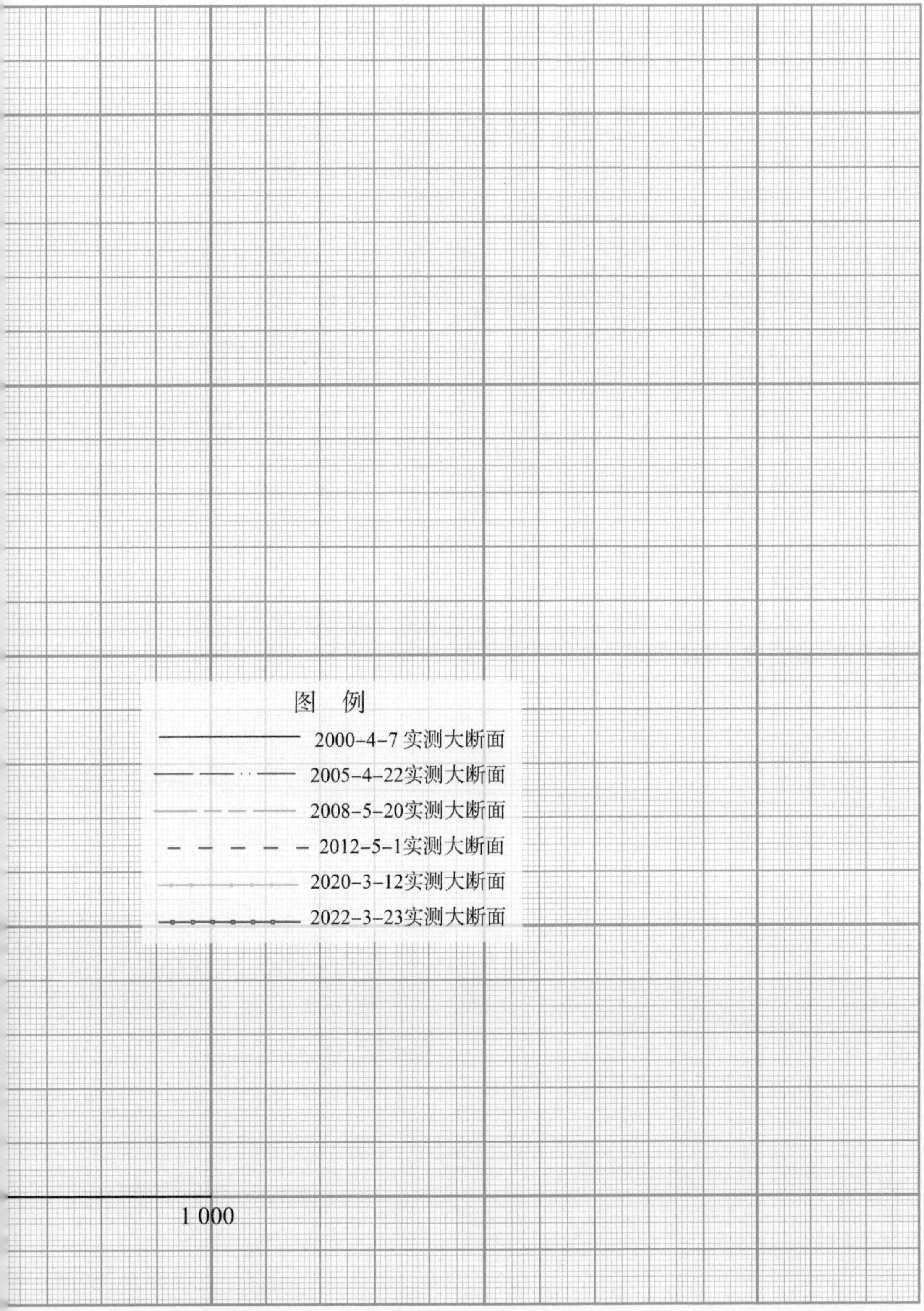

图　例

————————	2000-4-7实测大断面
—— —·· ——	2005-4-22实测大断面
— —— —— —	2008-5-20实测大断面
— — — — —	2012-5-1实测大断面
———·———·———	2020-3-12实测大断面
—□—□—□—□—	2022-3-23实测大断面

1 000

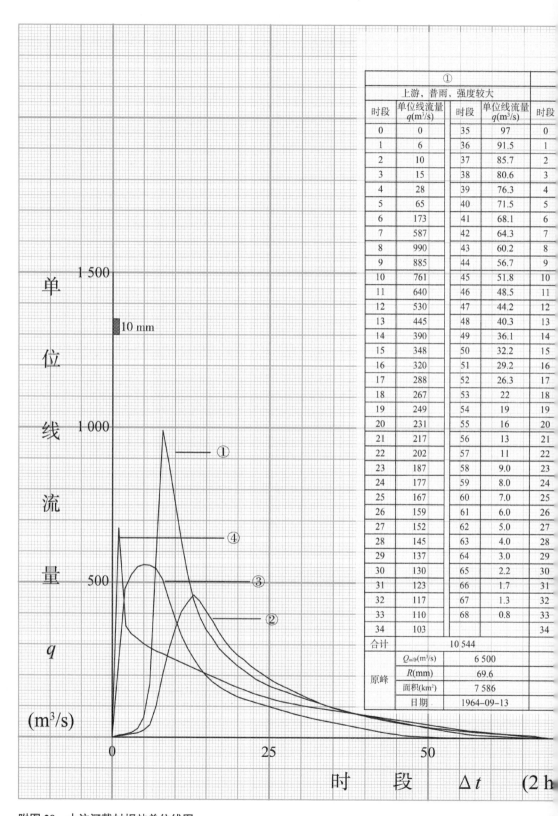

①				
上游，普雨，强度较大				
时段	单位线流量 q(m³/s)	时段	单位线流量 q(m³/s)	时段
0	0	35	97	0
1	6	36	91.5	1
2	10	37	85.7	2
3	15	38	80.6	3
4	28	39	76.3	4
5	65	40	71.5	5
6	173	41	68.1	6
7	587	42	64.3	7
8	990	43	60.2	8
9	885	44	56.7	9
10	761	45	51.8	10
11	640	46	48.5	11
12	530	47	44.2	12
13	445	48	40.3	13
14	390	49	36.1	14
15	348	50	32.2	15
16	320	51	29.2	16
17	288	52	26.3	17
18	267	53	22	18
19	249	54	19	19
20	231	55	16	20
21	217	56	13	21
22	202	57	11	22
23	187	58	9.0	23
24	177	59	8.0	24
25	167	60	7.0	25
26	159	61	6.0	26
27	152	62	5.0	27
28	145	63	4.0	28
29	137	64	3.0	29
30	130	65	2.2	30
31	123	66	1.7	31
32	117	67	1.3	32
33	110	68	0.8	33
34	103			34
合计		10 544		
	$Q_{m净}$(m³/s)	6 500		
原峰	R(mm)	69.6		
	面积(km²)	7 586		
	日期	1964-09-13		

附图 29　大汶河戴村坝站单位线图

单位线成果表

$\Delta t = 2\ \text{h}$

② 中游，普雨，强度较大			③ 中上游南支，局部暴雨				④ 上游，强度较小				说明
单位线流量 $q(\text{m}^3/\text{s})$	时段	单位线流量 $q(\text{m}^3/\text{s})$	时段	单位线流量 $q(\text{m}^3/\text{s})$	时段	单位线流量 $q(\text{m}^3/\text{s})$	时段	单位线流量 $q(\text{m}^3/\text{s})$	时段	单位线流量 $q(\text{m}^3/\text{s})$	
0	35	96	0	0	35	49	0	0	35	88	降雨特点：
4	36	90	1	240	36	45	1	675	36	85	①线(640913)暴雨中
7	37	85	2	480	37	41	2	355	37	82	心位置在上游，前期
11	38	80	3	525	38	37	3	340	38	79	较湿润，P_a=67 mm，
14	39	75	4	550	39	33	4	325	39	76	普雨，强度较大，有
23	40	70	5	557	40	29	5	310	40	73	效降雨历时8 h；
40	41	65	6	555	41	25	6	295	41	70	②(960731)暴雨中心
100	42	61	7	544	42	21	7	280	42	67	位置在中游，前期较
200	43	57	8	510	43	17	8	270	43	64	湿润P_a=88.4 mm，普
283	44	53	9	445	44	14.2	9	260	44	61	雨，强度较大，有效
348	45	49	10	385	45	11.8	10	251	45	58	降雨历时10 h；
405	46	46	11	330	46	7.6	11	242	46	55	③(030905)暴雨中心
435	47	43	12	288	47	6.2	12	233	47	52	位置在中上游南支，
460	48	40	13	225	48	5.1	13	224	48	49	前期较湿润，P_a=
440	49	37	14	255	49	4.0	14	215	49	46	88.4 mm，有效降雨
408	50	34	15	200	50	3.3	15	206	50	43	历时8 h；
377	51	32	16	180	51	2.6	16	197	51	40	④(190812)暴雨中心
340	52	30	17	165	52	1.8	17	188	52	37	位置在上游，前期较
310	53	28	18	152	53	1.5	18	179	53	34	湿润，P_a=66 mm，
285	54	26	19	141	54	1.2	19	170	54	31	局部暴雨，强度较
265	55	24	20	131	55	0.9	20	162	55	27	小，有效降雨历时22 h
251	56	22	21	124	56	0.6	21	154	56	25	
233	57	20	22	118	57	0.4	22	146	57	23	
218	58	18	23	112	58	0.2	23	139	58	21	
204	59	17	24	106	59	0	24	133	59	19	
190	60	15	25	100			25	127	60	17	
178	61	14	26	94			26	121	61	15	
168	62	13	27	88			27	116	62	13	
158	63	12	28	82			28	112	63	11	
148	64	11	29	76			29	108	64	9.0	
138	65	10	30	71			30	104	65	7.0	
128	66	9.0	31	66			31	100	66	5.0	
120	67	6.5	32	61			32	97	67	3.0	
110	68	3.2	33	57			33	94	68	2.0	
103			34	53			34	91			
8 400			8 400				8 400				
2 140			1 973				1 709				
40.7			54.3				31.9				
6 560			6 064				6 064				
1996-07-31			2003-09-05				2019-08-12				

100

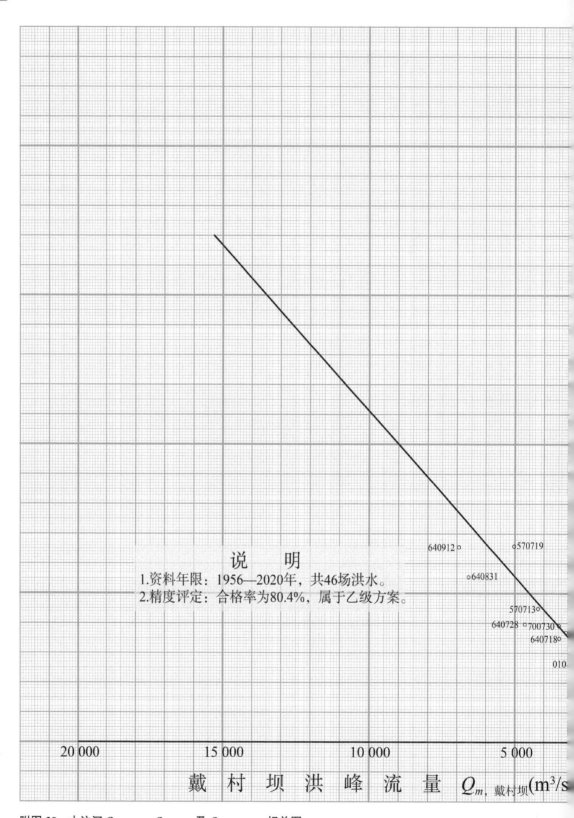

说　明
1.资料年限：1956—2020年，共46场洪水。
2.精度评定：合格率为80.4%，属于乙级方案。

附图30　大汶河 $Q_{m,\text{大汶口}}-Q_{m,\text{戴村坝}}$ 及 $Q_{m,\text{大汶口}}-\tau$ 相关图

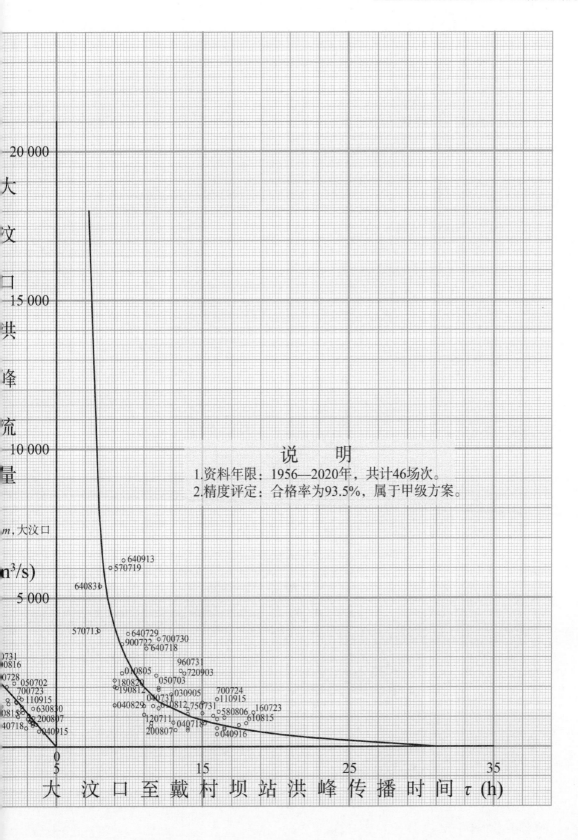

说　明
1.资料年限：1956—2020年，共计46场次。
2.精度评定：合格率为93.5%，属于甲级方案。

大　汶　口　至　戴　村　坝　站　洪　峰　传　播　时　间　τ (h)

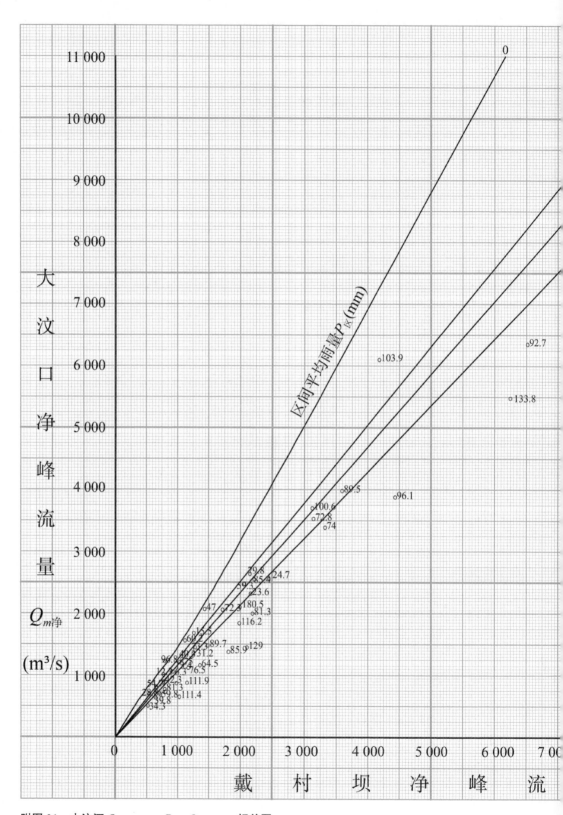

附图31 大汶河 $Q_{m净, 大汶口}$ $-P_区$ $-Q_{m净, 戴村坝}$相关图

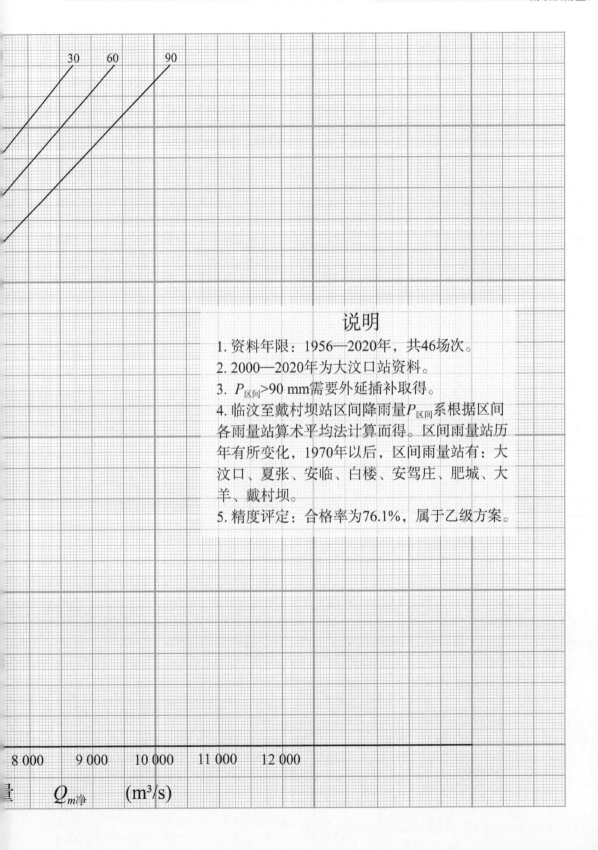

30　60　90

说明

1. 资料年限：1956—2020年，共46场次。

2. 2000—2020年为大汶口站资料。

3. $P_{区间}$>90 mm需要外延插补取得。

4. 临汶至戴村坝站区间降雨量$P_{区间}$系根据区间各雨量站算术平均法计算而得。区间雨量站历年有所变化，1970年以后，区间雨量站有：大汶口、夏张、安临、白楼、安驾庄、肥城、大羊、戴村坝。

5. 精度评定：合格率为76.1%，属于乙级方案。

| 8 000 | 9 000 | 10 000 | 11 000 | 12 000 |

$Q_{m净}$　(m³/s)

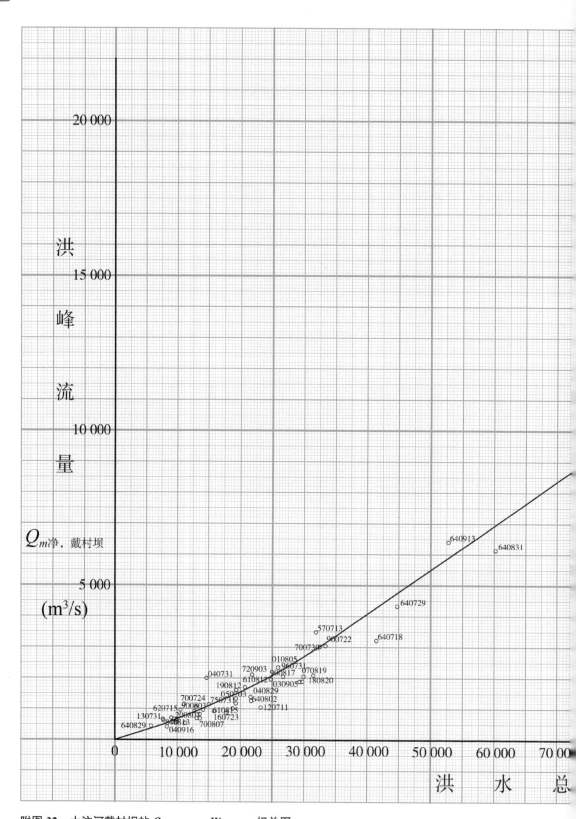

附图32 大汶河戴村坝站 $Q_{m\text{净,戴村坝}} - W_{\text{净,戴村坝}}$ 相关图

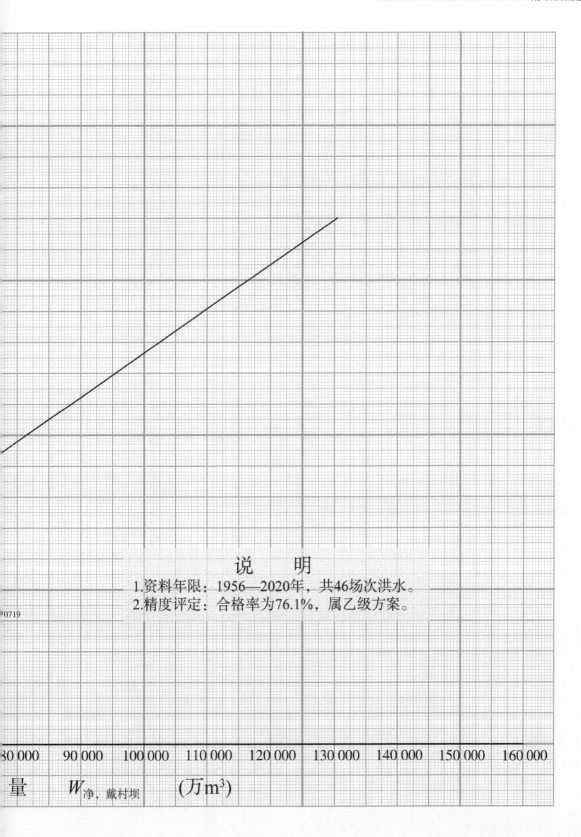

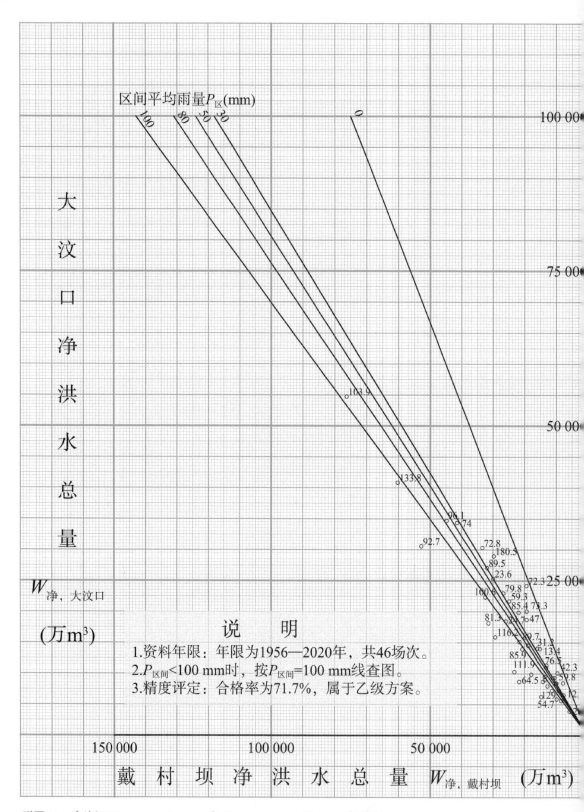

附图33 大汶河 $W_{总, 大汶口} - W_{总, 戴村坝}$ 和 $W_{净, 大汶口} - P_{区} - W_{净, 戴村坝}$ 相关图

说　　明

1.资料年限：年限为1956—2020年，共46场次。

2.$P_{区间} < 100$ mm时，按$P_{区间} = 100$ mm线查图。

3.精度评定：合格率为71.7%，属于乙级方案。

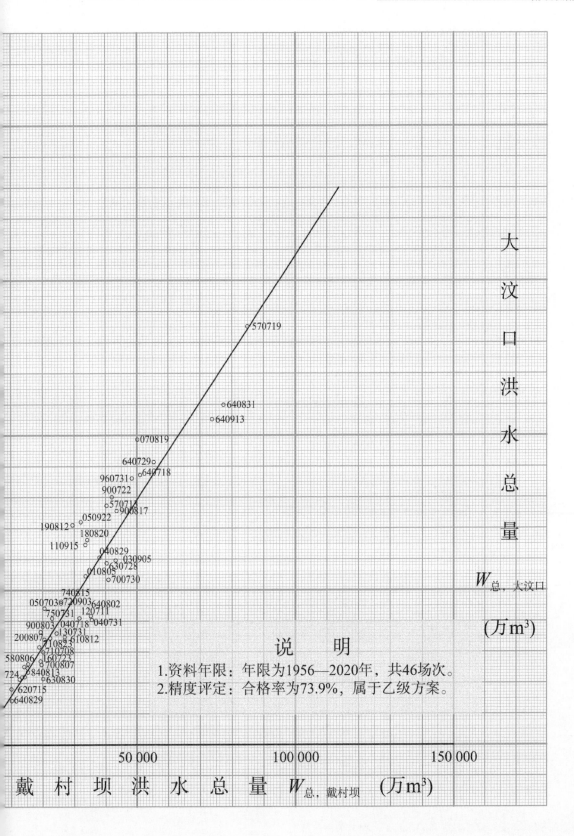

大汶口洪水总量

$W_{总,大汶口}$

(万 m³)

说　　明

1.资料年限：年限为1956—2020年，共46场次。
2.精度评定：合格率为73.9%，属于乙级方案。

50 000　　　　　100 000　　　　　150 000

戴村坝洪水总量 $W_{总,戴村坝}$ （万 m³）

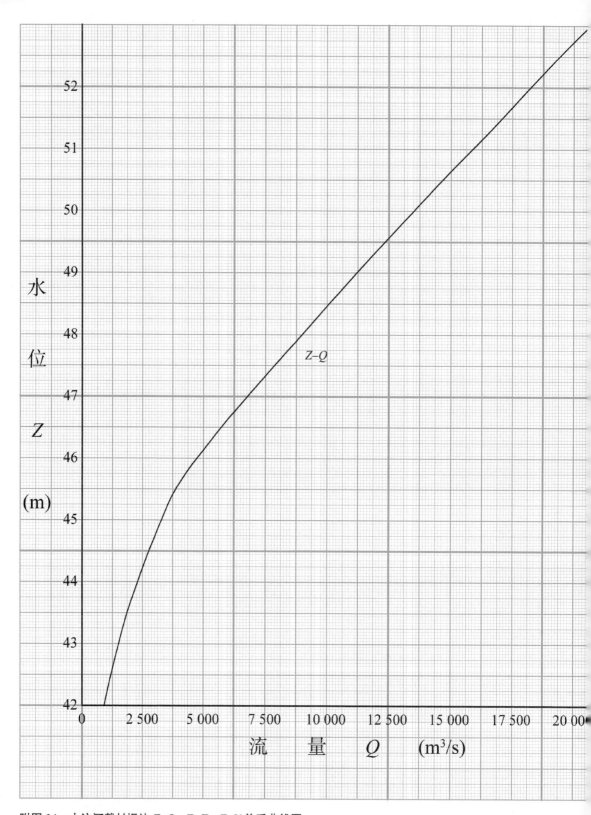

附图 34　大汶河戴村坝站 *Z–Q*、*Z–F*、*Z–V* 关系曲线图

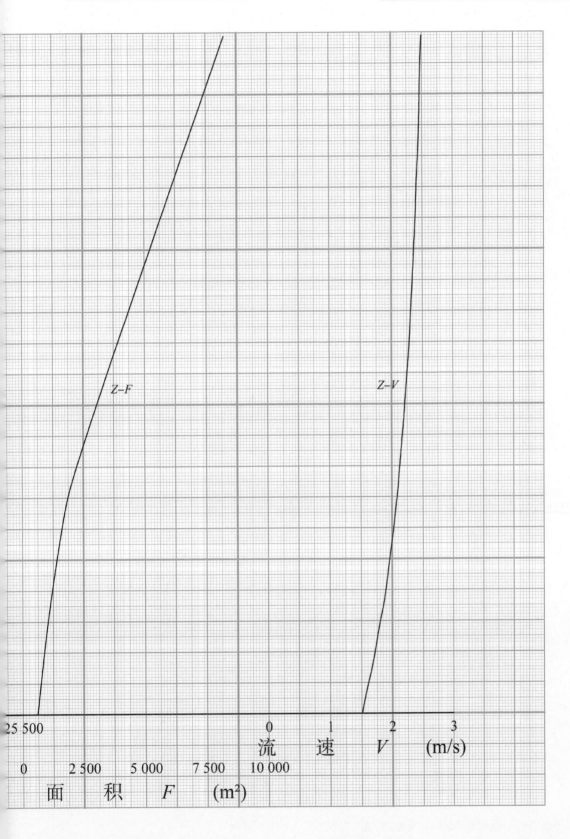

Z–F

Z–V

25 500

0   1   2   3

流　速　*V*　(m/s)

0   2 500   5 000   7 500   10 000

面　积　*F*　(m²)

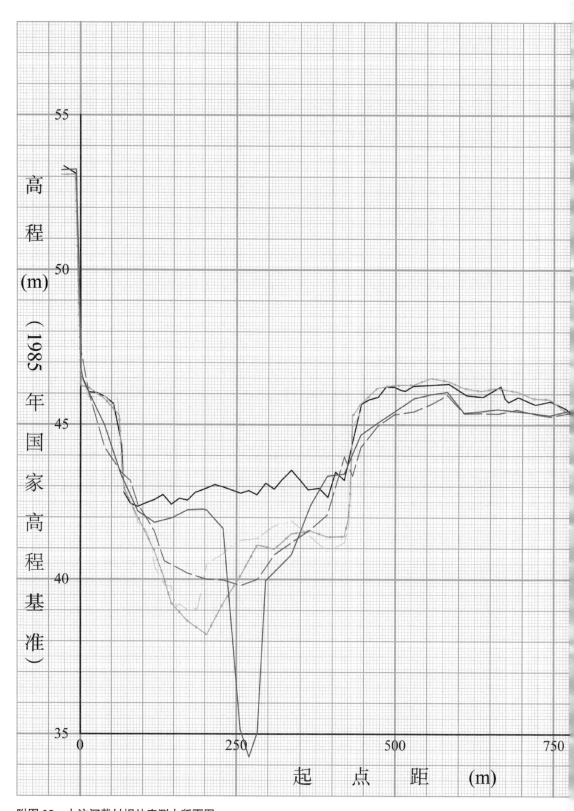

附图 35   大汶河戴村坝站实测大断面图

图　例

———————— 1985-05-28实测大断面

———————— 1996-11-09实测大断面

———•———•— 2003-04-28实测大断面

— — — — — 2007-05-27实测大断面

———————— 2020-05-07实测大断面

1 000

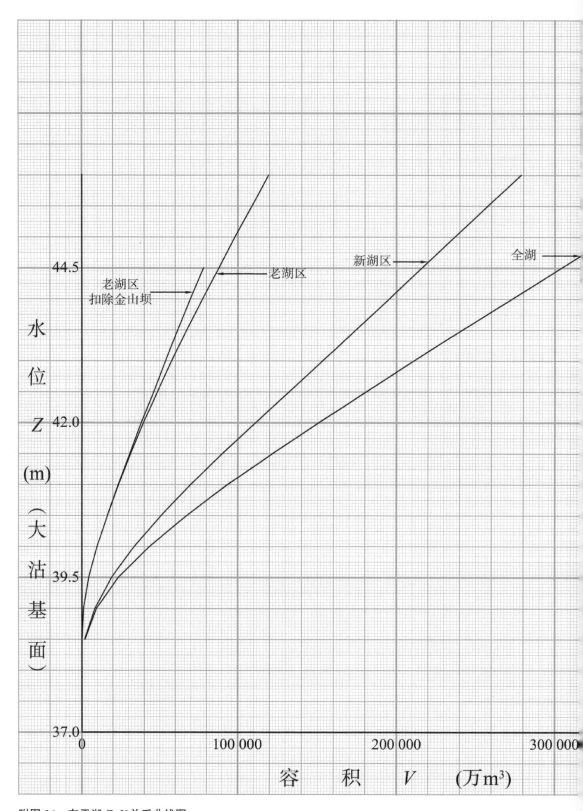

附图36 东平湖 Z–V 关系曲线图

东平湖水位-容积关系表

水位(m)	老 湖 区 库容(亿m³)		新 湖 区 库容(亿m³)	全 湖 库容(亿m³)
	总计	扣除金山坝		
38.50	0.017		0.18	0.197
39.00	0.10		0.83	0.93
39.50	0.44		1.92	2.36
40.00	0.98		3.37	4.35
40.50	1.65	1.646	5.10	6.75
41.00	2.37	2.348	7.00	9.37
41.50	3.14	3.079	9.04	12.18
42.00	3.95	3.817	11.12	15.07
42.50	4.86	4.619	13.22	18.08
43.00	5.78	5.386	15.32	21.10
43.50	6.75	6.165	17.43	24.18
44.00	7.77	6.982	19.54	27.31
44.50	8.82	7.827	21.60	30.42
45.00	9.82		23.67	33.54
45.50	10.90		25.77	36.67
46.00	11.94		27.85	39.79

400 000

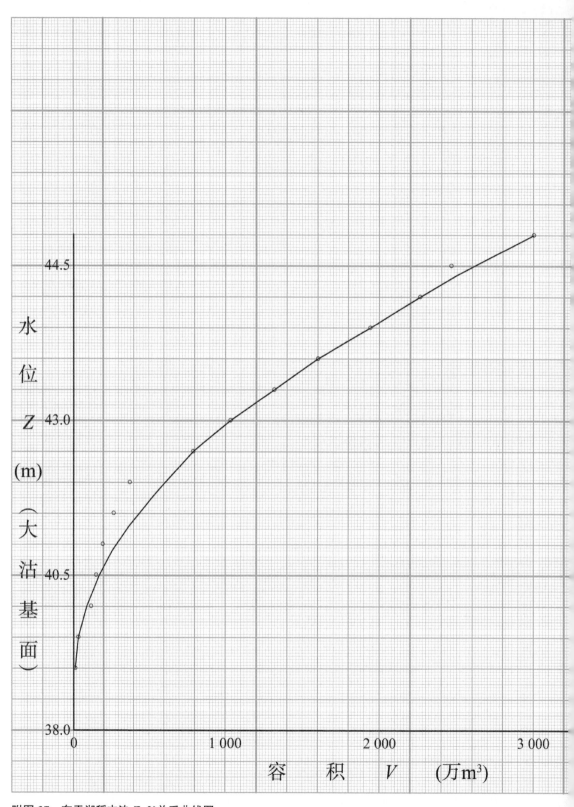

附图 37　东平湖稻屯洼 Z–V 关系曲线图

东平湖稻屯洼水位与面积、容积关系表

水位(m)	面积(km²)	容积(亿m³)	备注
38.50			
39.00	1.0	0.010	
39.50	8.0	0.030	
40.00	16.7	0.115	偏大
40.50	22.8	0.149	
41.00	28.5	0.195	偏小
41.50	36.2	0.270	偏小
42.00	44.4	0.375	偏小
42.50	48.45	0.791	
43.00	52.4	1.032	
43.50	57.2	1.316	
44.00	61.6	1.600	
44.50	66.2	1.940	
45.00	70.6	2.261	
45.50	73.6	2.462	
46.00	76.5	3.002	

4 000

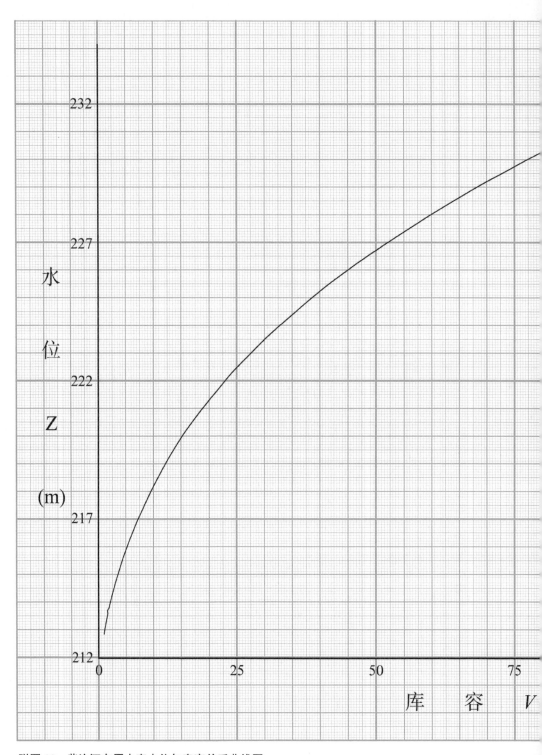

附图 38 柴汶河东周水库水位与库容关系曲线图

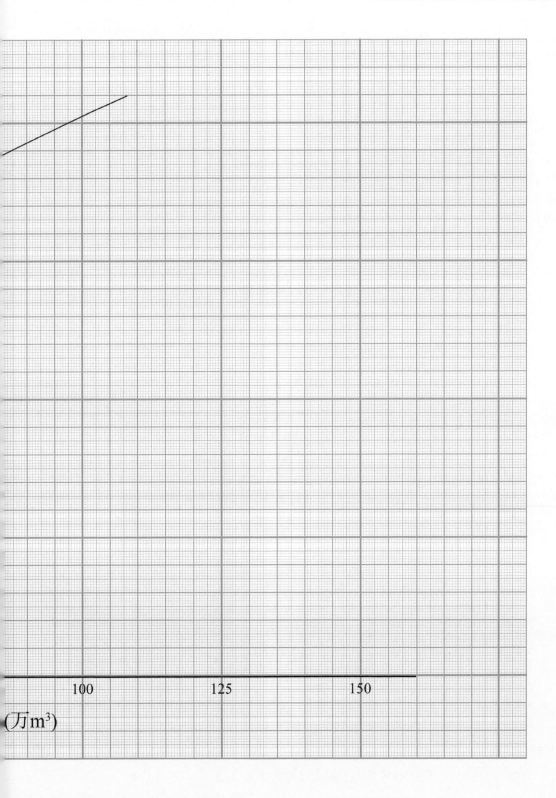

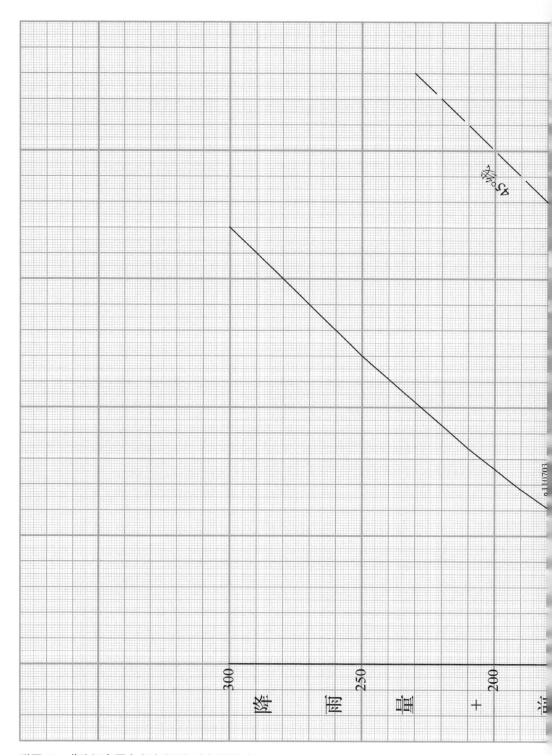

附图 39　柴汶河东周水库站降雨径流相关图（$P+P_a-R$）

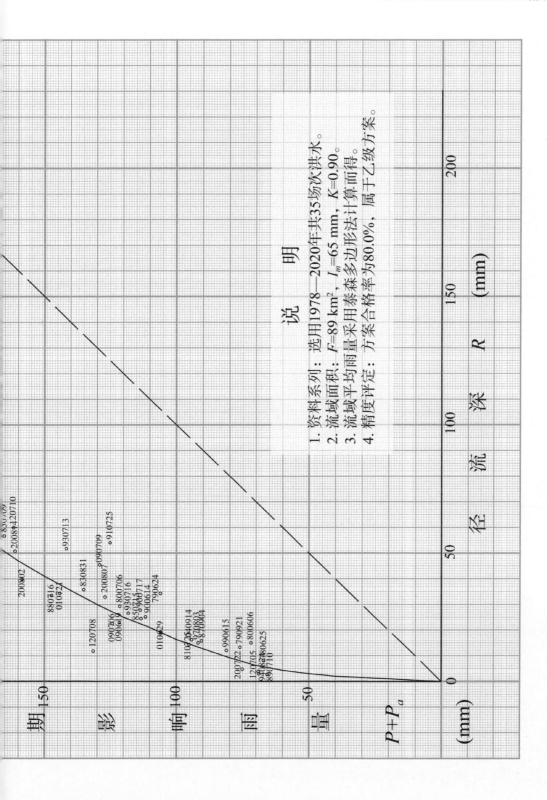

说　明

1. 资料系列：选用1978—2020年共35场次洪水。
2. 流域面积：$F=89 \text{ km}^2$，$I_m=65 \text{ mm}$，$K=0.90$。
3. 流域平均雨量采用泰森多边形法计算而得。
4. 精度评定：方案合格率为80.0%，属于乙级方案。

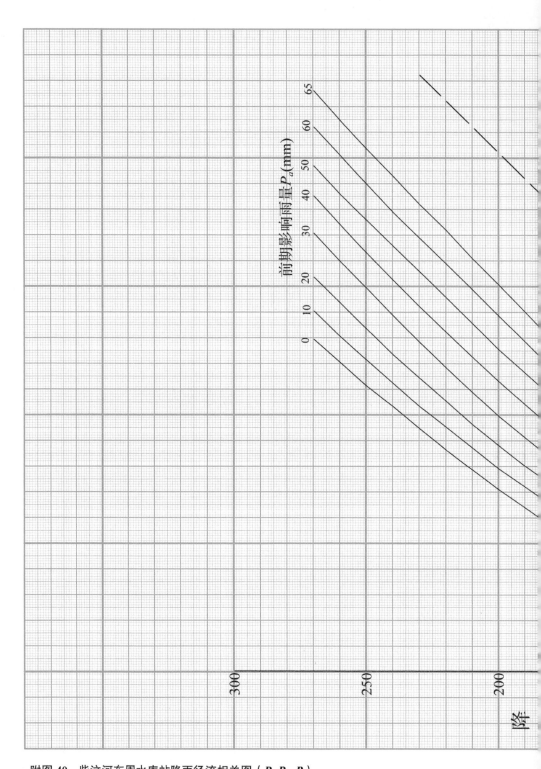

附图 40　柴汶河东周水库站降雨径流相关图（P–P_a–R）

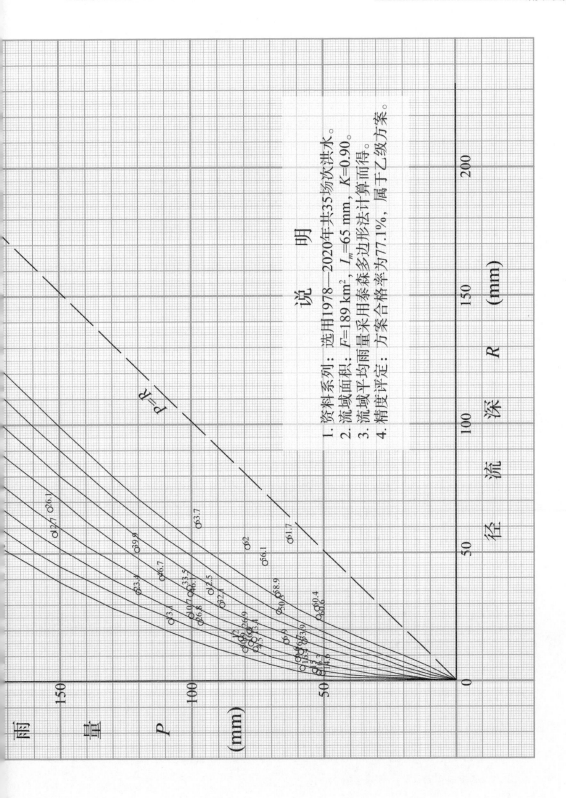

说　明

1. 资料系列：选用1978—2020年共35场次洪水。
2. 流域面积：$F=189\,\mathrm{km^2}$，$I_m=65\,\mathrm{mm}$，$K=0.90$。
3. 流域平均雨量采用泰森多边形法计算而得。
4. 精度评定：方案合格率为77.1%，属于乙级方案。

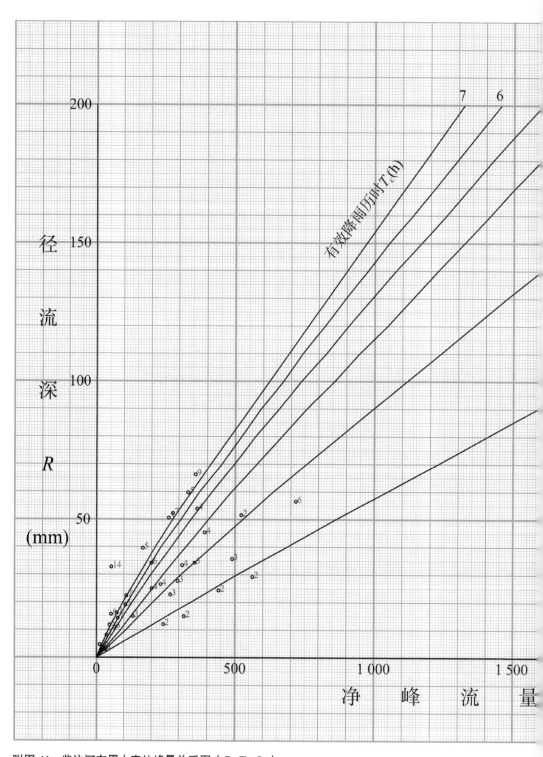

附图 41　柴汶河东周水库站峰量关系图（$R-T_c-Q_m$）

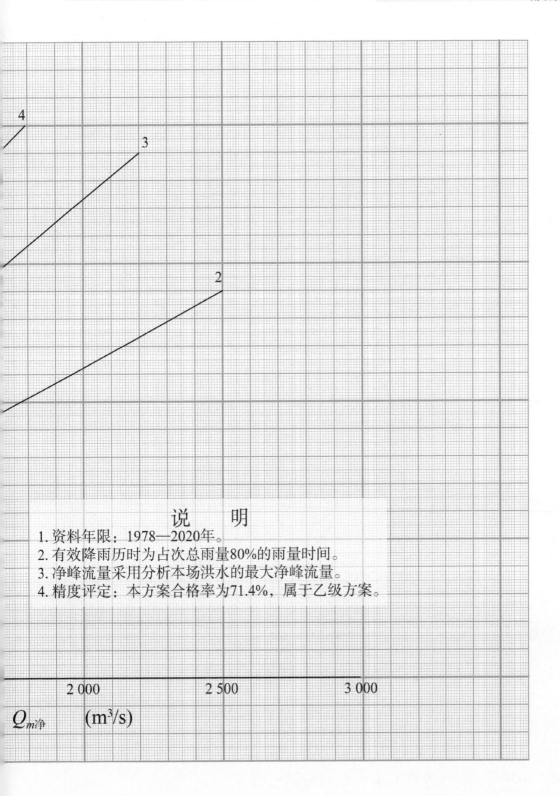

4

3

2

$Q_{m净}$ (m³/s)

2 000   2 500   3 000

说　明

1. 资料年限：1978—2020年。
2. 有效降雨历时为占次总雨量80%的雨量时间。
3. 净峰流量采用分析本场洪水的最大净峰流量。
4. 精度评定：本方案合格率为71.4%，属于乙级方案。

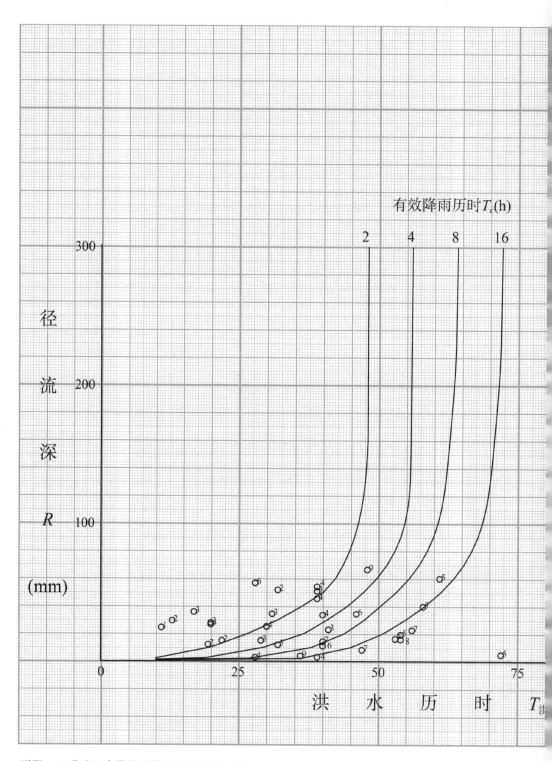

附图 42 柴汶河东周水库站 R–T_c–$T_{洪}$ 关系图

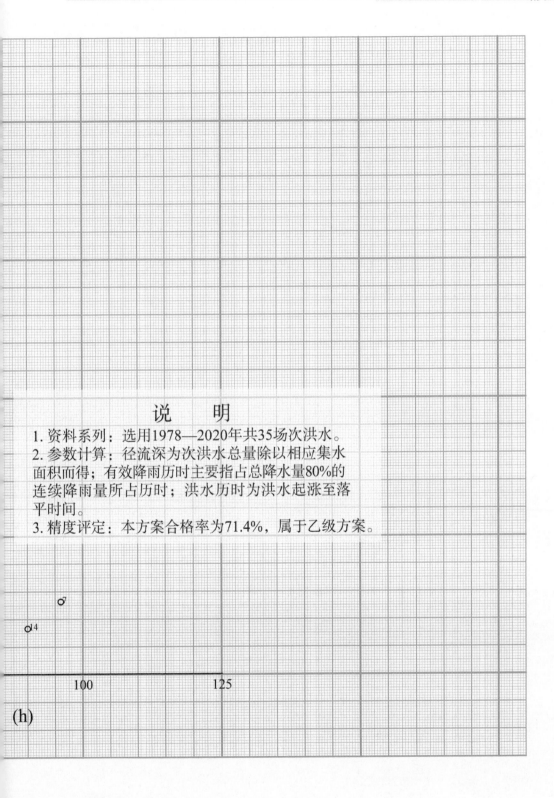

说　明

1. 资料系列：选用1978—2020年共35场次洪水。
2. 参数计算：径流深为次洪水总量除以相应集水面积而得；有效降雨历时主要指占总降水量80%的连续降雨量所占历时；洪水历时为洪水起涨至落平时间。
3. 精度评定：本方案合格率为71.4%，属于乙级方案。

(h)

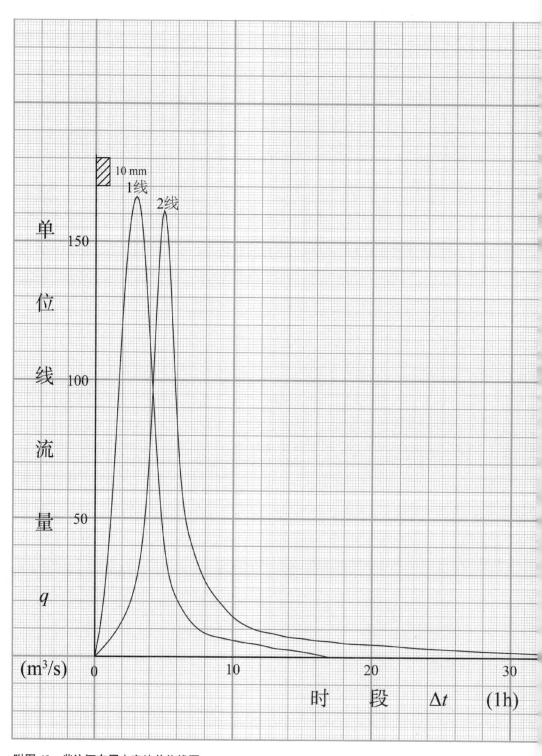

附图 43　柴汶河东周水库站单位线图

单位线成果表

$F=189\ \text{km}^2,\ \Delta t=1\ \text{h}$

时段	单位线流量 q（m³/s）		备注
	1线	2线	
0	0.0	0.0	
1	20	5.0	
2	140	12.0	
3	165	23.0	
4	110	55.0	
5	32.0	16.0	
6	20.0	61.0	
7	12.0	40.0	
8	8.0	26.0	
9	7.0	20.0	
10	6.0	14.0	1号线洪水原型为
11	5.0	11.0	850715，暴雨中心偏中
1:2	4.5	9.0	游，平均降雨52.1 mm，
13	3.0	8.5	P_a=60.6 mm，降雨4 h，有效
14	2.8	7.0	降雨历时1 h
15	2.0	6.9	
16	1.2	5.9	
17	0.0	5.8	
18		5.0	
19		4.8	2号线洪水原型为
20		4.6	090619，暴雨中心偏中上
21		4.4	游，平均降雨107.8 mm，
22		4.0	P_a=13.1 mm，降雨7 h，有效
23		3.5	降雨历时3 h
24		3.3	
25		3.0	
26		2.8	
27		2.5	
28		2.3	
29		2.1	
30		2.0	
31		1.8	
32		1.6	
33		1.4	
34		1.2	
35		1.0	
36		0.8	
37		0.6	
38		0.4	
39		0.3	
40		0.2	
41		0.1	
42		0.0	

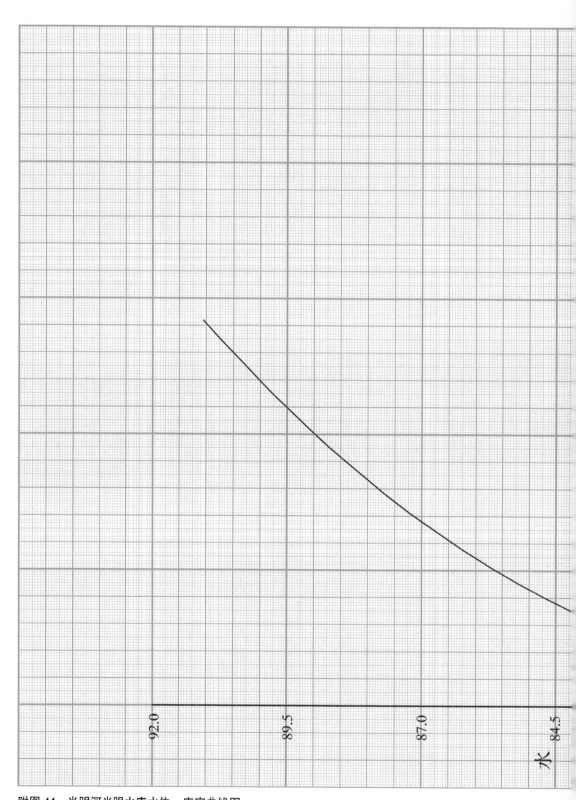

附图 44　光明河光明水库水位－库容曲线图

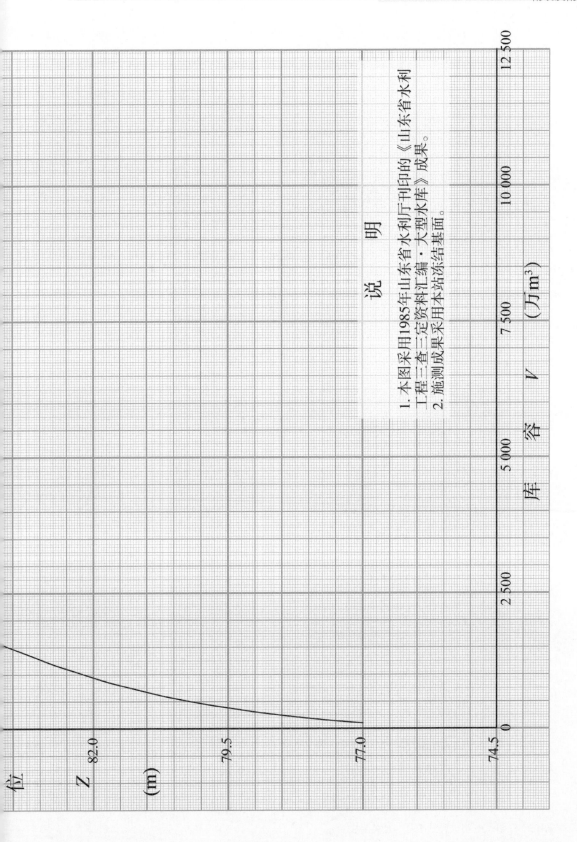

说　明

1. 本图采用1985年山东省水利厅刊印的《山东省水利工程三查三定资料汇编·大型水库》成果。
2. 施测成果采用本站冻结基面。

库　容　V　（万m³）

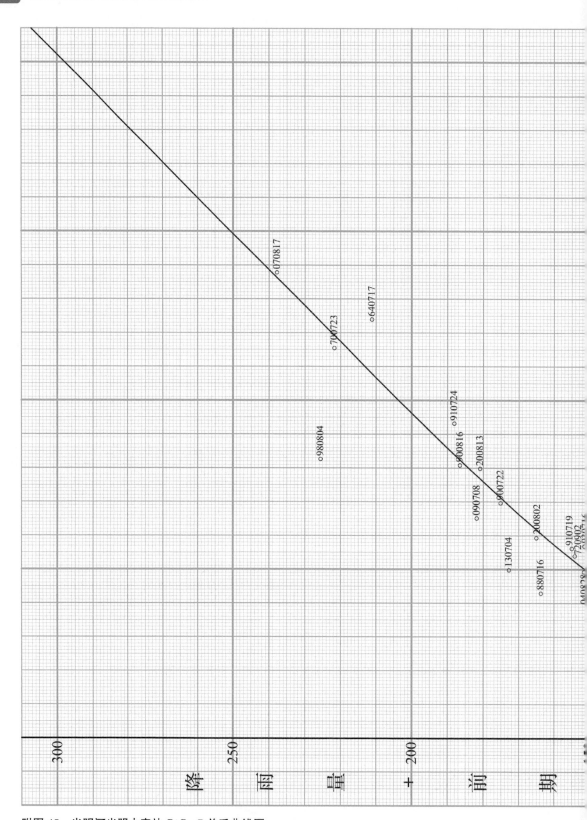

附图 45　光明河光明水库站 $P+P_a-R$ 关系曲线图

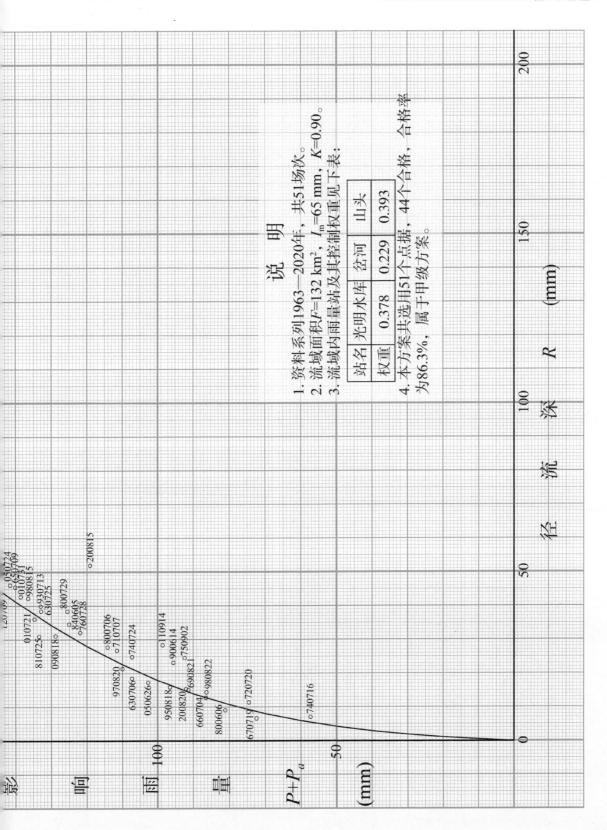

说　明

1. 资料系列1963—2020年，共51场次。
2. 流域面积 F=132 km^2，I_m=65 mm，K=0.90。
3. 流域内两量站及其轻制权重见下表：

站名	光明水库	岔河	山头
权重	0.378	0.229	0.393

4. 本方案共选用51个点据，44个合格，合格率为86.3%，属于甲级方案。

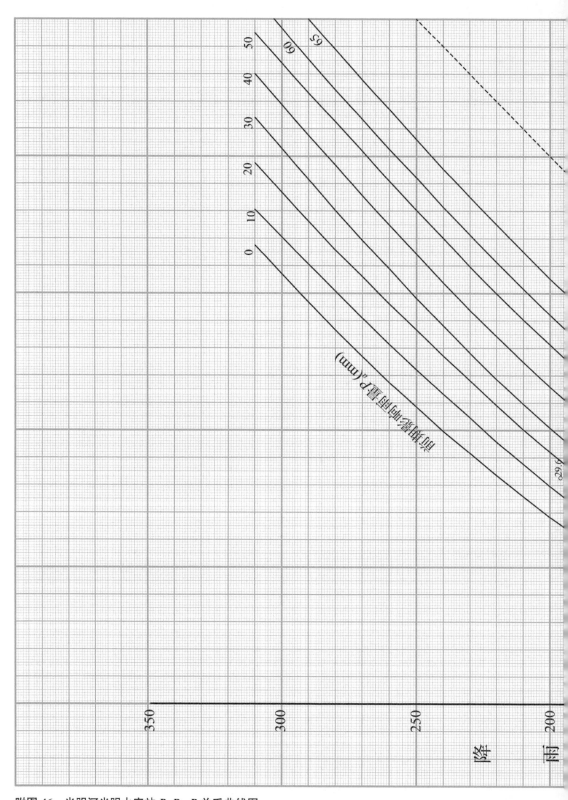

附图46　光明河光明水库站 $P-P_a-R$ 关系曲线图

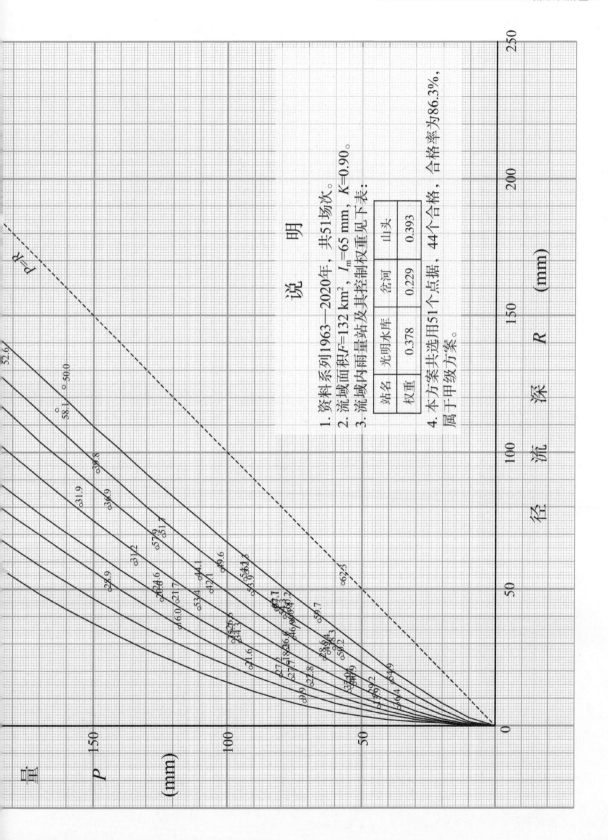

说　明

1. 资料系列1963—2020年，共51场次。
2. 流域面积F=132 km²，I_m=65 mm，K=0.90。
3. 流域内雨量站及其控制权重见下表：

站名	光明水库	岔河	山头
权重	0.378	0.229	0.393

4. 本方案共选用51个点据，44个合格，合格率为86.3%，属于甲级方案。

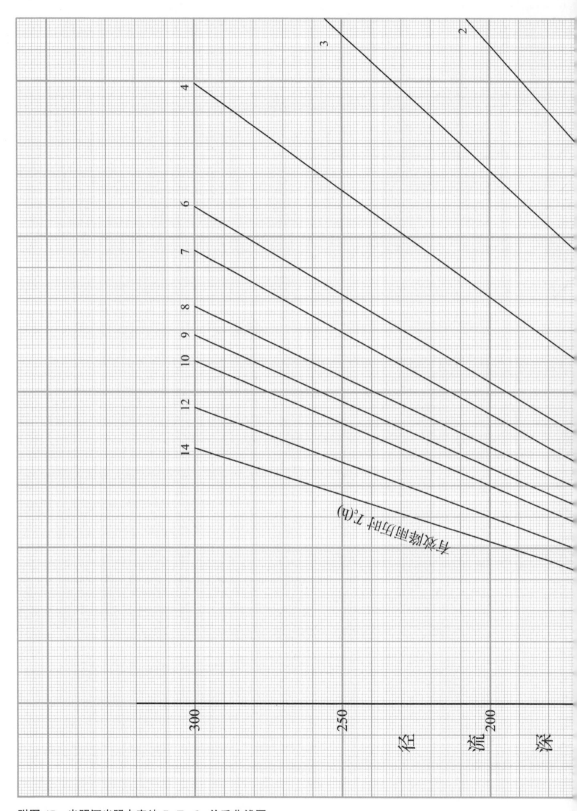

附图 47　光明河光明水库站 R-T_c-Q_m 关系曲线图

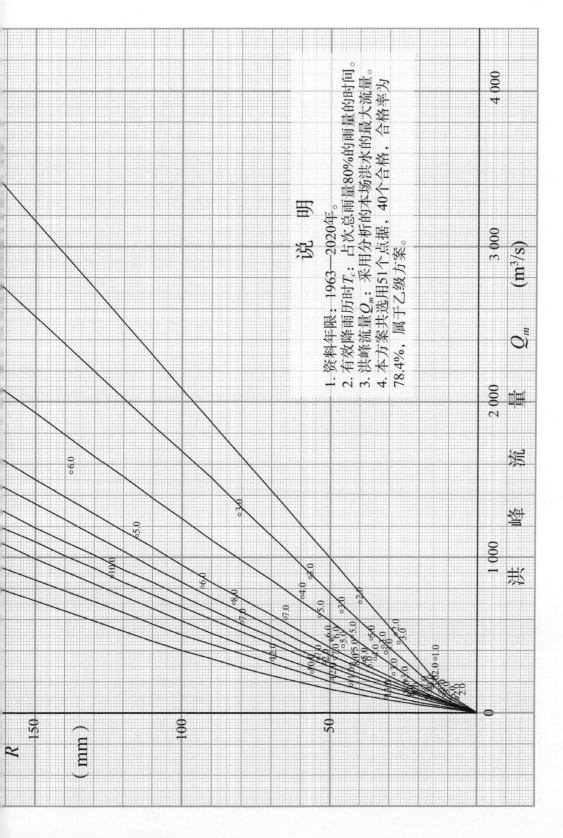

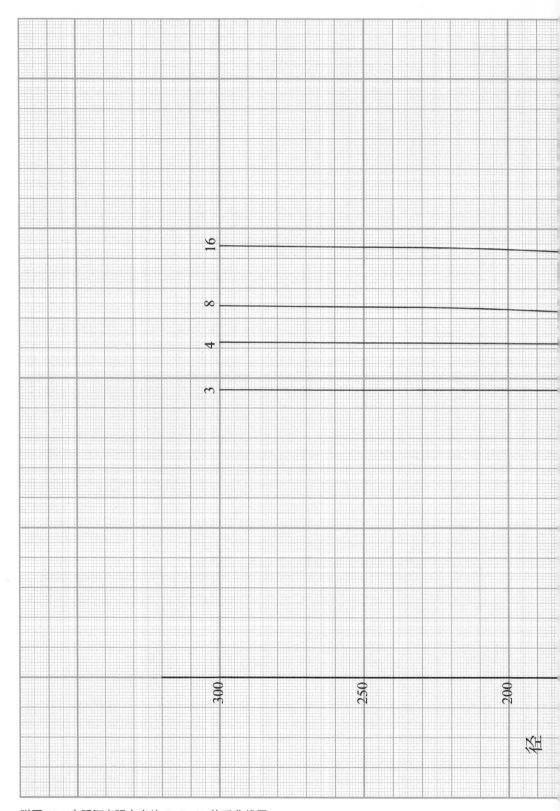

附图 48　光明河光明水库站 R–T_c–$T_{洪}$关系曲线图

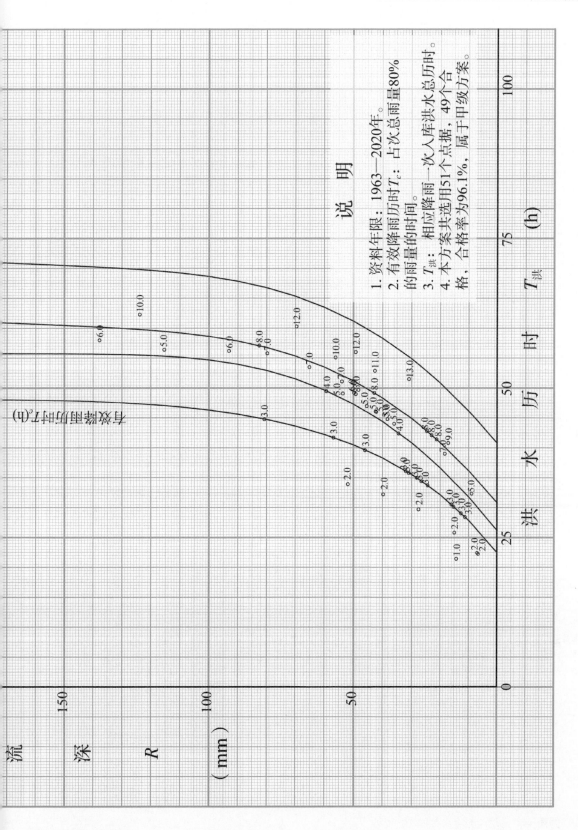

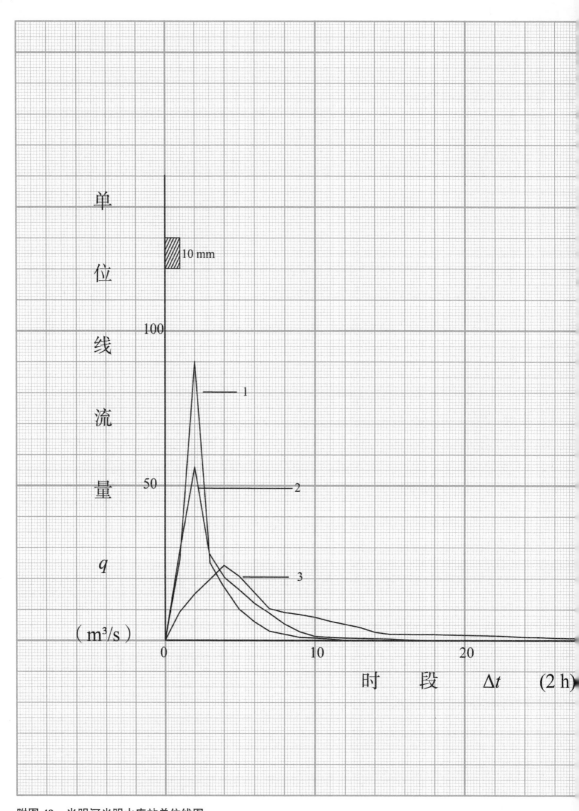

附图 49　光明河光明水库站单位线图

单位线成果表

$F=132 \text{ km}^2, \Delta t=2 \text{ h}$

时段/t	单位线流量(m²/s)			备注
	1线	2线	3线	
0	0	0	0	
1	26.0	29.0	9.3	
2	90.0	56.0	15.0	
3	25.0	28.0	19.5	1号线洪水原型为840605,
4	19.0	20.0	21.2	暴雨中心在中上游,
5	10.0	16.3	21.0	$P=98.4$ mm, $P_a=26.6$ mm,
6	6.0	12.0	15.9	降雨历时5 h, 有效降雨
7	3.0	8.8	10.3	历时4 h;
8	2.0	5.3	9.5	
9	1.0	2.8	8.9	
10	0.8	1.3	7.8	
11	0.5	1.0	6.2	
12	0	0.8	5.2	
13		0.7	4.2	
11		0.6	3.0	
15		0.5	2.0	
16		0.2	1.98	
17		0.1	1.95	2号线洪水原型为200802,
18			1.93	暴雨中心在下游,
19			1.80	$P=133.8$ mm, $P_a=31.2$ mm,
20			1.70	降雨历时8 h, 有效降雨
21			1.60	历时4h;
22			1.50	
23			1.30	
21			1.10	
25			1.00	
26			0.80	
27			0.70	
28			0.70	
29			0.60	3号线洪水原型为200807,
30			0.50	普雨, $P=90.6$ mm,
31			0.50	$P_a=53.9$ mm, 降雨历时18 h,
32			0.40	有效降雨历时7 h
33			0.40	
31			0.30	
35			0.30	
36			0.25	
37			0.1	
3S			0.01	
39			0	
合计	183.3	183.4	183.1	

30 40

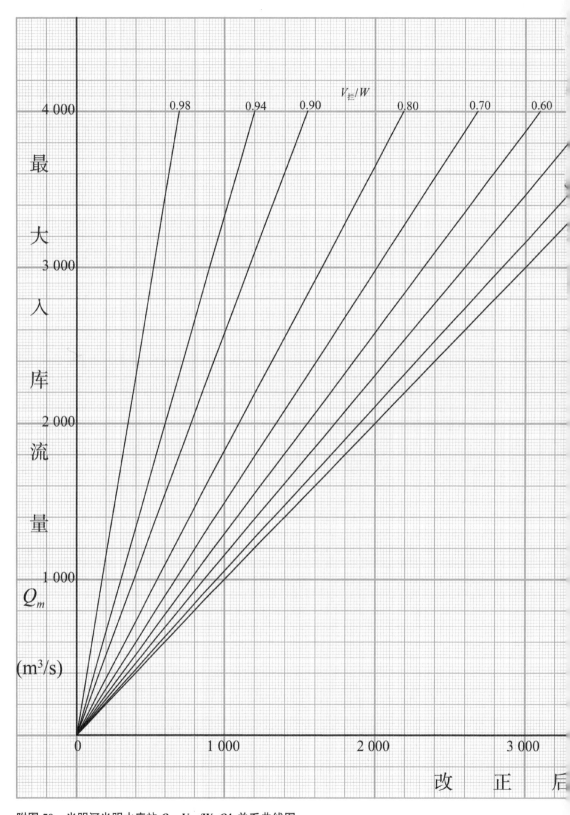

附图50　光明河光明水库站 Q_m-$V_{拦}/W$-Q'_m 关系曲线图

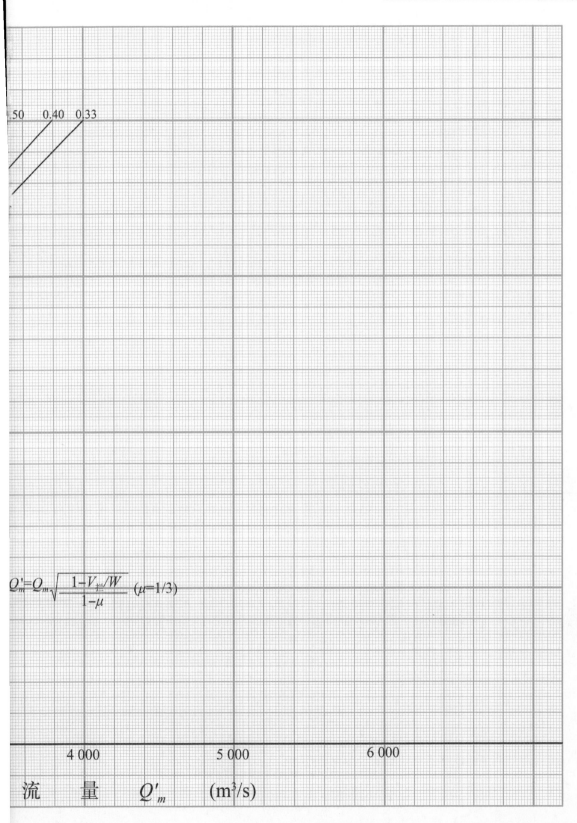

.50   0.40   0.33

$$Q'_m = Q_m \sqrt{\frac{1-V_{拦}/W}{1-\mu}} \quad (\mu=1/3)$$

4 000   5 000   6 000

流   量 Q'_m (m³/s)

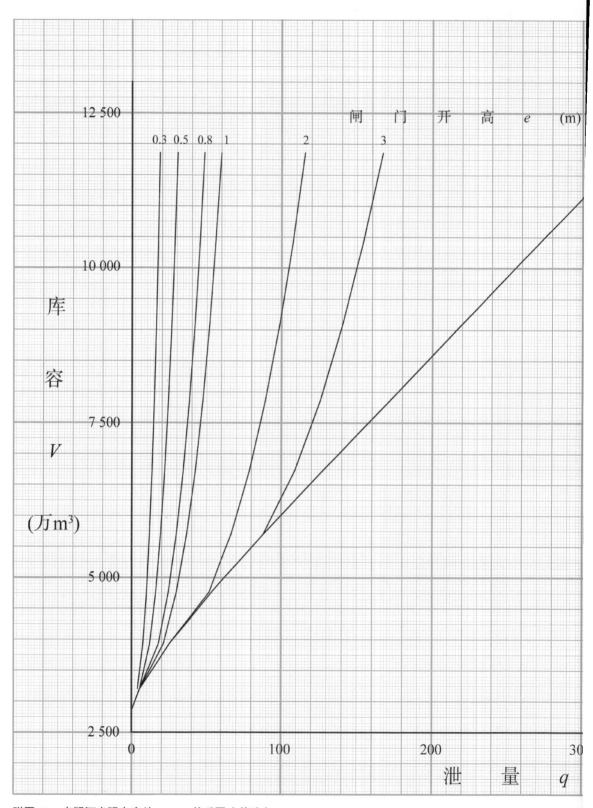

附图 51　光明河光明水库站 V-e-q 关系图（单孔）

全开

m³/s)

400　　　　　　500　　　　　　600

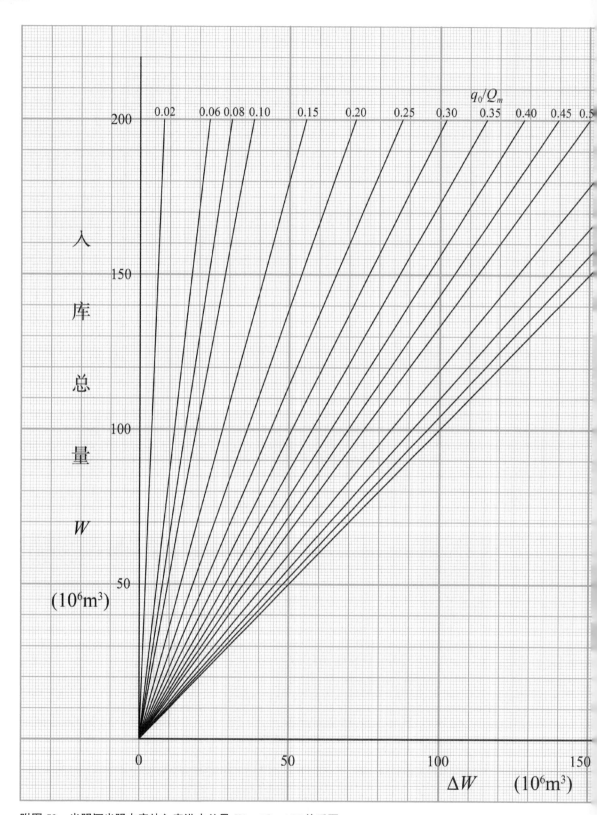

附图 52　光明河光明水库站入库洪水总量 W–q_0/Q_m–ΔW 关系图

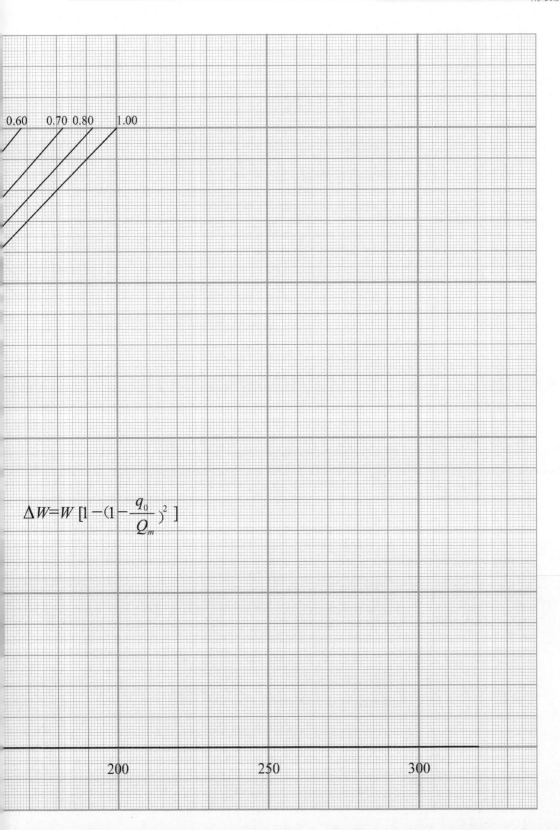

$$\Delta W = W \left[1 - (1 - \frac{q_0}{Q_m})^2 \right]$$

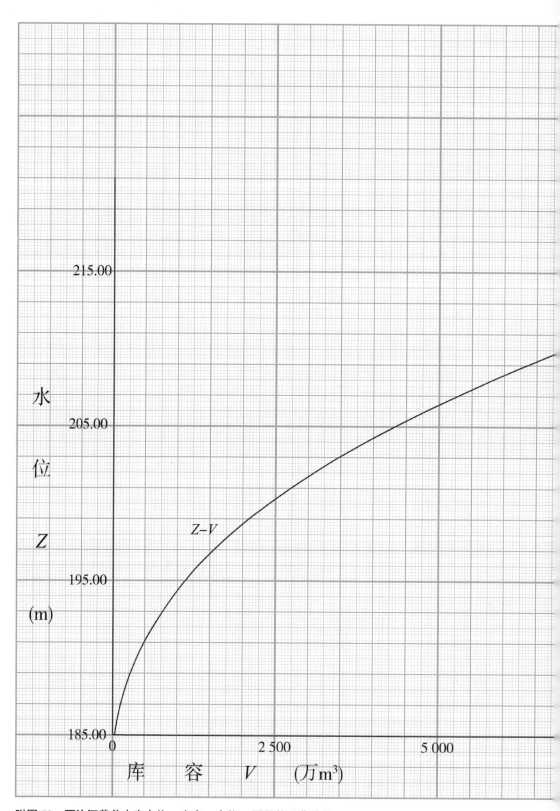

附图 53　石汶河黄前水库水位 – 库容、水位 – 面积关系曲线图

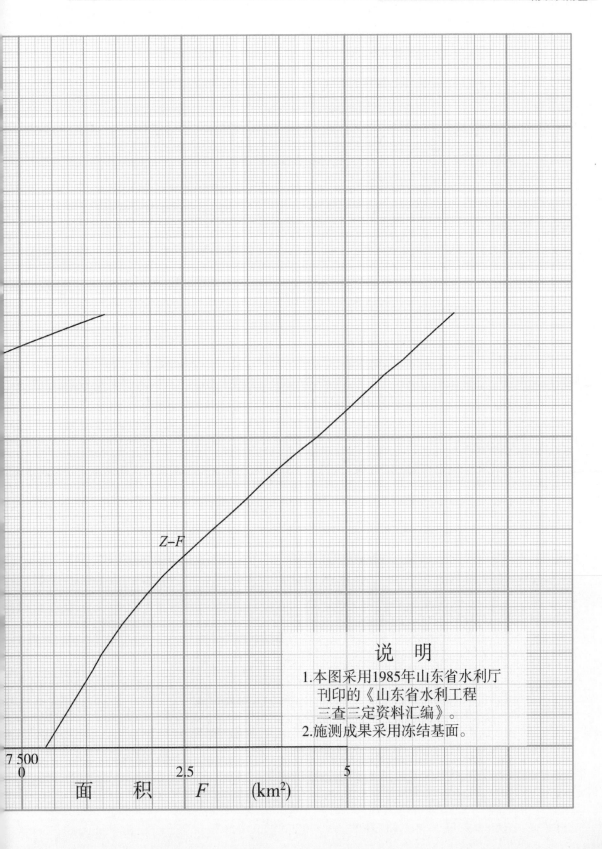

$Z\text{–}F$

说　明

1.本图采用1985年山东省水利厅
　刊印的《山东省水利工程
　三查三定资料汇编》。
2.施测成果采用冻结基面。

7 500
0　　　　　　　　2.5　　　　　　5

面　积　F　(km^2)

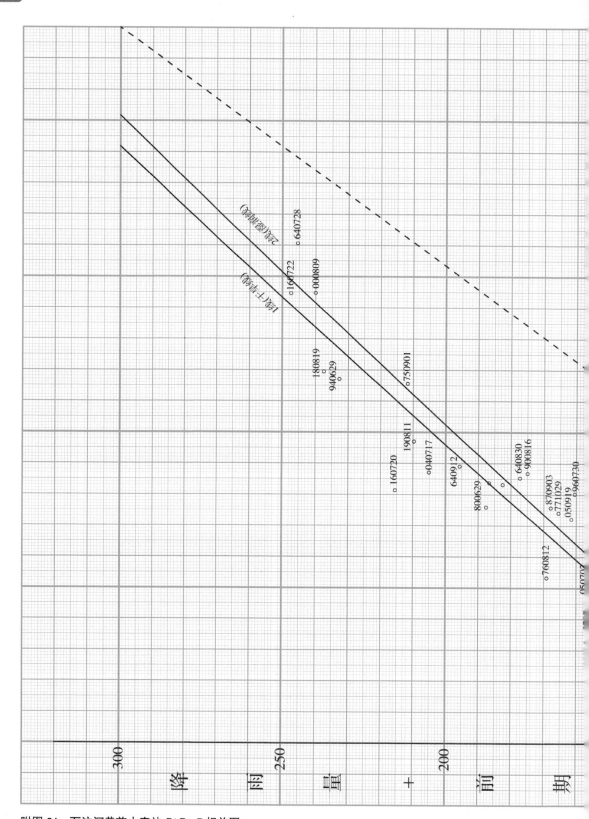

附图54 石汶河黄前水库站 $P+P_a-R$ 相关图

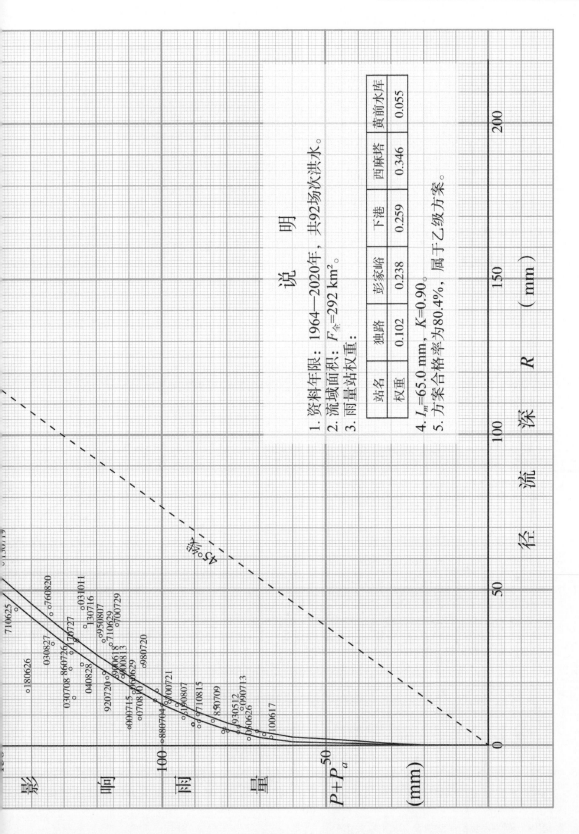

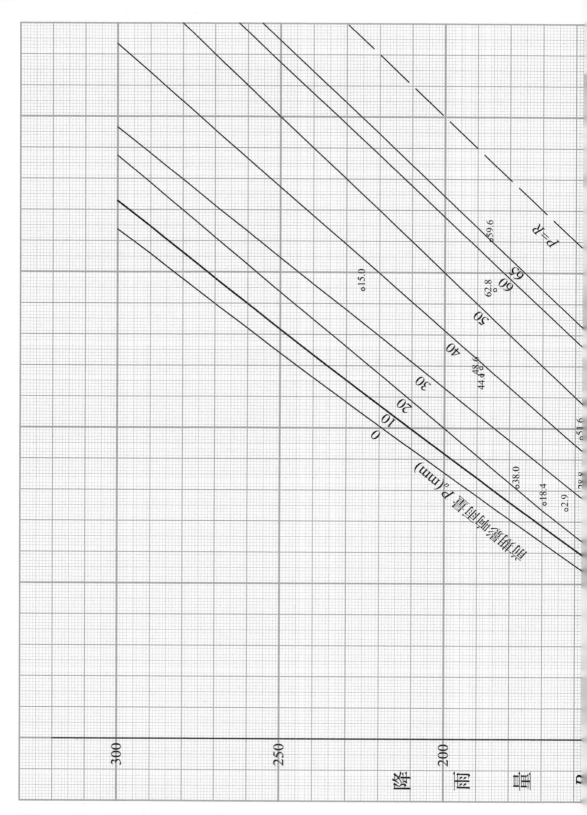

附图55 石汶河黄前水库站 $P-P_a-R$ 相关图

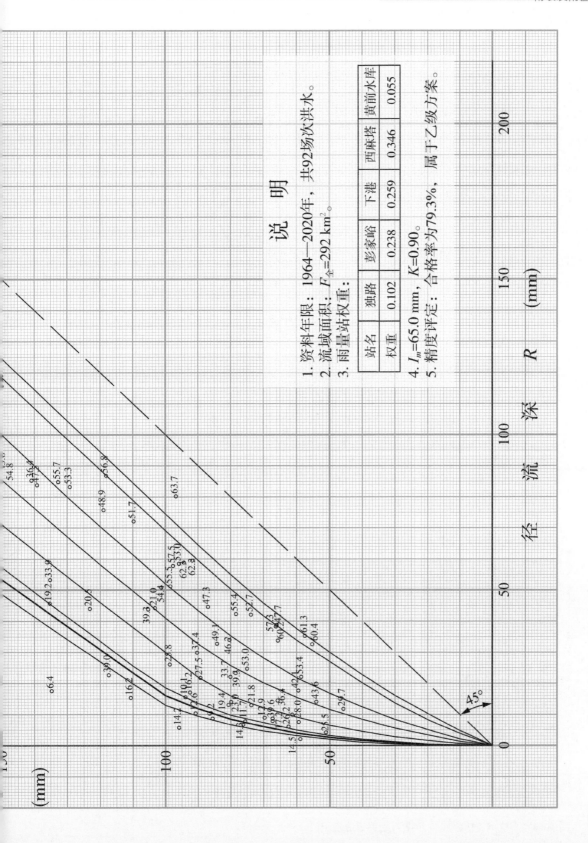

说　明

1. 资料年限：1964—2020年，共92场次洪水。
2. 流域面积：$F_全$=292 km²。
3. 雨量站权重：

站名	独路	彭家峪	下港	西麻塔	黄前水库
权重	0.102	0.238	0.259	0.346	0.055

4. I_m=65.0 mm，K=0.90。
5. 精度评定：合格率为79.3%，属于乙级方案。

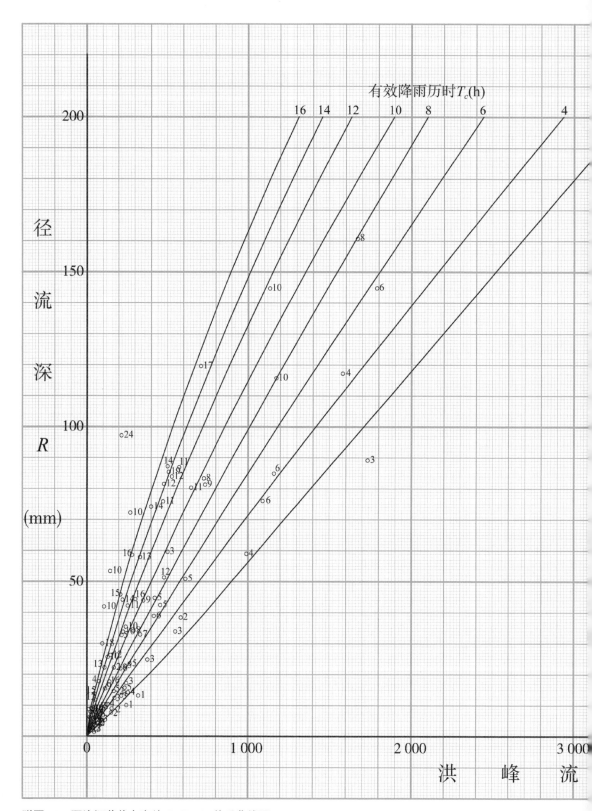

附图 56　石汶河黄前水库站 $R\text{-}T_c\text{-}Q_m$ 关系曲线图

2

说　明

1. 资料系列：1964—2020年，共92场次洪水。
2. 精度评定：合格率为75.0%，属于乙级方案。

4 000　　　　　　5 000　　　　　　6 000

量　　Q_m　　(m³/s)

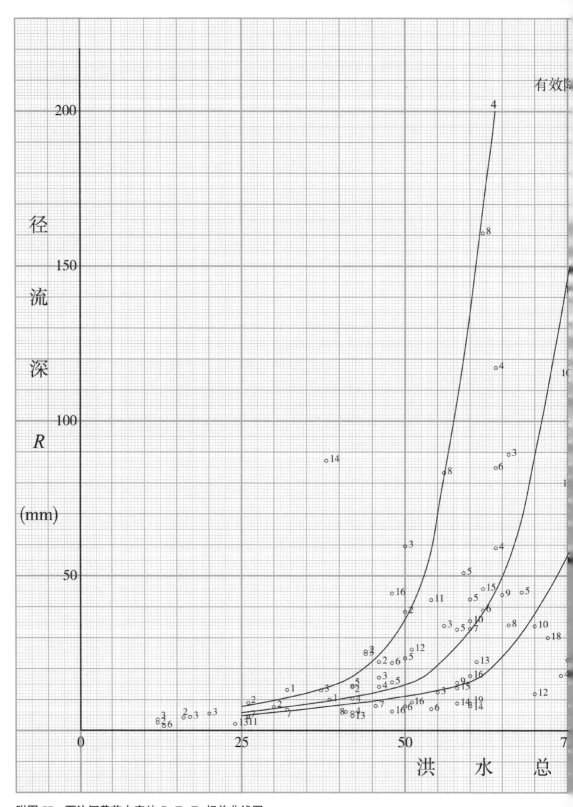

附图 57　石汶河黄前水库站 $R-T_c-T_{洪}$ 相关曲线图

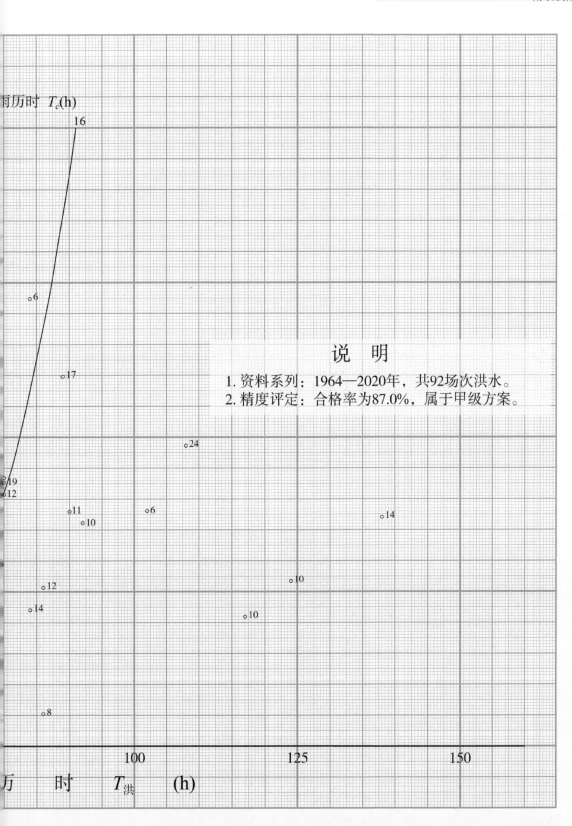

说　明

1. 资料系列：1964—2020年，共92场次洪水。
2. 精度评定：合格率为87.0%，属于甲级方案。

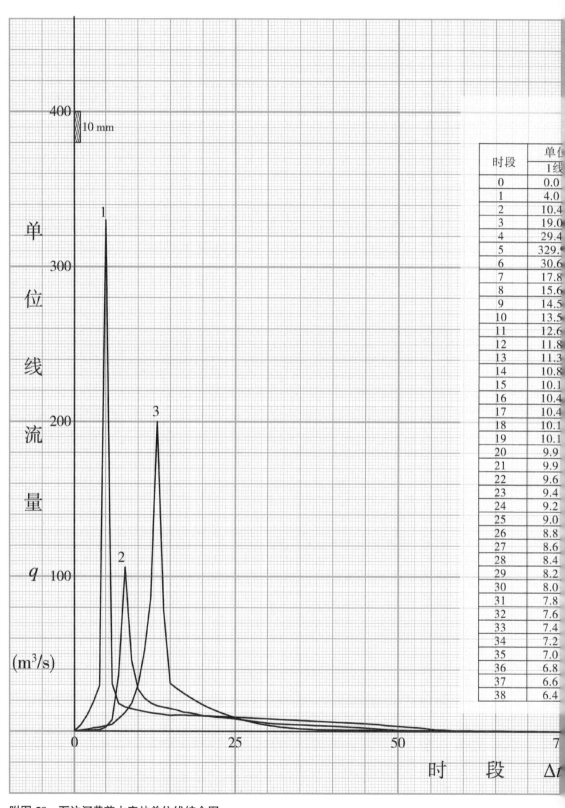

时段	单位 1线
0	0.0
1	4.0
2	10.4
3	19.0
4	29.4
5	329.
6	30.6
7	17.8
8	15.6
9	14.5
10	13.5
11	12.6
12	11.8
13	11.3
14	10.8
15	10.1
16	10.4
17	10.4
18	10.1
19	10.1
20	9.9
21	9.9
22	9.6
23	9.4
24	9.2
25	9.0
26	8.8
27	8.6
28	8.4
29	8.2
30	8.0
31	7.8
32	7.6
33	7.4
34	7.2
35	7.0
36	6.8
37	6.6
38	6.4

附图 58   石汶河黄前水库站单位线综合图

单位线成果表

$\Delta t = 1$ h

流量q(m³/s)		时段	单位线流量(m³/s)			备注
2线	3线		1线	2线	3线	
0.0	0.0	39	6.2	3.5	0.9	
0.2	0.5	40	6.0	3.3	0.9	
0.4	1.0	41	5.8	3.1	0.9	1线原型为640912场次
0.6	2.0	42	5.6	2.9	0.8	洪水，暴雨中心在
0.7	2.4	43	5.4	2.7	0.8	上游，P=152.1 mm,
2.5	3.4	44	5.2	2.5	0.8	P_a=43.6 mm，降雨
7.2	4.3	45	5.0	2.2	0.8	历时12 h，有效降雨历
6.3	8.0	46	4.7	1.9	0.8	时3 h。面积F=292 km²
05.9	12.0	47	4.5	1.6	0.7	
5.5	18.0	48	3.9	1.3	0.7	2线原型为070718场次
7.3	30.0	49	3.6	1.0	0.7	洪水，暴雨中心在
1.3	52.0	50	3.3	0.7	0.7	中游，P=91.8 mm,
8.2	86.0	51	3.0	0.5	0.7	P_a=62.3 mm，降雨
6.4	200.0	52	2.7	0.3	0.6	历时11 h，有效降雨历
5.5	78.0	53	2.4	0.1	0.6	时3 h，面积F=182.6 km²
4.6	30.8	54	2.0	0.0	0.6	
3.7	27.6	55	1.4		0.6	3线原型为160722场次
2.3	24.7	56	1.0		0.6	洪水，暴雨中心在
1.8	22.0	57	0.9		0.5	下游，P=184.6 mm,
1.0	19.5	58	0.6		0.5	P_a=62.8 mm，降雨
0.0	17.2	59	0.4		0.5	历时17 h，有效降雨
9.6	15.2	60	0.3		0.5	时10 h，面积F=271.2 km²
9.1	13.3	61	0.2		0.5	
8.9	11.6	62	0.2		0.4	入汛第一场降雨流域
8.5	10.1	63	0.1		0.4	面积为182.6 km²，第二
7.9	8.7	64	0.1		0.4	场之后选用271.2 km²,
7.3	7.5	65	0.1		0.4	全流域产流选用292.0 km²
5.8	6.4	66	0.0		0.4	
5.3	5.5	67			0.3	
5.8	4.6	68			0.3	
5.2	3.9	69			0.3	
4.8	3.3	70			0.3	
4.7	2.7	71			0.3	
4.5	2.3	72			0.2	
4.3	1.9	73			0.2	
4.2	1.6	74			0.2	
4.0	1.4	75			0.1	
3.8	1.2	76			0.0	
3.7	1.0	Σ	805.0	505.1	760.6	

100　　　　125　　　　150

(1 h)